高等教育“十三五”应用型精品规划教材·旅游

饭店业概论

主　　编　刘筱筱

副 主 编　唐晓丹　丛　述

参　　编　李　琴

北京理工大学出版社
BEIJING INSTITUTE OF TECHNOLOGY PRESS

内容简介

本书共十二章，分别介绍了饭店与饭店业、饭店业的发展、饭店业态类型、饭店业等级制度、现代饭店企业、饭店集团化经营、经济型饭店、精品饭店、绿色饭店、智慧饭店、饭店业法规制度、饭店产业链发展态势等内容。本书总结了我国饭店业发展的经验和未来趋势，书中包含大量权威翔实的数据及行业真实案例，内容深入浅出，难易适度，适用性强，并将知识性、科学性、实用性、创造性相结合，以此提高学生的专业技能和整体素质。

本书教学目的明确，教学模块设计清晰，重点、难点突出，不仅适合高等旅游院校、中高职旅游院校旅游管理专业和酒店管理专业的教学使用，也适合饭店业从业人员及相关机构人员阅读使用。

图书在版编目（CIP）数据

饭店业概论/刘筱筱主编．—北京：北京理工大学出版社，2017.4（2017.5 重印）
ISBN 978－7－5682－3929－5

Ⅰ.①饭…　Ⅱ.①刘…　Ⅲ.①饭店业－高等学校－教材　Ⅳ.①F719.3

中国版本图书馆 CIP 数据核字（2017）第 075129 号

出版发行／北京理工大学出版社有限责任公司
社　　址／北京市海淀区中关村南大街 5 号
邮　　编／100081
电　　话／（010）68914775（总编室）
（010）82562903（教材售后服务热线）
（010）68948351（其他图书服务热线）
网　　址／http：//www. bitpress. com. cn
经　　销／全国各地新华书店
印　　刷／北京紫瑞利印刷有限公司
开　　本／787 毫米×1092 毫米　1/16
印　　张／16
字　　数／386 千字
版　　次／2017 年 4 月第 1 版　2017 年 5 月第 2 次印刷
定　　价／38.00 元

责任编辑／刘永兵
文案编辑／赵　轩
责任校对／周瑞红
责任印制／李志强

前 言

随着全球经济发展放缓和国内市场变化，共享经济下的 Airbnb 是山雨欲来风满楼，饭店集团间的联姻与平台联盟共谋发展，云 PMS、APP、微信、支付宝等技术变革改变着饭店业的运营服务模式，经济型饭店的收益下滑与中档饭店品牌的投资热潮影响着饭店业的发展……

与此同时，饭店新常态、合并与收购、“互联网 +”、战略联盟、跨界合作、分享经济、饭店资产证券化等成为业界关注和讨论的热点。饭店市场要通过变革和创新应对新常态下的增长减缓、结构调整以及动力转变等局面，首先要适应环境的快速变化，了解和判断行业走势，把握未来几年的行业热点，用以指导构建能够快速决策、快速执行的战略模式。

本书是为高校旅游管理专业开设“饭店业概论”课程而编写的。从旅游管理专业课程体系来看，开设“饭店业概论”课程，并将其作为专业基础课替代“饭店管理概论”，旨在引导学生从产业中观的角度，结合中国饭店业发展实际，全面系统地了解现代饭店与饭店业的基本知识。

本书贴近饭店业发展现状。在内容设计上，各章节针对不同主题进行编写，使之更加贴近行业及学生的需要。在数据使用上，采用权威数据，保证教材在数据上的准确性和及时性。在内容设置上，通过知识链接以及饭店业案例，帮助学生对行业现实情况有更准确的理解和把握。

本书由辽宁师范大学历史文化旅游学院刘筏筏任主编，通化师范学院工商管理学院唐晓丹和辽宁师范大学历史文化旅游学院丛述任副主编，辽宁师范大学历史文化旅游学院李琴任参编。具体写作分工为：刘筏筏编写第一至第五章，唐晓丹编写第六至第十章，丛述编写第十一、十二章，李琴完成了全书数据的收集与整理工作。全书由刘筏筏定稿。

本书参考了国内外大量的相关文献，并吸收了国内外学者的相关研究成果。在此，谨向这些学者致以诚挚的谢意。同时，还要感谢谢春山教授对本书提出的建设性意见，感谢北京理工大学出版社的领导和编辑所做的辛勤工作。

由于编者水平有限，书中存在的不足之处，敬请师生与读者批评指正。

编 者

目 录

第一章

饭店与饭店业

★教学目标

1. 掌握饭店的定义。
2. 掌握饭店的功能。
3. 重点掌握饭店业的产业特点。
4. 重点掌握饭店业的地位和作用。

★重要概念

饭店　饭店功能　饭店品牌

第一节　饭店的含义与功能

一、饭店的含义

饭店（Hotel）一词来源于法语，当时是指贵族在乡间招待贵宾的别墅。后来，欧美地区的饭店业沿用了这一名词，在我国港澳地区及东南亚被称为饭店、宾馆、旅店等。

国外一些权威性的词典曾对饭店作过这样一些定义：

《科利尔百科全书》——饭店是为公众提供住宿、膳食和服务的建筑和机构。

《牛津插图英语词典》——饭店是提供住宿、膳食并收取费用的住所。

《美利坚百科全书》——饭店是装备完好的公共住宿设施，它一般提供膳食、酒类以及其他服务。

《大不列颠百科全书》——饭店是为公众提供住宿、膳食和服务的建筑与机构。

《韦伯斯特美国英语新世界词典》——饭店是提供住宿，也经常提供膳食及某些其他服务的设施，以接待外出旅游者和非永久性居住者。

从上述定义中可以概括出饭店的定义：饭店是指以建筑物为凭借，通过客房、餐饮等向顾客提供服务的场所。换言之，就是利用空间设备、场所和一定的消费性物质资料，通过接待服务来满足顾客住宿、饮食、娱乐、购物、消遣等需要，从而取得经济效益和社会效益的一个经济实体。

在当代，饭店已经成为国际性的定义，其含义也随着时代的变化而发生深刻的变化，但作为饭店，其必须具备的基本条件仍然保持不变：

（1）它是一座设备完善、众所周知且经政府核准的建筑。

（2）它必须为顾客提供住宿和餐饮服务，也同样能提供娱乐和其他服务设施。

（3）它的服务对象是公众，因此既包括外来的旅游者，也包括当地的社会公众。

（4）它是营利性的场所，须获取利润，因此使用者要支付一定的费用。

（5）它以满足社会需要为前提。

二、饭店的功能

饭店的功能是指饭店为满足顾客的需要而提供的服务所发挥的效用。饭店最基本、最传统的功能就是住宿和餐饮。随着客源及其需求的变化，现代饭店的功能较传统饭店有了很大的拓展，日益多样化。饭店主要有以下功能：

（一）住宿功能

现代饭店早已不局限于传统意义上单纯为顾客提供床位的服务，取而代之的是更舒适、更多元化、更个性化的客房设计以及睡眠服务。一般饭店会有各种类型的房间，如单人客房、标准客房、大床房、套房，甚至总统套房。为了满足顾客对饭店的多元化需求，饭店除拥有各种基本房间以外，还必须配备各种特殊类型的客房，如商务客房、休闲度假客房、无烟客房、女士客房、儿童客房、老年客房、残疾人客房、组合客房等。

★知识链接

四季饭店集团打造定制化睡眠菜单

作为行业内首家进行全球范围内专业睡眠调查的饭店集团，四季饭店致力于探索现代旅行者的个性化睡眠需求，并与睡眠及梦境专家们共同打造独一无二的四季睡眠菜单，将完美睡眠臻享演绎到极致。

为了提供最高品质的睡眠体验，四季饭店在全球睡眠调查的基础上，向权威专家寻求关于睡眠及梦境的专业解读。

梦境专家凯利·苏列文（Kelly Sullivan）相信，外界的一切元素都可能进入梦境，即使是房间的气味、睡前进食过多等也是诱发噩梦的原因。因此，她建议每日最后一餐应当在睡前至少两小时结束，之后应当调暗灯光、尝试开始冥想，并逐渐进入睡眠状态。睡眠医学专家卡罗尔·艾什博士（Dr. Carol Ash）也建议，最理想的睡前环境应当昏暗、静谧、清幽；枕头和床垫被调整至最舒适的状态；房间保持整洁；分散注意力的手机等电子设备应当关闭。研究还发现，睡前喝一杯富含褪黑素的酸樱桃汁能增加平均40分钟的睡眠时间。

秉承让顾客在旅途中尽可能享受最佳睡眠体验的宗旨，四季饭店客房设计团队始终致力于让睡眠环境日臻完美。

从家具的摆放到房间内艺术品的色调选择，无一不体现了四季饭店对细节的高度关注。“缺乏优质睡眠所带来的影响是无法弥补的，因此我们必须确保在客房设计上精益求精。”四季饭店集团设计副总裁戴纳·库尔扎克（Dana Kalczak）女士如是说，“四季饭店的客房设计从睡床开始，到舒适的床品、最适合阅读的灯光，以及在床边留出足够的空间摆放顾客所需要的任何东西、具有极强设计感的台灯和富有观赏价值的艺术品、确保门铃声和开关声悠扬悦耳等细节，所有努力都是为了让顾客躺在睡床上时感受到极致舒适和放松。”

四季饭店定制化睡眠菜单

睡枕

四季饭店竭诚提供不同的睡枕选择，每一位顾客对睡枕的不同偏好都能得到满足。中国的多家四季饭店可为顾客们提供包括荞麦枕、海绵枕、低过敏性枕、颈椎枕、硬枕、泡沫枕、薄枕、音乐枕及记忆枕在内的多款不同睡枕以供选择。

睡前饮食

《黄帝内经》里曾有“胃不合则卧不安”的说法，可见饮食对身体和能量供给的影响。

北京四季饭店可精心制作出安神助眠、营养口感俱佳的特色夜宵，并在15分钟内由客房服务员送达，顾客在享受美食之余也为一夜好眠做好准备。

杭州西子湖四季饭店特别定制了独特的睡床形甜点和精巧的马卡龙小食，让丰富的镁和钾元素帮助身体合成多种氨基酸，令顾客在之后的睡眠中可以更好地缓解肌肉压力和排毒美容。

在纽约四季饭店，顾客们可在温热的牛奶、草本茶或特色棕榈酒的帮助下进入梦乡。

水疗服务

为了帮助顾客在睡前达到身心平和的状态，四季饭店特色水疗服务也囊括在睡眠菜单之中。

在孟买四季饭店，结合传统的阿育吠陀养生法的特色水疗服务以古老的印度健康哲学让人身心宁静，舒心入梦。

屡获殊荣的上海四季饭店的沁水疗，专业的芳疗师采用天然竹条热疗，配以独到的按摩手法充分刺激顾客足底反射区，促进血液循环，平衡体内气血，帮助顾客彻底放松，安然入眠。

睡前故事

举家出游总是充满了天伦之乐，令家人之间的感情倍增。一天的旅途劳顿之后，父母已然筋疲力尽，而孩子们在家长的悉心照料下即使在睡眠时间也不觉疲惫。为此，四季饭店提供体贴入微的服务，帮助那些活泼好动的孩子尽快进入甜蜜梦乡。

在芝加哥四季饭店，专业管家会在孩子们临睡前为他们讲故事。慈祥温暖的嗓音慢慢讲述一个个美好动听的故事，为孩子们勾勒出迷人的梦境。

（二）餐饮功能

现代饭店的餐饮功能与住宿功能相辅相成，共同决定着一家饭店的形象和档次，所以饭店要针对市场推出适合自身特点以及顾客需要的餐饮服务。顾客对饮食的需求不仅是满足生理的需要，更多的是对一种文化的探求。因此，饭店在以精美的菜肴、良好的环境及可靠的卫生条件向顾客提供各种形式的餐饮服务的同时，还要以人性化、个性化、优质化的服务为顾客提供物有所值的服务。

饭店一般设有多个不同类型的餐厅，如大餐厅、小餐厅、宴会厅等。我国的高星级饭店除了设有地道的中国餐厅外，还设有西餐厅、日本餐厅、韩国餐厅等，提供各国特色餐饮产品，在满足顾客需要的同时提升饭店的文化品位。另外，饭店还提供自助餐、包价餐、客房小酒吧以及客房送餐等服务来满足顾客的不同消费需求。

（三）商务功能

商务功能为住店顾客提供各种方便快捷的商务服务，饭店设置商务中心、商务楼层、商务会议室与商务洽谈室等，提供各种现代通信和办公设施，如打印机、扫描仪、传真机和计算机。此外，饭店配有专门的 IT 技术人员，在设施出现问题和故障的情况下能够及时提供咨询、维修服务。现代饭店的商务功能当然还少不了免费高速的无线上网服务，如今，商务旅客最希望提供的饭店服务设施之一就是 Wi-Fi 连接。另外，商务旅客在旅行中经常携带笔记本电脑、智能手机、平板电脑，然而，很多商务旅客往往忘记带充电器，在饭店房间里设有一个充电站和电气墙壁插座，可以为商务旅客带来很大方便。

（四）家居功能

饭店是顾客的“家外之家”，努力营造“家”的氛围是饭店经营管理的宗旨，使入住饭店的顾客感到像在家里一样亲切、温馨、舒适和方便。能够将家居功能体现得淋漓尽致的便是公寓饭店，又称为饭店式公寓，配有全套家具，每套房间都配有厨房，鼓励顾客自己下厨。因此，这里更适合顾客住上一阵子，而不是朝至夕去。同时，与其他饭店一样，顾客能够在这里享受专业的 24 小时客房服务。另外，公寓饭店还配备洗衣房等家居设施。

随着公寓饭店市场的不断扩大，越来越多的运营商进入这一领域，很多知名公寓饭店品牌来自传统饭店。例如，万豪集团旗下的 Residence Inn、希尔顿饭店集团旗下的 Homewood Suites 及洲际饭店旗下的 Staybridge，都是成功的案例。当然，还有许多品牌以独立经营公寓饭店为主，如 Skyline Worldwide Accommodations、雅诗阁饭店公寓（The Ascott Group）及辉盛国际公寓（Frasers Hospitality）等，都是在全球规划其饭店式公寓版图的跨国经营者。

（五）度假功能

度假饭店一般位于风景区内或附近，通常注重营造家庭式环境，客房能满足家庭度假、几代人度假以及独身度假的需要，娱乐设施先进、齐全。

巴厘岛 W 度假饭店位于水明漾海滩，开设了多间设计师精品店、风格迥异的画廊、活力四射的餐厅以及现代鸡尾酒酒吧和俱乐部，为这一地区注入了新的元素。作为印尼首家度假饭店，巴厘岛 W 度假饭店通过其现代化的设计以及特色酒吧和餐厅让顾客领略“前所未见的新视觉”，让顾客和当地居民在此欢聚或享受属于自己的悠闲假期。W 度假饭店拥有 158 间奇妙绝美的寓所与套房，采用充满活力的装饰和生动的设计，并配备现代化设施，如免费无线互联网、带 MP3 播放器对接站的 BOSE ©房内娱乐系统和 Bliss ©水疗浴室用品。其寓所是岛上可纵览印度洋海景面积最大的饭店客房。W 度假饭店共有 79 间别墅寓所，包括 1 间卧室奇幻别墅寓所、2 间卧室非凡别墅寓所和 3 间卧室惊喜别墅寓所，每间均设有私人入口和泳池。

（六）会议功能

会议功能是许多饭店尤其是商务饭店的重要功能，是主要的创收功能。会议产业带来的巨大产值对于饭店来说无疑是一块诱人的蛋糕。饭店的会议功能是指可以为各种从事商业谈判、贸易展览、科学讲座等活动的顾客提供会议、住宿、膳食和其他相关的设施和服务。饭店内一般设有大小规格不等的会议室、谈判室、演讲厅、展览厅。会议室、谈判室都有良好的隔板装置和隔音装置，并能提供多国语言的同声翻译，有的饭店还可以举行电视会议。

雅高集团在全球90个国家已经拥有超过1.04万间会议室，遍布主要的商业枢纽、城市中心、机场及奖励旅游目的地。每一家雅高饭店都有专业的会议团队为商业客户提供专属服务，该团队由会务经理、宴会和餐饮专员、厨师、视听设备及IT专家等组成，他们独具的专业经验是确保各类活动成功举办的关键。从小型会议、奖励旅游到大型活动，雅高饭店的团队都能提供量身定制的专业服务。

此外，饭店还具有娱乐健身、通信和信息集散、文化服务、商业购物服务等功能。可见，现代饭店已不仅是住宿产业，也是为旅游者提供多种服务、具备多种功能的生活产业。

第二节　饭店业的产业特点、地位和作用

一、饭店业的产业特点

随着我国经济的持续发展，我国的饭店业发展步伐也十分迅速。在过去三十多年的发展进程中，饭店业是国民经济各产业中发展最快的行业之一，也是率先接近国际水准的行业之一。饭店业作为21世纪的朝阳产业，拥有区别于其他产业的特点。

（一）劳动与资金密集

饭店业作为传统的劳动服务行业，是典型的劳动密集型行业，它提供的是以服务为核心的产品组合，在产品的生产、包装、销售方面往往是通过人工劳动来实现的。饭店业吸纳劳动力的门槛低、空间大，员工是饭店服务的提供者和价值的创造者。截至2015年，全国饭店从业人员超过650万人，其中五星级饭店就拥有员工近135万人。员工数量的多少、综合素质的高低直接影响饭店服务的质量。

近年来，我国饭店业呈蓬勃发展之势，高星级饭店、经济型饭店、国际和国内连锁饭店不断增多，因此对服务人员的需求量也不断增加。受劳动力供给市场、行业自身特点的制约，饭店基层员工存在较大的缺口，整个行业呈现供不应求的状态。

同时，饭店（尤其是星级饭店）所需投入的资金数量又是巨大的，其回报率也相对较高，因此是比较典型的资金密集型行业，其资金投入仅次于民航和石化行业。据统计，国际上建造一间饭店客房通常需投资15 000美元至30 000美元，以此估算全球饭店业资产总值为1 700亿美元至128万亿美元。尽管饭店资产价值可以按几种不同方法计算，全球各地饭店业主也以不同方法评估其资产价值，但此数据至少反映了全球饭店业规模之大，表明饭店业是一个资金高度密集型行业。

（二）易进难退的市场壁垒

所谓进入壁垒，是指在某一个行业中，已存在的企业相对于潜在的进入者的一个行业优势。与较低的饭店进入壁垒相比，饭店的退出壁垒较高。

由于饭店业属于劳动密集型和资金密集型行业，技术含量不高，其较高的退出壁垒主要来自沉淀成本和劳动力安置成本，而根源是有形资产专用性强，无形资产随着饭店退出而彻底消失。由于饭店的产品很难转移为其他产品，因此饭店行业的产品转换需要投入大量的成本。目前，饭店资产的退出也仅仅表现为产权主体和经营主体的转移和退出，不能做到生产要素的退出，因此饭店能转换的产品只能是替代性比较高的设施，如公寓、写字楼等，与此同时，在饭店的改制过程中，饭店重要的无形资产——品牌也将随即消失。

此外，退出成本较高的还有劳动力安置，我国的饭店行业是一个劳动密集型行业，从业人员较多，解雇员工的成本本身就是一个退出壁垒。而我国饭店在发展初期，其主要目的就是解决就业问题，安置本单位的一部分富余人员。如果饭店退出行业，饭店人员的重新安置又将成为一个难题。

（三）离散分布与规模经营

饭店离散分布的特点主要体现在空间供给方面。饭店行业较低的进入壁垒及其服务行业的本质特性，要求饭店必须在其所属的地域范围内同时实现生产、交换和消费，因此，饭店行业不能像制造业那样能将产品转移到其他地域进行销售，它主要依赖当地客源市场的需求，因此在饭店供给上存在空间离散分布的特点。

规模经营是加速饭店集团扩张，形成产业聚合性优势的重要手段之一，它可以使饭店集团摆脱地域限制，以品牌拓展发展空间、扩张市场规模、扩大市场覆盖，从而促进饭店集团走上规模经营、快速扩张的道路。其主要形式是特许经营，饭店集团通过管理模式、经营理念、商标品牌等无形资产的转让和特许使用迅速实现集团扩张。而饭店集团规模的扩大、实力的增强将使其在市场竞争中处于优势地位，一方面可以更快地加速集团扩张，另一方面可以吸引更多的商业伙伴与之建立良好的合作关系，增强其市场抗风险能力，从而走上良性循环的发展道路。

（四）品牌化趋势显著

国内外饭店集团之间的竞争实质上是品牌之争，创建知名品牌是饭店集团在市场竞争中制胜的法宝。品牌是指消费者对产品的全部体验，它不仅包括物质的体验，更包括精神的体验。饭店品牌是饭店业经营、管理和发展的灵魂，是饭店业持续发展所需要的一种无形竞争手段，是其通过自己的产品及服务与消费者建立起来的，同时需要自身开发和维护的一种关系。它是饭店业内在物质在消费者层面的一种外在表现。

海航饭店集团旗下的北京唐拉雅秀饭店于 2009 年正式开业，并宣布加入拥有全球近 500 间独体饭店的世界饭店集团。作为用三年时间打造的、具有东方风格的顶级饭店品牌，唐拉雅秀饭店还在国内主要一线城市和核心旅游目的地开拓了新的饭店项目。而加入世界饭店集团有助于利用全球分销、市场及推广平台拓展唐拉雅秀饭店在国际市场的销售业务，在日益国际化的我国本土饭店市场参与全球竞争。通过世界饭店集团平台，北京唐拉雅秀饭店可以将销售触角延伸至世界各主要城市，以吸引来自全球各地的高端顾客。

（五）运用房地产要素

房地产要素的运用是饭店经营的深层次基础，也是饭店获得投资回报的最终途径。“饭店业之父”——斯塔特勒曾说，“饭店经营第一是地点，第二是地点，第三还是地点”，这不仅是指地点优势所产生的经营上的竞争力，而且其深层含义包括房地产要素的运用。饭店地点越好，经营便越好，饭店地产升值的潜力便越大，最终的投资回报也越容易体现。

2011 年 8 月 26 日，我国房地产业的龙头——绿地集团与全球著名奢华饭店品牌丽思·卡尔顿集团签署饭店管理协议，委托其管理旗下的武汉、大连两家顶尖摩天饭店。其中武汉绿地丽思·卡尔顿饭店位于高达 606 米的世界第三、中国第二高楼武汉绿地中心顶层。绿地集团以其得天独厚的房地产优势，目前已经拥有星级饭店 12 家，客房总数 4 500 余间。

（六）产权市场发展

旅游一直是房地产投资开发的一个重要领域。产权式饭店作为一种新型的房产投资和消费方式，符合现代经济资源共享的原则，它将名下房产与饭店经营相结合，向公众提出了一种既是消费又是投资、既是置业又可增值的全新概念。房地产要素的运用促进了饭店产权市场的形成和发展，使饭店经营回报成了次要目的，主要目的变成了产权交易。近二十年来，饭店产权交易在国际上十分活跃，不仅交易数额巨大，而且相当频繁。从 20 世纪 80 年代末期开始，大企业集团为了拓展品牌和跨国经营，完善和调整经营结构，纷纷进行大规模的兼并收购，如日本的 Seibu/Saison Group 收购洲际饭店公司（Inter - Continental Hotels），英国的巴斯公司（Bass PLC）收购假日饭店集团，莱德布洛克集团（Ladbroke Group PLC）收购国际希尔顿（Hilton International），法国雅高公司（Accor）收购红屋顶饭店公司（Red Roof Inns Inc.）等，金额均达数十亿美元。国内饭店的集团化进程同样引人注目，在锦江、首旅两强争霸的格局下，一些地方和行业的饭店重组也值得关注。

二、饭店业的地位和作用

在当今世界，旅游业已经成为世界经济的主要贡献力量。饭店业作为旅游业的三大支柱产业之一，在旅游业发展中起到非常重要的作用，还可以支持工业、改善环境、直接创汇并能创造大量的就业机会，在现代发达国家的经济体系中占有极其重要的地位，也是发展中国家积极推动和扶持的产业。

（一）饭店业在旅游业发展中的地位

1. 饭店是旅游者的活动基地

旅游者的旅游活动离不开食、住、行、游、购、娱，饭店作为旅游者游览观光或商务活动的生活基地，为旅游者提供了住宿、饮食、商务、健身、购物、娱乐、社交等方面的信息服务，因此，饭店是旅游者在旅游目的地开展活动的基地，是旅游者食宿等基本生活的物质承担者，是旅游者旅游活动能够持续进行的物质保证。

2. 饭店是旅游服务体系的重要环节

在旅游服务体系中，饭店是构成旅游业的基本要素之一，与旅行社、旅游交通等组成旅游服务体系。旅行社是旅游者从出发地到旅游目的地的组织者和服务者，旅游交通是实现旅游活动的重要工具和手段，饭店则是向旅游者提供基本生活服务的重要场所，饭店不仅能为旅游者提供必要的就餐和住宿服务以满足游客的需求，还能提供购物、娱乐等其他服务。这三个要素既互相联系，又相互促进，缺一不可。

饭店的设施条件是发展旅游业首先要考虑的因素。饭店业发展经验表明，饭店的建设应适度超前，否则就难以适应市场需求的发展。若是有了足够的饭店供应空间，就能吸引更多游客，延长游客的逗留期，增加游客故地重游的概率。因此，饭店业的发展水平是本地区客源量的重要因素。

3. 饭店业是旅游发展的重要依托

饭店是现代旅游业的重要支柱，因而饭店发展的规模和水平反映了一个国家或地区旅游业发展的状况和水平。作为旅游业不可或缺的重要组成部分，饭店不仅是较为理想的食宿场所，而且它能为广大旅游者提供文娱、购物、保健、订票等多种服务，以满足旅游者日益多元化的需求。

（二）饭店业在社会发展中的作用

1. 饭店业是国家创汇的重要基地

旅游饭店接待国际旅游者，通过住宿费、饮食费、娱乐费、国际电话费、综合服务费等，可以获得大量外汇收入，从而对旅游目的地国家的外汇收支平衡，促进国家经济建设起到积极的作用。因此，饭店是创造旅游收入的重要来源，也是创造外汇收入的重要部门，饭店业营业收入在旅游业总收入中占相当高的比例。2014 年外国人入境旅游 2 636 万人次，入境过夜游客 5 562 万人次，全年旅游总收入 3. 38 万亿元，其中国家旅游收入 569 亿美元，增长 10. 16%。2016 年 1 月 18 日，中国旅游局官网公布了 2015 年 1—12 月入境游客人数，2015 年来我国旅游入境人数 1. 338 亿人次，较 2014 年同比增长 4. 41%，入境游外汇收入 1 175. 7 亿美元。其中港澳台同胞占比 80. 58%，外国人总计为 2 598. 54 万人次，占比 19. 42%，入境人数居前三位的国家为韩国、日本和美国。

2. 饭店业是解决就业的重要部门

饭店是以提供服务为主的劳动密集型行业，需要大量的管理和服务人员，与其他行业相比能较多地吸纳社会劳动力，提供大量的就业机会。国外有关研究表明，近年来新增的劳动就业人口中，每 25 个人中就有 1 人就职于饭店。高档饭店每增加一间客房，可以直接和间接为 5 ~7 人提供就业机会。饭店全方位地满足旅游者临时生活需求，尽管这些需求具有共性，但也存在许多突发性的新需求，这是许多机械化的工作所无法取代的。复杂多样的分工特点，必然导致饭店业的工种比其他行业增加许多，故需要大量的就业人员在一定程度上缓解了劳动就业的压力。

格林豪泰为全国各地的返乡农民开设了就业绿色通道，为帮助解决返乡农民工就业问题贡献了一份力量。格林豪泰集团向农民工提供了千余个岗位，如保安、餐厅服务员、客房服务员、饭店维修工等。为切实给农民工就业提供便利，饭店将为每一位有意求职的农民工特事特办，开通就业绿色通道。求职者不仅可以登录格林豪泰官方网站，通过网站为农民工特设的绿色通道直接投递简历，或者以传真和邮寄的方式投递简历，还可以直接就近到格林豪泰的任何一家连锁饭店上门应聘。另外，对每一名被录用的农民工，饭店都免费提供技能培训，帮助其提高自己的工作能力和价值。

3. 饭店业是多元化交流的重要场所

饭店是文化、科学、技术交流和社会交往的中心。旅游无国界，饭店的顾客来自五湖四海，他们的来访促进了文化艺术和科学技术的交流。饭店客观上带来了中西文化、各城市文化以至社会各个阶层文化的融合，由此也促进了社会消费方式和消费结构的发展与变化。同时，饭店提供的优雅环境，如咖啡厅、茶坊和娱乐场所等也促进了社交活动的发展。

4. 饭店业带动了其他行业的辐射发展

饭店的发展可以创造大量直接和间接的就业机会，通过对社会其他行业就业的辐射，又可以带动建筑业、装潢业、设备制造业、轻工业、食品加工业以及交通等行业或部门的发展，从而对活跃国民经济起到巨大的促进作用。

5. 饭店业是改革开放的先导及各地经济发展的窗口

中国饭店业的形成和发展是改革开放的产物，而饭店业的发展对我国的改革开放又起到了十分重要的推动作用。一个地区、一个城市的饭店业构成了当地投资环境的重要组成部分，其发展水平在一定程度上标志着该地区改革开放的水平，直接影响客商对当地投资环境的认可程度，因而饭店业也是各地经济发展的窗口。

6. 饭店业促进社会服务水平和文明程度的提高

饭店业是一个礼仪性的行业，时刻都展现着整个社会的文明。饭店将国外文明礼貌的内涵和形式与我国人民传统的文明礼貌和美德相融合，形成我国饭店业文明礼貌的规范和程序。作为服务行业的排头兵，多年来，饭店业的服务水平一直起到示范作用，同时也起到扩散作用。各个服务行业（如餐馆、商业、金融保险、医院甚至政府机构等）的服务理念、服务规范与质量标准，许多是从星级饭店演化而来的，社会整体的服务水平和文明程度在这个过程中不断得到提高。

★案例分析

纽约君悦颠覆饭店餐饮服务概念

纽约君悦饭店（Grand Hyatt New York）对其饭店餐饮服务做出了变革，推出了一个名为 Market、设立在饭店大堂内的即点即用的食品和饮料服务专区。

Market 把纽约著名的 Roasting Plant 咖啡店、Tisserie 面包坊、Chickalicious 甜品屋和 Macaron Cafe NYC 咖啡店带到了毗邻中央火车站的纽约君悦饭店。除了这些纽约著名的餐厅食品外，Market 还提供地道的三餐服务和小吃，如热菜、三明治、啤酒和红酒。“NY Yankee” Pot Roast 也成为 Market 美食的一部分。纽约君悦饭店将继续简化服务流程，给顾客带来最大的方便，饭店顾客可以将在 Market 的消费费用加入房间的账单。

饭店除继续提供传统的餐饮服务外，这些新的食物和饮料还迎合了有特殊需求的旅游者。因航班或会议延误的顾客急需快捷、健康的食品，他们可享受 Market 为其带来的便捷，当然这项服务还能迎合那些在曼哈顿市中心追求高质量食品的游客。Market 似乎要颠覆传统，连包装设计也不再沿用传统的饭店风格，而是采用了色彩斑斓的咖啡杯、袋子和打包盒，这些极具想象力的图案和颜色令人难忘。Market 的食品质量、选择和便捷性可以与 Dean & DeLuca 的美食天堂相媲美。

Market 由 Bentel & Bentel 建筑设计公司设计，该公司由于设计了纽约的热门餐厅而出名，如 The Modern、Craft、Eleven Madison Park 和 Gramercy Tavern。Market 还设置了长 30 英尺①的展示柜、木质的方块地板、天蓝色的灯管以及黑钢天花。员工制服则由洛杉矶的设计师 Gila Rashal－Niv 设计，他曾和 J. Crew 合作设计了一系列经典的休闲服装。

Market 正在彻底地改变饭店餐饮服务的理念。这是设身处地为忙碌的顾客和旅游者着想，他们需要快捷、高质量的食品，我们则为他们提供具有纽约品味和健康的餐饮。副总裁兼执行董事 Matthew Adams 说道："Market 将成为广受欢迎的服务，并成为纽约人寻找新鲜食品的目的地，无论是在白天还是在晚上。Market 的价格很有竞争力，完全是市场价格，而不是按照房间送餐服务的价格。Market 的服务不仅触手可及，而且价格公道。"

案例讨论题

1. 结合案例谈谈，饭店的餐饮功能指的是什么？
2. 君悦饭店是如何颠覆饭店的餐饮功能的？

思考与练习

1. 什么是饭店？饭店包括哪些功能？请结合实例说明。
2. 饭店业有哪些产业特点？
3. 饭店业在旅游业的发展及社会经济的发展中具有怎样的地位及作用？

① 1 英尺＝0. 304 8 米。

第二章

饭店业的发展

★教学目标

1. 了解世界饭店业经历的发展时期及每个发展时期的特点。
2. 掌握我国饭店业经历的发展时期。
3. 了解我国饭店业的发展现状。
4. 了解我国饭店业面临的发展困局。
5. 了解我国饭店业的发展契机。

★重要概念

客栈　驿站　迎宾馆　西式饭店　中西式饭店

第一节　世界饭店业的发展历程

相传欧洲最初的食宿设施约始于古罗马时期，其发展进程经历了古代客栈时期、大饭店时期、商业饭店时期、现代新型饭店时期等阶段，其间几经波折。第二次世界大战以后，随着经济形势和旅游业的不断发展，欧美各地进入了新型饭店时期，并逐步形成了庞大独立的饭店行业。

一、古代客栈时期

客栈，英文单词为Inn，美国人称其为Tavern，是指位于乡间或路边、主要供过往路人住宿的小旅馆、小客店。客栈是随着商品生产和商品交换的发展而逐渐发展起来的。最早的客栈可以追溯到人类原始社会末期和奴隶社会初期，是为满足古代国家的外交交往、宗教和商业旅行、帝王和贵族巡游等活动的需求而产生的。

从历史遗迹和古代文献综合考证来看，世界古代客栈起源于古罗马时期。在意大利南部旅游胜地庞贝和赫库兰尼姆，留存着几千年前的客栈遗迹，据此人们对古罗马时期的客栈的基本概况有了一定的了解。曾以“以眼还眼，以牙还牙”为格言而闻名于世的巴比伦国王穆拉比，对当时巴比伦客栈的经营管理十分关注，并在巴比伦法典中禁止客栈在饮料中掺水，这也说明当时的客栈比较盛行，生意较为兴旺。那时的客栈接待较多的是古代经商者。古代经商者往往组成商队进行长途贩卖活动，在他们经常行走的道路沿途，需要有提供食宿的设施，古代客栈就是为满足这种需求而产生的。在中世纪，人们外出旅行较少，即使外出旅行，通常也不住在客栈里，他们或在野外露宿，或寄宿于贵族城堡，与此同时，教堂和寺院也常以低廉的价格向旅行者提供食宿服务。

1096 年开始的历时二百年的“十字军东征”带来了巨大的社会变革，加强了东西方文化和技术的交流，极大地促进了经济和贸易的发展，从而推动了客栈业的兴起。意大利北部地区最早受到“十字军东征”所带来的文艺复兴的影响，从而使那里的客栈成为当时最具有实力和影响力的行业。到中世纪后期，随着商业的发展，旅行和贸易的兴起，人们对客栈的需求量大增，使客栈业有了进一步的发展。

在西方，客栈时期一般是指 12 世纪到 18 世纪这段漫长的历史时期。客栈作为一种住宿设施虽然早已存在，但真正流行却是在 12 世纪以后。客栈不是完整意义上的饭店，而是饭店的雏形。从设施上讲，它的特点是规模小、建筑简单、设备简陋、多设在乡间或小镇，两间客栈一般相距马匹一天行走的路程；从服务上来看，顾客在客栈往往挤在一起睡觉，吃的是和主人差不多的家常饭，价格也很低廉。除满足住宿、吃饭与安全这些最基本的需求之外，客栈对顾客不提供其他服务。客栈是独立的家庭生意，客栈的房舍一般是家庭住宅的一部分，家庭成员是客栈的拥有者和经营者。客栈的住宿者多半是外出旅行的宗教人士和商人。后来，随着社会的发展、旅游活动种类的增加，客栈的规模也日益扩大，种类不断增多。

到了 15 世纪，客栈已经盛行。当时，欧洲许多国家（如法国、瑞士、意大利和奥地利等国）的客栈已相当普遍，其中英国的客栈最为著名。英国早期客栈并不是专门为客商提供食宿的场所，而主要是为人们提供聚会和交流信息的地方。直到后来出现了公共马车，商业和旅游活动日益兴旺，客栈的主要功能才转变为为过往行人提供食宿。到 15 世纪中期，英国客栈业有了较快的发展，在马车道旁每隔 15 英里左右就有一家客栈。英式客栈往往比其他国家客栈的规模大一些。例如，英国早期客栈是一座大房子，内有几间客房，每个客房有几张床，顾客往往要睡在一起。后来，客栈经营规模不断扩大，比较大的客栈拥有 20 ~ 30 个房间，还配备餐饮设施，如酒窖、食品间、厨房等。自 15 世纪末以来，客栈无论在经营规模上，还是在服务项目上，都具有近代饭店的雏形，如许多客栈都有花园草坪以及带有壁炉的宴会厅和舞厅等。据有关资料记载，1577 年英格兰和威尔士就有 1 600 家这样的客栈。此时的英国客栈已是人们聚会并交流信息的地方。实际上，在 18 世纪，世界许多地方的客栈不仅仅是过路人寄宿的地方，还是当时社会、政治与商业活动的中心。

二、大饭店时期

18 世纪末至 19 世纪末是饭店业发展史上的大饭店时期。18 世纪末，产业革命为现代旅游的发展注入了生机。科技的发展首先引发交通工具的革命。1807 年美国发明了第一艘载客轮船，自此人们更热衷于海上旅行。1814 年英国出现了蒸汽机车，1825 年 9 月，世界第一条铁路在英国正式通车，火车成为 19 世纪欧洲最主要的陆上交通工具。轮船和火车的普及，方便了人们的出行，港口和车站成了游人聚集的地方，一座座饭店拔地而起，专为上层统治阶级服务的豪华饭店应运而生。

（一）大饭店时期饭店业的发展

18 世纪末，美国的饭店业有了较快的发展，以 1794 年在美国纽约建成的第一座饭店——都市饭店为标志，由此进入大饭店时期。都市饭店拥有 73 套客房，其建筑风格就像一座宏伟的宫殿，很快成为当时仅有 30 万人口的纽约市的社交中心，并成为当时美国服务行业标志性服务设施。随后，波士顿、费城、巴尔的摩等城市也纷纷建造和开办类似的大饭店。1829 年波士顿建成的特里蒙特饭店被称为当时的现代化饭店。该饭店拥有 170 套客房，客房设施较为齐全，有脸盆、水罐和肥皂等。饭店餐厅设有 200 个座位，供应法式菜肴，服务人员训练有素，礼貌热情。该饭店是美国饭店业发展的第一个里程碑，推动了全美乃至欧洲饭店业的蓬勃发展。之后相继出现了许多有名的饭店，如纽约的阿斯特饭店、芝加哥的太平洋饭店和希尔曼饭店、旧金山的宫殿饭店等。20 世纪初，美国出现了一些豪华饭店，其中有些饭店，如纽约广场饭店，至今仍被称为美国的一流饭店。由于美国对外开放政策的影响，世界各国旅游者、企业家以及社会名流纷纷前往美国，带动了其旅游业和饭店业的迅速发展。一些投资于饭店的老板，在建设饭店上不惜资本，将饭店装修得十分豪华、阔气，店内高档陈设十分讲究，食品也做得非常精美。

在美国饭店业迅速发展的同时，欧洲的许多国家也在大兴土木，竞相建造豪华饭店。当时颇有代表性的饭店有 1850 年在巴黎建成的巴黎大饭店，1874 年在柏林开业的恺撒大饭店，1876 年在法兰克福开业的法兰克福大饭店，1885 年建成的卢浮宫大饭店和 1889 年开业的伦敦萨伏伊饭店等。

★知识链接

大饭店时期的代表人物是瑞士恺撒·里兹（Cesar Ritz），他被称为世界豪华饭店之父。他在饭店服务上有许多创新，首先提出“顾客永远不会错”的饭店经营格言。他所经营的饭店是豪华饭店的代表。Ritzy 一词也因其名而来，意为时髦、非常豪华、讲究排场。

他于 1898 年 6 月与具有“厨师之王，王之厨师”美誉的 August Ausgofier 一起创立了巴黎里兹饭店，开创了豪华饭店经营的先河，其豪华的设施、精致而正宗的法餐，以及优雅的上流社会服务方式，将整个欧洲带入一个新的饭店发展时期。随后里兹于 1902 年在法国创立了里兹·卡尔顿发展公司，与其他的国际性饭店管理公司相比，里兹·卡尔顿饭店管理公司虽然规模不大，但是它管理的饭店以完美的服务、奢华的设施、精美的饮食与高档的价格成了饭店中的精品。

里兹·卡尔顿饭店将其服务程序概括为直观的三部曲：热情和真诚地问候顾客，如果可能的话，使用顾客的名字问候；对顾客的需求做出预测并积极满足顾客的需求；亲切地送别，热情地说再见，如果可能的话，使用顾客的名字向顾客道别。

里兹·卡尔顿饭店在其服务理念的指导下，于1992年成为第一个也是唯一的一个获得了“梅尔考姆·鲍尔特里奇国家质量奖”的饭店。这项奖是在美国国会授权下，以美国前商业部长的名字命名，由美国国家技术与标准学会设立的最权威的企业质量奖。

（二）大饭店时期饭店的特点

大饭店时期的饭店与客栈有许多本质的区别，其主要有以下特点：

（1）饭店大多建在繁华的大都市、铁路沿线或码头附近，规模宏大，建筑与设施豪华，装饰讲究，许多饭店还成为当代世界建筑艺术的珍品。饭店服务的对象仅限于王室、贵族、官宦、巨富和社会名流。

（2）将管理工作从接待服务中分离出来，逐渐形成专门的职能部门。随着饭店规模的扩大，企业内部分工较明确，出现了专门的饭店管理机构，形成了饭店管理人员的分工合作，从而促进了饭店企业管理的发展。

（3）饭店企业管理尚处于经验管理阶段，没有形成一门专业学科。

（4）讲求服务质量，管理工作要求严格。豪华饭店接待的对象主要是王公贵族，他们住饭店的目的是炫耀身份、地位乃至权力。因此，豪华饭店价格昂贵，饭店管理工作十分重视服务质量，注重服务礼仪和服务技巧，对服务工作和服务人员要求十分严格。

（5）饭店投资者的最大兴趣不是取得多少经济收益，而是取悦于社会上层，赢得社会声誉，因此，他们往往不过多考虑成本。

三、商业饭店时期

商业饭店时期是指20世纪初到20世纪40年代末的四十余年的发展时期。19世纪中叶工业革命后，随着商品经济的发展和资本主义制度的建立与扩张，国际市场的开辟，火车、轮船、汽车、飞机等现代交通工具的运用，大批资本家、冒险家、业务推销员、传教士及形形色色的富人来往于世界各地，旅行活动的量与质都发生深刻的变化，造成对价格低廉、设备舒适、服务周到的住宿设施的需求量增加，因而主要为商务旅游者和一般中产阶级旅游者服务的商业饭店应运而生。

（一）商业饭店时期饭店的发展

商业饭店时期分为两个重要阶段。前期是以美国“饭店大王”斯塔特勒为代表，他享誉饭店业达四十年之久。后期是美国另一位“饭店大王”希尔顿，他取代了斯塔特勒的地位。

20世纪初，美国出现了世界上最大的饭店业主，他就是埃尔斯沃思·弥尔顿·斯塔特勒（Ellsworth M. Statler 1863—1928）。斯塔特勒以自己多年从事饭店业的经验和对市场需求的充分了解，立志要建造一家“在一般公众能承受的价格之内提供必要的舒适与方便、优质的服务与清洁卫生”的新型商业饭店。1908年斯塔特勒在美国布法罗建造了第一家由他亲自设计并用他的名字命名的斯塔特勒饭店，实现了他多年的夙愿。该饭店是专门为旅行者设计的，在建造、经营与服务等方面有许多创新，使人耳目一新。“一间客房一浴室，一个美元零五十（A room with a bath for a dollar and half）”实为前所未有、闻所未闻。一间客房有一部电话，电灯开关安在屋门旁边，楼房各层设防火门，门锁与门把手装在一起等均为他的创造。该饭店建成之后，立即受到了顾客的广泛欢迎，名声大振。接着他又建造了很多饭店，同时发展饭店联号。

斯塔特勒在饭店经营中也有许多革新措施：他按照统一的标准来管理饭店，不论你到波士顿、克利夫兰，还是纽约、布法罗，只要住进斯塔特勒经营的饭店，标准化的服务都可以得到保证；他的饭店里设有通宵洗衣、自动冰水供应、消毒马桶座圈、送报上门等服务项目；他讲究经营艺术，注重提高服务水平，并亲自制定《斯塔特勒服务手册》，开创了现代饭店的先河。斯塔特勒的饭店经营思想和既科学合理又简练适宜的经营管理方法，如他提出的饭店经营成功的根本要素是“区位、区位还是区位”的原则，以及“顾客永远是正确的”等格言，至今对饭店业仍有很大启迪，对现代饭店的经营具有重要影响。因此，斯塔特勒被公认为现代饭店的创始人，他建造的饭店被誉为世界现代饭店的里程碑。

随着美国资本主义经济的迅速发展，对商业饭店的需求量大大增加。到 20 世纪三四十年代，美国又出现了一位饭店大王——康纳德·尼柯尔森·希尔顿（Conrad N. Hilton, 1887—1979）。他于 1887 年圣诞节出生于新墨西哥州的圣安东尼，第一次世界大战期间曾服兵役，并被派到欧洲战场，战后退伍，一度生活无着，后经营饭店。1919 年希尔顿在得克萨斯州的 Cisco 创建了他的第一家饭店，而第一家以希尔顿名字命名的饭店在 1925 年建于达拉斯。其后一发不可收拾，到 1928 年，希尔顿在达拉斯、阿比林、韦科、马林、普莱恩维尤、圣安吉诺和拉伯克相继建立起了以他的名字命名的饭店——希尔顿饭店。1943 年，希尔顿成立了首家联系美国东西海岸的饭店连锁集团。随后他的饭店集团跨出美国，向全世界延伸。1949 年，希尔顿国际公司从希尔顿饭店公司中脱离出来，成为一家独立的子公司。

希尔顿先生著名的治身格言是：勤奋、自信和微笑。他认为，饭店业根据顾客的需要往往要提供长时间的服务和从事无规律时间的工作，所以勤奋是很重要的。饭店业的服务人员对顾客要笑脸相迎，始终要自信，因为饭店业是高尚的事业。

20 世纪 20 年代以来，美国不仅在一些大中城市建起许多规模较大的饭店，而且一些小城市也纷纷建设饭店。一些投资家向政府和社会呼吁，如果没有现代化的饭店设施，将极大影响城市的形象；而后便采取向居民发行债券的方法，集资兴建饭店，有力地促进了饭店业的发展。在城市大饭店发展的同时，乡镇和交通要道旁小规模的专业饭店也悄然兴起。例如，由于汽车业发展迅速，大路旁和汽车站旁的汽车饭店便应运而生；在铁路迅速发展的形势下，沿线车站及其附近也兴建起一批铁路饭店；在许多农村小镇，小规模的简易饭店也风起云涌。在第二次世界大战结束时，从城市到乡村，从车站到码头，规模大小不一的商业饭店星罗棋布地出现在美国大地上，美国的饭店业在世界商业饭店业中独占鳌头。

（二）商业饭店时期饭店的特点

商业饭店时期饭店发展主要有如下突出特点：

（1）商业饭店的服务对象是平民，主要以接待商务顾客为主。饭店规模较大，设施设备完善，服务项目齐全，讲求舒适、清洁、安全和实用，不追求豪华与奢侈，并考虑顾客的需求和承受能力，收费合理。

（2）饭店经营者与拥有者逐渐分离，饭店经营活动完全商业化，讲究经济效益，以营利为目的。

（3）饭店管理逐渐科学化和标准化，注重市场调研和市场目标选择，注重员工培训，使其提高工作效率，同时形成了行业规范和相应的管理机构，如各国相继成立了饭店协会与世界性的国际饭店协会。

(4) 成立了一些进行饭店管理培训的专门学校，其中有斯塔特勒资助的美国康奈尔饭店学院、柏林的饭店管理学院、伯尼尔大学的饭店经济专业等。此时，不仅饭店业成了一个重要的产业部门，饭店管理也正式成为管理学的一个重要的独立分支。

商业饭店时期是世界各国饭店业最为活跃的时期，是饭店业发展的重要阶段，它使饭店业最终成为以平民为服务对象的产业，从各个方面奠定了现代饭店业的基础。

四、现代新型饭店时期

现代新型饭店时期大约从20世纪50年代开始至今。它是社会生产力高度发展，社会消费结构深化，国际旅游活动“大众化”的必然结果。第二次世界大战结束后，随着世界范围内经济的恢复和繁荣，人口迅速增长，世界上出现了国际性的大众化旅游。科学技术的进步，使交通条件大为改善，为人们外出旅游创造了条件；劳动生产率的提高，人们可支配收入的增加，导致对外出旅游和享受饭店服务的需求迅速扩大，从而加快了旅游活动的普及和世界各国政治、经济、文化等方面的交往。这种社会需求的变化，促使饭店业由此进入了现代新型饭店时期。

（一）现代新型饭店的发展

从20世纪50年代开始，首先是欧美国家，特别是美国的饭店业得到蓬勃发展。众所周知，美国是第二次世界大战最大的受益者，本土基本没有遭到战争的破坏，因而其政治、经济、军事是当时世界上最强大的，商业饭店时期发展起来的饭店业一直处于良好的发展态势。第二次世界大战结束后，世界各国到美国学习、旅游、参观、考察、开会、探亲访友和进行商务活动的人越来越多，这种市场环境为美国现代饭店业的发展提供了广阔的空间。因此，美国饭店的经营规模越来越大。

饭店经营规模的不断扩大，首先表现在单个饭店的经营规模越来越大，如单个饭店从原有的十几间客房发展到几百间客房的大饭店，进而发展到几千间客房的超级饭店。例如，美国拉斯维加斯市的米高梅大饭店拥有5 034间客房。

饭店经营规模不断扩大的另一个表现，就是饭店集团在全球扩张的速度不断加快。20世纪50年代初，隶属于美国泛美航空公司的洲际饭店集团的出现，标志着现代饭店集团开始迈出国际化步伐。该集团在20世纪60年代初已经在巴西、乌拉圭、智利、墨西哥、委内瑞拉、哥伦比亚、古巴等地设立饭店。到20世纪80年代，该集团的饭店已遍及50多个国家和地区。20世纪60年代以来，在洲际饭店集团向海外扩张发展的带动下，美国一批规模较大的饭店集团，如诺特饭店集团、假日饭店集团、谢拉顿饭店集团、威斯汀饭店集团和凯悦饭店集团等纷纷向海外扩张，从而促进了海外饭店所在国的饭店业的发展，使饭店业成为第三产业中影响最大的服务行业。上述这些饭店集团经营规模巨大，在全世界拥有上千家连锁分店，如假日饭店集团就拥有2 700多家连锁分店，遍及世界50多个国家。1985年世界最大的50家饭店集团拥有200多万间客房，约占世界客房总数的20%。这充分说明，饭店集团规模越来越大，饭店业集中化趋势十分明显。

在饭店经营规模不断扩大的同时，饭店服务项目也越来越多。职能性服务项目如住宿、餐饮、交通、游览、购物和娱乐等一应俱全，一个饭店的职能几乎包括了旅游者的全部需求；个性化服务项目不断增加，如在娱乐服务项目中，开设游泳池供顾客游泳，开设康乐中心供顾客打台球、保龄球，开设舞厅供顾客跳舞，开设健身房供顾客锻炼身体，开设音像厅供顾客看电影、电视和录像片等，总之，饭店能满足顾客在娱乐健身方面的各种需求。由此可见，随着饭店服务项目的日益完善，饭店已成为旅客的“家外之家”，一个规模巨大、项目齐全的饭店，其功能不亚于一个城市提供的服务。特别重要的一点是，现代饭店集团实行连锁式的统一的科学管理，使综合服务质量越来越高。

自 20 世纪 50 年代以来的半个多世纪，美国饭店业一直走在世界饭店业的前列，以较大的优势独占鳌头。据美国《旅游周刊》1995—1997 年的统计，世界前 20 名规模最大的饭店，世界著名饭店品牌前 12 名和世界前 20 名饭店联号基本上都在美国，可见美国饭店业的强大实力和领先地位。由于自 20 世纪 50 年代以来美国饭店集团不断向世界各国和地区进行渗透，世界各国或地区的饭店主要为美国饭店集团的连锁分店。

在现代新饭店时期，饭店业发达的地区并不仅仅局限于欧美，而是遍布全世界。特别值得一提的是，亚洲地区的饭店业从 20 世纪 60 年代起步发展至今，其规模、等级、服务水准、管理水平等方面也毫不逊色于欧美的饭店。亚洲地区饭店业的崛起及迅速发展举世瞩目。在美国《公共机构投资人》杂志每年组织的颇具权威性的世界十大最佳饭店的评选中，亚洲地区的饭店往往占半数以上，甚至名列前茅。由中国香港东方文华饭店集团管理的泰国曼谷东方大饭店，十多年来一直在世界十大最佳饭店排行榜上名列前茅。在亚洲地区的饭店业中，已涌现出较大规模的饭店集团公司，如日本的大仓饭店集团、新大谷饭店集团，中国香港东方文华饭店集团、丽晶饭店集团，新加坡的香格里拉饭店集团、文化饭店集团等，这些饭店集团公司不仅在亚洲地区投资或管理饭店，并已扩展到欧美地区。

（二）现代新型饭店时期饭店的特点

综观现代新型饭店时期的饭店，具有以下主要特点：

（1）饭店规模扩大，饭店集团占据着越来越大的市场份额。自 20 世纪 50 年代以来，一些大的饭店公司通过联号管理、特许经营等方式，逐渐形成了统一名称、统一标志、统一服务标准的饭店联号经营，促进了饭店集团化的发展。到 20 世纪 80 年代初，国际大型饭店公司就有 269 家，其中假日饭店公司有 1 700 多家饭店、29 万多间客房，希尔顿公司有 200 多家饭店、10 万多间客房。在 47 个国家和地区，仅希尔顿饭店集团公司就有 75 家高级饭店。

（2）旅游市场结构的多元化促使饭店类型多样化。现代旅游市场规模庞大，市场结构更加复杂，有观光旅游、商务旅游、会议旅游、汽车旅游、度假旅游等多种形式。市场结构的多样性带来饭店企业类型的多元化，有适应大城市特点的商务饭店，有适应著名风景区特色的观光饭店、度假饭店，有设在交通要道的汽车饭店、机场饭店等。饭店类型不同，客源构成不同，经营方式也不完全相同。为了适应顾客的不同需求，不同饭店企业普遍采用了灵活多样的经营方式招揽顾客，提供优质服务。这是现代饭店结构复杂化、客源竞争激烈的必然结果。

（3）市场需求的多样化引起饭店设施的不断变化，饭店经营管理更加复杂。由于旅游市场结构的多元化，饭店的设施不仅继承和发展了商业饭店的特点，而且普遍增加了大量娱乐设施，如舞厅、剧院、各种运动设施等，囊括了吃、住、行、游、购、娱等各种服务。这使现代饭店企业综合性更强，内部分工更细，组织更严密，管理工作更加复杂，各种科学管理知识在饭店管理中得到广泛运用。

（4）现代饭店管理日益科学化和现代化。现代饭店是一种高级消费场所，对管理工作和服务工作的要求很高。随着现代科学技术革命和科学管理理论的发展，现代饭店开始运用概率论、运筹学等现代自然科学和自动仪器、电子计算机等技术科学成果开展企业管理工作。社会学、心理学、市场学、行为科学等也被广泛用来解决饭店管理中的问题。饭店企业管理日趋科学化和现代化。

第二节　我国饭店业的发展历程

19世纪末，我国饭店业进入近代饭店业阶段，但此后发展缓慢。直到20世纪70年代末中国实行改革开放政策以后，饭店业才开始快速发展。我国饭店业的发展经历了古代饭店设施、近代饭店业和现代饭店业三个主要发展阶段。

一、我国古代饭店的形成与发展

我国是文明古国，也是世界上最早出现饭店的国家之一。我国最早的饭店设施可追溯到春秋战国或更早的时期，唐、宋、明、清也被认为是饭店业得到较快发展的时期。我国古代饭店设施大体可分为官办住宿设施和民间旅店两类。

（一）官办住宿设施

古代官办的住宿设施主要有驿站和迎宾馆两种。

1. 驿站

（1）驿站的起源。据史料记载，驿站制始于商代中期，止于清光绪二十二年(1896)，有长达三千多年的历史。因而，驿站堪称中国历史上最古老的饭店设施。在古代，只有简陋的通信工具，统治者政令的下达、各级政府间公文的传递，以及各地区之间的书信往来等，都要靠专人传送。历代政府为了有效地实施统治，必须保持信息畅通，因此一直沿袭了驿传制度，与这种制度相对应的为信使提供的住宿设施——我国古代驿站便应运而生。驿站在中国古代交通中有着重要的地位和作用，担负着政治、经济、文化、军事等方面的信息传递任务。

我国古代驿站在其存在的漫长岁月里，由于朝代的更迭、政令的变化、疆域的展缩以及交通的疏塞等原因，其存在的形式和名称都出现了复杂的变化。驿站初创时的本意是专门为传递军情和政令者提供食宿，因而接待对象局限于信使和邮卒。秦汉以后，驿站接待对象的范围开始扩大，一些过往官吏也可以在此食宿。至唐代，驿站已广泛接待过往官员及文人雅士。元代时，一些建筑宏伟、陈设华丽的驿站除接待信使、公差外，还接待过往商人及达官贵人。

（2）驿站的管理制度。我国古代驿站在各朝代虽然形式有别，名称有异，但是组织严密、等级分明、手续完备是相似的。封建君主依靠这种驿站维持着信息采集、指令发布与反馈，以达到封建统治控制目标。

从明代开始，驿站网络已遍及全国，从京师至各省的交通要道都设有驿站，负责给使用驿站的官员提供食、住、夫役和交通工具，被称为驿递制度或驿站制度。此种驿传严禁私人涉入，民间通信只能由私人转递。各级官员按照《给驿条例》领到勘合后，便可凭勘合使用驿站，但要遵守驿站的管理制度，如符验簿记制度、饮食供给制度、交通工具供应制度等。

①驿站的符验簿记制度。为防止发生意外，历代政府均明文规定：过往人员到驿站投宿，必须持有官方旅行凭证。战国时，“节”是投宿驿站的官方旅行凭证。到了汉代，“木牍”和“符券”是旅行往来的信物。至唐代，“节”和“符券”被“过所”和“驿券”取代。在出示旅行凭证的同时，驿站管理人员还要执行簿记制度，相当于现在的“顾客登记”制度。

②驿站的饮食供给制度。我国古代社会是一个实行严格的等级制度的社会，公差人员来到驿站，驿站管理人员便根据来者的一定身份，按照朝廷的有关规定供给饮食。为了保证对公差人员的饮食供应，驿站除了配备一定数量的厨师及服务人员外，还备有炊具、餐具和酒器。驿站的这种饮食供给制度，被历代统治者传承袭用。

③驿站的交通工具供应制度。为了保证公差人员按时到达目的地，历代政府还根据来者官位的等级制定了驿站的交通工具供给制度，为各级公差人员提供数量不等的车、马等。我国古代的驿站制曾先后被邻近国家所效仿，并受到国外旅行家的认可。中世纪世界著名旅行家摩洛哥人伊本·拔图塔在他的游记中写道：“中国的驿站制度好极了，只要携带证明，沿路都有住宿之处，且有士卒保护，既方便又安全。”

2. 我国早期的迎宾馆

我国很早就在都城设有迎宾馆，它是古代官方用来接待外国使者、外民族代表及商客，安排他们食宿的馆舍。从历史文献资料记载来看，“迎宾馆”一词最早见于清朝。在此之前，这类官办的食宿设施也有过多种名称，如春秋战国时期接待各国使者的馆舍称为“诸侯馆”和“使舍”，西汉时期长安都城接待各国使者的馆舍称为“蛮夷邸”，南北朝时期洛阳、建康都城接待各国使者的馆舍称为“四夷馆”，唐、宋时期都城洛阳、长安和汴梁接待外国使者的迎宾馆称为“四方馆”，元、明时期接待外国使者的食宿场所称为“会同馆”。迎宾馆满足了古代民族交往和中外来往的需要，对中国古代的政治、经济和文化交流起到了不可忽视的作用。

我国早期的迎宾馆在顾客的接待规格上，是以来宾的地位和官阶的高低及供物数量的多少区分的。为了便于主宾对话，迎宾馆有从事翻译工作的道事；为了料理好顾客的食宿生活，迎宾馆配有厨师和服务人员。此外，迎宾馆还有华丽的卧榻以及其他用具和设备。顾客到达建于都城的迎宾馆之前，沿途均设有地方馆舍，以供顾客歇息。顾客到达迎宾馆后，会受到隆重接待。例如，使团抵达时，会受到有关官员和士兵的列队欢迎。为了尊重顾客的风俗习惯，使他们生活愉快，迎宾馆在馆舍的建制上还实行一国一馆制度。

我国早期迎宾馆原为政府招待使者的馆舍，但是，随同各路使者而来的还有一些商客，他们是各路使团成员的一部分。他们从遥远的地方带来各种各样的货物，到繁华的都城进行交易，然后将当地土特产运回并出售，繁荣了经济。我国早期的迎宾馆在当时的国内外政治、经济、文化交流中是必不可少的官方接待设施，它为国内外使者和商人提供精美的饮食和优良的住宿设备。迎宾馆的接待人员遵从当时政府的指令，对各路使者待之以礼，服务殷勤，使他们在中国迎宾馆生活得舒适而愉快。翻译是迎宾馆的重要工作人员，我国早期迎宾馆的设置，培养了一代又一代精通各种语言文字的翻译，留下了一部又一部翻译著作，丰富了中国古代的文化史。

（二）古代民间旅店

1. 古代民间旅店的出现和发展

古代民间旅店作为商业性的住宿设施在周朝时期就已经出现了，被称为“逆旅”，后来逆旅成为古人对旅馆的书面称谓。它的产生和发展与商贸活动的兴衰及交通运输条件密切相关。

西周时期，投宿逆旅的人皆是当时的政界要人，逆旅补充了官办馆舍的不足。到了战国时期，商品经济有了突飞猛进的发展，从事工商业者越来越多，进行长途贸易的商人已经多有所见。一些位于交通要道和商贸集散枢纽地点的城邑逐渐发展成为繁盛的商业中心。于是，民间旅店业在发达的商业交通的推动下，进一步发展为遍布全国的大规模的旅店业。秦汉两代是我国古代经济较为兴旺发达的时期，民间旅店业也得到了较快的发展。自汉代以后，不少城市逐渐发展为商业大都会，这导致了管理制度及城市结构布局的变革，进而使民间旅店逐渐进入城市。在隋唐时期，我国古代民间旅店虽然较多地在城市里出现，但是由于受封建政府坊市管理制度的约束而不能自由发展。在这种制度下开办的城市客店，不但使投宿者感到极大的不便，而且也束缚了客店业务的开展。到了北宋年间，随着商品经济的高涨，自古相沿的坊市制度终于被打破，于是，包括客店在内的各种店铺争先朝街面开放，并散布于城市各繁华地区。明清时期，民间旅店业更加兴旺，由于封建科举制度的进一步发展，在各省城和京城出现了专门接待各地应试者的会馆，这些会馆成为当时饭店业的重要组成部分。

2. 古代民间旅店的特点

受政治、经济、文化等因素的制约，以及来自域外的各种文化的影响，我国古代民间旅店在漫长的发展过程中逐渐形成了自己的特点。

（1）建筑特点。我国古代民间旅店重视选择坐落方位，它们通常坐落在城市繁华区域、交通要道和商旅往来的码头附近，或是坐落在名山胜景附近；同时，还注意选择和美化旅馆的周围环境，许多旅店的前前后后多栽绿柳花草；旅店建筑式样和布局因地制宜，具有浓厚的地方色彩。

（2）经营特点。我国古代民间旅店的经营者十分重视商招在开展业务中的宣传作用，旅店门前多挂有灯笼幌子作为商招，使行路人在很远的地方便可知道前面有下榻的旅店。在字号上，北宋以前，民间旅馆多以姓氏或地名冠名。在宋代，旅店开始出现富于文学色彩的店名。在客房的经营上，宋元时期的旅店已分等经营。至明代，民间旅店的客房已分为三等。在房金的收取上，当时有的旅店还允许赊欠。在经营范围上，食宿合一是中国古代旅店的一个经营传统。在经营作风上，以貌取人、唯利是图是封建社会旅店经营的显著特点。

（3）接待服务特点。在接待服务上，我国古代民间旅店有着极其浓厚的民族特色。古代中国人对旅店要求的标准往往是以“家”的概念来对比衡量的，不求豪华舒适，只求方便自然。由此，也衍生出了中国古代旅店在接待服务上的传统。“宾至如归”是我国传统的服务宗旨，也是顾客衡量旅店接待服务水平的标准。

在礼貌待客上，店主要求店小二不但要眼勤、手勤、嘴勤、腿勤、头脑灵活、动作麻利，而且要眼观六路、耳听八方、胆大心细、遇事不慌，既要对顾客照顾周全，还要具备一定的风土知识和地理知识，能圆满地回答顾客提出的问题，不使顾客失望。

二、我国近代饭店业的兴起与发展

到了近代，由于受到帝国主义的侵略，中国沦为半殖民地半封建社会。当时的饭店业除了有传统的旅馆之外，还出现了西式饭店和中西式饭店。

（一）西式饭店

西式饭店是19世纪初外国资本入侵中国后兴建和经营的饭店的统称。这类饭店在建筑样式和风格、设备设施、内部装修、经营方式、服务对象等方面都与中国的传统饭店不同，是中国近代饭店业中的外来成分。

1. 西式饭店在中国的出现

1840年第一次鸦片战争以后，随着《南京条约》《望厦条约》等一系列不平等条约的签订，西方列强纷纷侵入中国，设立租界地，划分势力范围，并在租界地和势力范围内兴办银行、邮局，修筑铁路，开办各种工矿企业，从而导致了西式饭店的出现。至1939年，在北京、上海、广州等23个城市中，已有外国资本建造和经营的西式饭店近80座。处于发展时期的欧美大饭店和商业饭店的经营方式也于同一时期，即19世纪中叶至20世纪被引进中国。代表性的饭店有北京的六国饭店、北京饭店，天津的利顺德大饭店，上海的礼查饭店和广州的万国饭店等。

天津的利顺德大饭店是一名英国传教士在1863年建造的。这座具有中国特色店名的英式建筑面对美丽的海河，设施豪华，环境优雅。饭店经历了一百三十多年的风雨历程，具有英国古典建筑风格和欧洲中世纪田园乡间建筑的特点，是天津市租界风貌最具特色的代表性建筑。北京的六国饭店也是一座历史悠久、闻名海内外的饭店。它是1900年英国人在当时的北京使馆区建造的，为四层楼房。六国饭店主要供当时各国公使、官员及上层人士在此住宿、餐饮、娱乐，是达官贵人的聚会场所。另外，当时下台的一些军政要人也常常到这里来避难。老北京的许多重大历史事件都和这里有着千丝万缕的联系。

1927年后，北京、上海、西安、青岛等大城市兴办了一批专门接待中外旅游者的招待所，除提供食宿服务外，还设有浴室、理发室、游艺室等附属设施。与此同时，我国一些沿海口岸城市如上海、天津、广州也都相继建立起了一批高层次的现代化旅游饭店，如上海的国际饭店、广州的爱群饭店，这些饭店在当时的东南亚也是比较著名的。

2. 西式饭店的建造与经营方式

与中国当时传统饭店相比，这些西式饭店规模宏大，装饰华丽，设备趋向豪华和舒适。饭店有客房、餐厅、酒吧、舞厅、球房、理发室、会客室、小卖部、电梯等设施。客房内有电灯、电话、暖气，卫生间有冷热水等。西式饭店的管理人员皆来自英、美、法、德等国，有不少人在本国受过饭店专业的高等教育，他们把当时西方饭店的服务方式、经营管理的理论和方法带到了中国。其接待对象主要是来华的外国人，也包括当时中国上层社会人物。

客房分等级经营，按质论价，是西式饭店的一大特色，其中又有美式和欧式之分，并有外国旅行社参与负责安排顾客入店和办理其他事项。西式饭店向顾客提供的饮食均是西餐，包括法国菜、德国菜、英美菜、俄国菜等。饭店的餐厅除了向本店顾客供应饮食外，还对外供应各式西餐、承办西式宴席。西式饭店的服务日趋讲究文明礼貌、规范化、标准化。

西式饭店一方面是西方列强侵略中国的产物，为其政治、经济、文化侵略服务。但在另一方面，西式饭店的出现，客观上对中国近代饭店业起到了首开风气的效应，对于中国近代饭店业的发展起了一定的促进作用，并把西式饭店的建筑风格、设备配置、服务经营管理的理论和方法带到了中国。

（二）中西式饭店

中西式饭店是指受西式饭店的影响，由中国民族资本开办经营的饭店。20 世纪初，西式饭店的大量出现，刺激了中国民族资本向饭店业投资，各地相继出现了一大批具有“半中半西”风格的新式饭店。至 20 世纪 30 年代，中西式饭店的发展达到了鼎盛时期，在当时的各大城市中均可看到这类饭店。其中比较著名的包括北京的长安春饭店、东方饭店、西山饭店和天津的国民饭店、惠中饭店、世界大楼等。在上海，这类饭店以纯粹的西式建筑居多，如中央饭店、大中华饭店、大上海饭店、大江南饭店、南京饭店、大沪饭店、扬子饭店、百乐门饭店、金门饭店、国际饭店等。

中西式饭店在建筑样式、设备、服务项目和经营方式上都受到西式饭店的影响，一改传统的中国饭店庭院式或园林式并且以平房建筑为主的风格特点，多为楼房建筑，有的纯粹是西式建筑。中西式饭店不仅在建筑上趋于西化，而且在设施设备和服务项目上也受到西式饭店的影响，在经营体制和经营方式上也效仿西式饭店。

饭店内高级套间、卫生间和电灯、电话等现代设备，餐厅、舞厅等应有尽有，饮食上对内除了供应中餐以外，还以供应西餐为时尚。这类饭店的经营者和股东多是银行、铁路、旅馆等企业的联营者。中西式饭店的出现和效仿经营，体现了西式饭店对近代中国饭店业的重大影响，并与中国传统的经营方式形成鲜明对比。中西式饭店将输入中国的欧美饭店业经营观念和方法与中国饭店经营的实际环境相融合，成为中国近代饭店业发展中引人注目的部分，为中国饭店业进入现代饭店时期奠定了良好的基础。

三、我国现代饭店业的发展历程

新中国成立以后，我国饭店业进入了新的发展时期。1978 年改革开放以后，我国饭店业取得了很大发展。从 20 世纪 70 年代的招待所水平，到 80 年上台阶，以及后来星级饭店的发展，三十多年来，中国饭店业发生了翻天覆地的变化，整个行业的经营水平发生了脱胎换骨的改变。中国饭店业发展速度之快、档次之高实属世界罕见。中国现代饭店业的发展主要经历了以下几个阶段：

（一）起步阶段（1978—1987 年）

20 世纪 70 年代末，中国向世界敞开了大门，现代旅游业开始崛起。1978 年，我国接待入境人数达到 180 多万人次，超过以往 20 年的总和；1979 年又猛增到 420 多万人次，但是这一入境人数却与我国饭店的接待能力差距很大。北京当时勉强具备符合接待外宾标准的饭店只有 1 000 张左右床位，且基础设施、服务质量、管理水平等都与国外的星级饭店相差甚远。

这一时期最具代表性的饭店是北京建国饭店。建国饭店占地 1.06 万平方米，建筑面积 2.5 万平方米，客房 500 间左右，建筑标准要求经济、实用、舒适、美观且具有现代国际水平，平均每间客房造价 3 万美元，不含土地价格，总造价 1 760 万美元。饭店采用合营方式，合作建造和经营，共担责任、共负盈亏。建国饭店在 1982 年 4 月顺利竣工，开业当年盈利 150 万元人民币，仅用四年多时间就完成还本付息。

建国饭店项目是我国利用外资的开山鼻祖，参照这一模式，20 世纪 80 年代初期我国各地掀起了一轮高档旅游饭店建设高潮。北京长城饭店、北京丽都假日饭店、广州白天鹅宾馆、广州中国大饭店、南京金陵饭店等均是这一时期的突出代表。

经过几年的建设，到 1984 年年底，我国旅游涉外饭店数量达到 505 座，客房 76 944 间，比 1980 年翻了一番，初步缓解了饭店供不应求的状况。从 1985 年年初到 1988 年年底的四年时间，全国共新建、改建、扩建的客房数净增长 14.3 万间，客房总数增至 22 万多间，年平均增长 3.56 万间。北京旅游饭店的平均出租率从 1985 年的 95% 降低到 1988 年的 77%，饭店客房供不应求的问题基本得到了解决。

这一阶段我国的涉外饭店主要有以下特点：

（1）饭店数量稀少，硬件设施落后。到 1978 年，全国有接待外宾资格的饭店仅有 208 家。

（2）饭店的性质属于行政事业单位，不是企业组织。饭店的经营目标主要是为政治服务，如为外交政策和华侨政策服务。饭店对加强国际交往，促进中外政治、经济和文化交流，提高我国国际地位和国际声誉曾起到很好的作用。

（3）饭店的服务对象以接待国际友好人士、爱国华侨和国内高级会议为主，政治要求高；饭店管理注重服务质量，讲求工作效率，重视思想政治工作，注重发挥饭店职工的主人翁精神，讲究民主作风，并在此方面积累了一定的管理经验。

（4）在财务上实行统收统支、实报实销制，经营上没有指标和计划，饭店缺乏活力。

（5）饭店管理处于经验管理阶段，没有科学的理论指导，在管理体制、管理方法、接待程序、环境艺术、经营决策等方面比较落后。

（二）黄金发展时期（1988—1994 年）

我国的旅游饭店业经过八九年持续的高速发展已渐成规模，但发展过程中，全行业在旅游饭店项目设计、建设、装修、经营、管理、服务等各个环节普遍缺乏规范与通行标准，造成饭店管理水平参差不齐，海外顾客投诉率居高不下。鉴于这种情况，国家旅游局聘请世界旅游组织专家先后考察了 113 家饭店。在全面系统地调查并研究了我国饭店行业的实际情况后，国家旅游局结合国际经验与我国国情，制定了旅游饭店的星级标准，经国务院批准，1988 年正式开始在全行业宣传、贯彻、实施。从此我国的饭店业进入星级饭店的时代。

星级标准详细规定了各个档次（星级）饭店应具备的设施设备和服务项目，将旅游饭店的硬件建设和软件服务做了统一规范，很好地指导了各档次旅游饭店的项目建设。

虽然之后经历了一段低谷期，但这一时期，总体上来说是高星级饭店项目发展的“黄金时期”。五星级饭店经营效益逐年攀升，1994 年年底人均实现利润达到历年最高的 3.88 万元。外资饭店一枝独秀，在 1991 年国家旅游局按照年度营业收入对全国星级饭店进行的百强排序中，外资饭店占百强席位中的大多数。例如，1993 年有 66 家外资饭店入围百强，

1994 年有 65 家外资饭店入围百强。1991 年的统计数据还显示 215 家外资饭店的创汇额与 1 528 家国有饭店的创汇额相当。

（三）发展困顿阶段（1995—2002 年）

旅游饭店业发展初期，由于供给的极度缺乏，在一定的时期内形成了高额的垄断利润。这一因素产生了极大的诱惑力，也影响了包括许多外商在内的绝大多数投资者的判断，他们普遍认为投资高星级旅游饭店万无一失，中国饭店业市场形成持续不断的高星级饭店投资热潮。从 1993 年到 1997 年，旅游涉外饭店的数量保持了每年 700 家饭店、10 万间客房的增量。到 1997 年，全国旅游涉外饭店的数量达到 5 201 家、客房 70.17 万间，几乎是 1993 年的两倍。

这一时期的突出现象是大量积压的房地产项目通过功能调整和重新装修进入高档饭店行业，在市场和政府没有其他更有效的方法消化积压房地产项目的情况下，这种进入是盲目的、无序的，这在宏观上增加了旅游饭店总量调控的难度。

1997 年年底，国家计委、国家经贸委、外经贸部联合发布的《外商投资产业目录》中将高档宾馆列为限制投资类项目，这标志着管理层针对高档饭店政策引导的转向。

政策的转向阻挡不了大量投资进入高星级饭店行业，项目数量增长速度大幅飙升，但与之相伴的是经营效益持续下滑，经营绩效逐年摊薄。受国家宏观调控和亚洲金融危机的影响，高星级饭店外需不足，内需不振，陷入了发展困境。2000 年前后，五星级饭店人均实现利润仅为 0.2 万元，为历史最低。

（四）高速发展时期（2003 年至今）

随着中国经济步入新一轮景气周期，固定资产普遍估值溢价，外加奥运会、世博会等重大节事活动带来的"美好"预期，以北京、上海为代表的中国各大城市迎来了高星级饭店项目的建设热潮。

2003—2008 年，全国挂牌五星级饭店数量增长了一倍以上（122%）。北京挂牌五星级饭店的数量从 2003 年年底的 29 家增长到 2008 年年底的 52 家。上海挂牌五星级饭店的数量从 2003 年年底的 20 家增长到 2008 年年底的 37 家。据统计，截至 2015 年 10 月，中国境内共有五星级饭店 2 940 家，约占其全部饭店的 2%。中国也由此成为全球五星级饭店数量最多的国家。

伴随着对中国宏观经济长期高速增长的预期，各路资本纷纷投向高星级饭店项目。长三角、珠三角区域的民营高星级饭店大量出现；世界排名前 10 位的国际饭店集团已悉数进入中国市场；在完成在一线城市的项目布局后，一些国际豪华饭店项目开始进军内陆腹地（西藏、云南等地）。

第三节　我国饭店业的发展现状、困局及契机

饭店业和其他行业相比如同奢侈品，是一个国家经济发展和综合国力提升后的产物。18 世纪的凯宾斯基，19 世纪的万豪、喜达屋、洲际以及四季、雅高、香格里拉等一系列饭店业品牌的崛起，更像是一个地球区域经济发展的晴雨表。如今，我国经济实力和国力快速增

强，饭店业也迎来了一个品牌发展的黄金期。

一、我国饭店业的发展现状

随着我国成为世界第二大经济体，我国巨大的市场潜力和消费力将引来全球包括我国本土投资业、地产业和国际饭店业的全面进入和竞争。未来5~10年是饭店诸雄抢滩布局的最佳时机，此后我国饭店业将形成新的格局。

（一）本土高端饭店面临挑战

中国经济一直引领亚洲乃至世界经济的发展，全球著名饭店集团从此纷至沓来，把中国作为全球发展重心，从在我国一线城市布局到向三、四线城市推进，推动了我国饭店业持续繁荣。但反观国内品牌，却一直没有较大的发展，甚至逐渐没落。十几年前引以为豪的建国、锦江品牌首先进入我国内地，如今国际一线饭店品牌均已落户我国，并赢得了我国消费者的信赖和喜爱，但很少有本土饭店品牌的发展能够超越国际品牌，我国本土饭店品牌终究没有跟上国际化的步伐。

虽然我国高端饭店已呈现低利润、高成本、竞争激烈的格局，但国际联号仍然没有减弱在华的发展力度，据悉，万豪国际集团计划到2016年在亚洲新开260家饭店，其中在我国开办的饭店数量将从目前的60家增加至125家左右，覆盖中国近75%的省份。洲际目前在中国市场有170多家开业饭店和160多家在建饭店，中国区已成为洲际全球第二大市场，未来3~5年，洲际在华饭店数量将会翻一番，大中华区的新增客房数将占全球总数的三分之一。目前，雅高集团已与亚太地区签约建设120多家饭店，覆盖从奢华型到经济型的各类细分市场，预计到2019年，亚太地区的雅高集团饭店总数将达650家。截至2015年年末希尔顿在华饭店已超过100家。一系列数据反映了中国本土饭店品牌与国际联号品牌正面竞争的难度。

另外，经过连续三十多年近10%的平均速度快速发展，我国的经济已经开始进入7%~8%的中高速发展时期。2008年以后，2011年开始第二波经济下滑，加之2013年受国家节俭政策的影响，我国本土高端饭店面临新的问题。

由此可见，我国本土高端饭店面临的市场局势颇为复杂，我国本土高端饭店必须及时调整观念，积极应对迎面而来的诸多挑战和困难。

（二）国际品牌遭遇瓶颈

我国饭店业发展的重要特征就是国际品牌进入中国市场，带来了先进的经验、先进的管理模式和国际品牌的影响力，当然，同时也带来了激烈的竞争，我国五星级饭店很大份额被国际品牌占有。但是近几年来，随着我国经济的腾飞，我国饭店业的持续扩张，在新的市场条件和客源结构下，国际联号暴露出餐饮、中文官网、服务风格等方面的弊端，严重影响了国际品牌的持续发展和国际影响力。

（1）餐饮不够“本土化”。民族饭店餐饮方面的收入占55%左右，这是任何外资饭店都做不到的。作为国际品牌的香格里拉，其最佳业绩的平均餐饮收入也只能占35%~38%，一般的外资饭店不会超过30%。这其中的核心原因有两点：首先，国际饭店集团的餐饮业务被当作饭店管理经营的附属，在观念上没有十分重视；其次，从收入构成来看，过去任何饭店的餐饮收入都是由客房销售带来的，餐饮是为了配合客房的销售。

（2）中文官网不够“东方思维”。国际联号对中国市场的重视从“推出中式服务”和“打造中文官网”两大举措即可看出。然而，国际品牌没有彻底了解中国人的消费习惯和信息互动习惯。据数字营销智库报告显示，被抽查的17家国际联号中，所有饭店都不支持支付宝这种备受中国顾客欢迎的支付方式。大部分被翻译成中文的饭店官网并没有对其国际饭店页面或预订流程提供中文版本。另外，国际饭店经常忽略中国消费者所认同的一些必要元素，如饭店的装修风格、房间大小以及是否提供免费Wi-Fi或免费早餐等。

（3）服务风格不够“中国化”。由于三线城市会员流动差、高素质管理人员相对短缺以及营销环境与消费特点的差异等问题，一些已经成熟的饭店管理模式在三线城市可能并不受用，甚至出现“水土不服”的现象。国际品牌管理模式虽然相对成熟，但筹建标准变通性较差，深入二、三线城市，在定位和客源管理上存在诸多挑战。相比较而言，本土饭店管理公司更加熟悉中国人的消费需求，善于本土经营，在人力成本、政府资源、设计建造等方面可以低成本运作，本土饭店管理公司与业主在沟通时障碍较少。

（三）中端市场面临重组

由于高端饭店发展受阻，国内外酒店巨头便企图抢占中档饭店的“领地”。而经济型饭店发展迅猛，也放大“野心”“往高走”，抢占新市场份额。中低星级饭店的“丧钟”已经敲响，多数三星级饭店不愿再评星，转型于中档市场已成趋势。在迅速而猛烈的三面夹击下，中国中档饭店市场的发展潮如山雨欲来，而实力薄弱的中档单体饭店面临着被淘汰或重组的命运。

（1）经济型饭店发展迅猛，“往高走”冲击中端市场。如家的中端品牌“和颐饭店”早在2008年已开始营业。2010年华住正式推出“汉庭全季”，目前拥有超过30家开业门店；2011年年底，华住又收购了中档饭店品牌“星程”，并推出中高端饭店品牌“禧玥”；2012年3月，7天饭店集团宣布正在筹划一个定位于中高端的连锁品牌“Mini五星”，于2013年投入运营。

2012年7月，凯雷投资集团旗下的凯雷亚洲基金宣布注资桔子饭店，并打造桔子旗下的特色中档饭店品牌“桔子水晶”。2013年6月，锦江股份斥资超过7.1亿元人民币收购了时尚旅100%的股权，收购完成后，时尚旅被翻牌为“锦江都城”中档饭店。

（2）中低星级饭店不评星，“横向走”转型。其接待档次不如高星级饭店，价格不如经济型饭店灵活，在高端饭店和经济型饭店的双面夹击下，低星级饭店处境尴尬，频繁被摘星。据国家旅游局公报显示，2011年我国全国完整有效统计的5 473家三星级饭店共亏损6.13亿元。据中国旅游研究院研究数据显示，2011年我国相当于三、四星级档次的饭店超过4万家，而中端连锁饭店约有800家，仅占市场份额的2%。

（3）高端饭店发展受阻，“往低走”抢“领地”。欧美成熟的饭店市场呈“橄榄形”发展趋势，洲际、喜达屋旗下近八成饭店处于中端，洲际饭店集团针对我国市场推出了“智选假日”，目前在我国开业饭店超过30家；喜达屋饭店集团推出“雅乐轩Aloft”；希尔顿饭店集团于2013年在中国引入针对中端饭店市场的子品牌“花园饭店Garden Inn”；万豪主打四星级的“万怡”品牌，大力发展我国二、三线城市市场。

而国内饭店市场形成了“两头重、中间轻”的“哑铃形”格局，高星级饭店品牌相继推出中档品牌：锦江集团推出了“商悦”“白玉兰”和“锦江都城”品牌，首旅集团合作推出了“谭阁美”品牌，开元饭店集团推出了“开元曼居”品牌，港中旅集团推出了“旅居”品牌。

在上述三大发展趋势的推动下，未来中档饭店市场中的单体饭店数量将大幅度减少，单体店面临着或被淘汰，或加盟已有的中档连锁饭店品牌来保全自己的局面。

（四）经济型饭店进入拐点

我国经济型饭店的快速崛起，利用了城市高星级饭店价格过高，而普通社会旅店又无法满足商务客群需要的市场空缺。尽管遭遇成本上升、竞争加剧、行业亏损的困局，但我国各大经济型饭店集团仍坚持规模化扩张的经营策略。

据 2011 年财报显示，我国经济型连锁饭店的发展进入拐点，经营布局一路高歌猛进的国内经济型连锁饭店开始背负业绩下滑的重压，如汉庭净利润由 2010 年的 2. 158 亿元减少至 1. 148 亿元，降幅接近 50%；7 天净利润一周同比上升近 30%，达 1. 72 亿元。经济型饭店单纯依靠规模化扩张的发展模式已显现不可持续性的弱点。目前，在特大城市及商务中心城市，经济型饭店发展空间所剩不多，规模扩张已遭遇瓶颈。另外，随着度假旅游热的兴起，在旅游业发达的城市，主题型、精品型旅游饭店也抢占了经济型饭店的不少市场份额。

为适应高速发展的饭店业，经济型饭店不断地提高经营管理水平、拓展中高端市场，试图实现从“速度竞争”向细分市场、品质服务的品牌竞争转型，进入提升品牌价值的发展新阶段；但与此同时，经济型饭店也需要继续“向下沉”，关注更为广阔的廉价旅店市场。

总之，未来经济型连锁饭店的发展应继续大力拓展加盟店，进入中高端市场，提升品牌价值。

二、我国饭店业的困局

（一）人才困局

无论是国际联号还是本土高端饭店，抑或是经济型饭店，各个层次的饭店都已明确了未来大幅度的扩张计划。喜达屋在全球近 100 个国家拥有超过 1 000 家饭店，在大中华地区就拥有近 100 家饭店，超过 3. 5 万名员工，而 2012 年喜达屋的用工需求量将近 7 000 人。到 2015 年喜达屋在中国的员工数量已增加两倍以上。相比较其他国际饭店大刀阔斧地扩张，凯宾斯基饭店还是非常保守的，扩张速度并不快。凯宾斯基崇尚奢华独特的风格，每一家凯宾斯基饭店都各具特色，崇尚欧洲的奢华风格，所以在量上就有了限制。凯宾斯基目前在中国正筹备 10 家饭店，太原、重庆、厦门以及三亚海棠湾的凯宾斯基饭店都将在近几年陆续开业，人才缺口达 7 000 多名。

近几年，饭店市场的人才供求比一直在下降，人才明显供不应求，这无疑给饭店招聘带来一定的难度。2012 年，全国饭店行业新增岗位近 30 万个，而当年旅游院校相关专业毕业生总数有 32. 51 万人，饭店人才供需严重失衡，尤其是餐饮部和客房部，是饭店人才缺口的“重灾区”。而且大部分相关专业的在校生在饭店参加实习后，由于工作强度大、薪资待遇低，对从事饭店行业失去了兴趣。据了解，饭店专业毕业生从事饭店行业的人数只占总人数的 30%。

（二）薪酬困局

我国饭店行业薪酬水平整体落后于其他行业，在国际上也处于较低水平，制约着整个行业的健康持续发展。低薪酬难以吸引高素质人才，影响整个饭店行业的转型升级；低薪酬也是饭店员工流失率居高不下的重要原因。

二十年前，当大多数人月薪还只有几十元到一百元时，外资高星级饭店从业者的收入则为几百元，中高管理层人员甚至可以得到四位数的收入。在那个以“万元户”为富豪标准的年代，能够进入五星级饭店工作，成为一种荣耀。而今，“饭店服务员”这一职业的光环已不复存在，取而代之的是被贴上“工作强度大”与“薪资待遇低”这两个标签。据了解，饭店行业的薪酬水平已连续五年在全国所有行业中排在倒数第二位。

随着经济的发展，各行各业的薪酬都有很大幅度提升，相比之下，由于新开饭店过多，造成整体行业竞争加剧、利润下降，人工、水电、易耗品，包括原材料成本的迅猛增长，饭店投资资金巨大，回收成本年限加长，造成员工的工资一直很难往上浮动，很多底层一线人员的月薪只有1 000 ~2 000元。“涨薪时代”是饭店业不得不面对的一个竞争环境。

（三）合作困局

收回国际联号的饭店品牌管理权，让“自己人”来管理，这样的做法在我国饭店业内渐成趋势。我国饭店业的“微利境况”以及国际联号的高额管理费已让我国业主承受不起。

首先，一些初次涉足饭店投资领域的饭店业主对饭店项目硬件的要求重视程度不够，对饭店专业化程度估计不足，又未求助于专业饭店咨询顾问和业内专家，也未委托专业机构进行审慎的可行性分析，因此由收购的烂尾楼改建而成的饭店项目在工程设计方面遗留问题很多，并随着时间的推移逐渐暴露出来。而一些饭店管理公司为了争夺市场份额，对项目的硬件设施、项目所处区位是否能吸引足够的目标客源也未做审慎的评估，在饭店经营过程中发现饭店硬件设施不符合相关规定以及因改建而需要投入大量资金时，双方的分歧便会产生。

其次，饭店总经理是饭店管理公司在饭店的代表，在日常饭店运营中全权代表饭店管理公司，负责饭店的日常经营管理和与饭店业主的沟通，是联结饭店业主和饭店管理公司的桥梁和纽带，其经验、资历、经营管理水平和沟通能力对于饭店经营和维系饭店业主与饭店管理公司的良好合作关系至关重要。饭店总经理是由饭店管理公司委派的，如果在饭店经营过程中总经理不能够胜任其职务，将会在一定程度上导致饭店与饭店管理公司产生分歧。

最后，缺乏经验的饭店业主面对众多饭店管理公司和品牌，经常以品牌的豪华程度和知名度作为选择的标准，而未能针对饭店自身的定位和特色，在支付额外的设计费用和改造费用之后，相应的经营收益却未见明显增长。时间久了，矛盾就会逐渐激化，成为难以逾越的鸿沟。

对于中国饭店业主来说，不管合作方式、合作内容如何更迭，最重要的是双方应确保利益一致、相互理解。合作需要双方做出努力，长期合作更是如此。

（四）扩张困局

对国际饭店企业来说，我国的需求开始降温，但这并没有阻止它们在华的扩张趋势，我国依然是它们实现业务增长最重要的国家之一。雅高集团、希尔顿饭店集团、万豪国际集团和洲际饭店集团未来几年都计划在我国开设100多家饭店。不仅国际联号在华扩张持续升温，我国的本土饭店也在这场“抢滩大战”中不甘示弱，已经将“势力范围”划到了之前未引起饭店业投资兴趣的二、三线城市。

然而，目前中国饭店由于供过于求，经营陷入困境，抑制“三公消费”的政策更是加剧了这一困局。在2012年的年报中，香格里拉饭店已经感受到了国内饭店市场扩张带来的竞争压力。尽管1984年就进入内地，但截至2012年年底，香格里拉拥有的营运饭店总数只有31家。从2014年开始，一直以“慢速度”著称的香格里拉选择提速。其财报显示，截至2012年年底，香格里拉有42个发展中的新饭店项目，其中24家位于中国内地。财报显示，香格里拉2012年盈利达3.58亿美元，同比增长41.9%，但香格里拉却发布盈利预警，这主要是集团在中国内地的饭店营运盈利倒退，以及为已开业和即将开业的饭店所投放的开业前费用、扩展融资所带来的净利息支出均有所增加所致。可见，扩张也给饭店业的健康、持续、协调发展带来了阻碍。

（五）成本困局

目前国内大中城市房地产行业持续升温，商业地产价格节节攀升，三、四线城市开始成为投资商的宝地，地价亦日渐上升。商业地产的租金及国内不断变动的能源成本对规模较小、利润率相对较低的经济型连锁饭店造成了影响，成本控制已然成为国内连锁饭店的最大考验。

经济型连锁饭店的相对低价来自良好的成本控制，当客房出租率达到100%时，只有最大限度降低成本，才能有较高的利润率。饭店业与其他行业不同的是，根据客房数量、饭店面积、地址等不同，成本的计算数字差别会很大，饭店一般将租金成本控制在30%以下，若超过该比例，则造成租赁后亏损。

另外，经济型连锁饭店企业开始大举扩张加盟店，如家、汉庭、锦江之星和7天等饭店陆续表明，在未来的新开业店中，加盟店会超过50%。加盟店的成本由加盟商承担，而且对于上市公司来说，加盟店的盈亏并不计入财报，只会将加盟店的出租率、门店数量等平衡到财报中。虽然加盟店可以分摊成本，甚至有些加盟商自持物业以规避租金上涨或租约到期的风险，但一旦加盟店与品牌连锁饭店方协调不顺，则很可能终止合作。因此，每年都有一定比例的加盟店退出，这对连锁饭店的成本也有一定影响。

（六）营销困局

如何花最少的钱，用最简单的方法、最便捷的流程给顾客带来快捷舒适的服务？目前饭店业希望在移动互联网时代得到答案。然而对于大多数饭店来说，实现这个目标，使饭店行业的应用落地，有太多的困难需要克服，确实还有很长的路要走。

第一，人才和技术是整个饭店业面临移动互联网时代最为欠缺的，尤其是对于目前还处于观望态度的单体饭店来说，未来要赶上新时代，必将遭遇一场持续时间较长的争夺战。但大多数饭店没有专业的移动互联网营销团队，缺少专门做微信、微博等新媒体内容运营的人才，这些都是之后的饭店需要尽快弥补的，从人才方面来看，饭店转型的路还很长。

第二，创建数据模型，以新技术带来的便捷轻松地日常化地分析数据，实现转化率，是目前饭店业碰到的另一个瓶颈。目前饭店业最缺乏的是将云端的大数据做有效的分析，得出饭店营销所需的结果，为饭店实施有效的营销活动提供依据。

第三，从新浪微博的市场集中度看，目前用户集中于北京、上海、广州及江苏，仅这几个地区的用户访问量占比就超过了一半，其中上海地区的访问量占16.41%。云技术预订服务在中小型饭店管理公司的运营不是非常成熟，这对饭店也是一个挑战。

第四，不管是针对饭店顾客还是员工内部使用，移动互联网给饭店带来的优势体验能否落地才是关键，同时也是一大难题。

三、我国饭店业的发展契机

（一）本土高端饭店的发展契机

在国际饭店品牌对我国市场展开疯狂的“攻城略地”之际，我国本土饭店业势必要对自身商业模式进行调整，在发展上进行战略升级和策略创新，进而保护我国本土饭店业的行业资源、商业文明乃至历史、民族文化。我们认可商业全球化的规则，更期待本土高端饭店能通过以下方式创造出辉煌的商业文明。

第一，突出文化性。我国本土高端饭店市场基本被外资品牌垄断，虽硬件设施一流，但元素过于国际化，缺乏民族特色，没有一家真正属于我国本土的高端饭店。因此找准当地的民族特色，体现在饭店的每一个细节中，用我国文化来创新和打造本土特色高端饭店品牌，体现本土饭店的优越性和对本土饭店的持续发展显得尤为重要。

作为全球顶尖精品度假村、公寓住宅及SPA的运营商，悦榕庄融合了亚洲传统及地域特色，将每一个饭店都用当地的文化元素去包装，其宗旨是将饭店的文化核心融入当地文化并进行提炼和创新，以在世界饭店业市场中立于不败之地。例如，悦榕庄丽江饭店，在建设、装修、设计上突出了丽江少数民族纳西族的文化特色，包括它至今还留存的东巴文化；悦榕庄杭州西溪饭店把中国传统园林文化，包括诗和字画的元素体现在饭店的每一个细节中，让顾客感受中华传统文化的博大精深；悦榕庄上海北外滩饭店，致力于打造“豪华都市度假饭店”全新概念，传承老上海深厚的历史积淀。饭店与陆家嘴金融贸易区隔江相望，可俯瞰壮丽的浦江两岸及临江1.8公里的葱郁地带，在沿袭悦榕庄优雅浪漫和豪华低调等特色的同时，也让北外滩成为上海高端休闲新地标。

中国上下五千年的历史，使每一个地区都有不同的传统文化及地理环境的独特性和优越性，饭店业要抓住这些优势，用当地特有的文化来经营饭店，进而将文化根植到管理和服务、设施设备的运行中，形成独特的专利产品出售给顾客。当顾客走进一家饭店，尝到的是当地菜、喝的是当地茶、穿的是当地服装、住的是当地房子，一定会给他们留下深刻的印象。所以，本土高端饭店需要不断地提炼本土元素，进行差异化服务，既要国际化，更要本土化。

第二，抢占三、四线城市市场。本土品牌和国际联号的博弈战场由大城市转到“乡下”，标志着国内饭店市场发展由发展期逐渐转向成熟期的格局已经形成。一、二线城市国际品牌优势明显，但在三、四线城市国际品牌对市场的把握有限，而这恰恰成为中国本土品牌发展的优势。

高端饭店市场已转移至更为广阔的中国内地，包括重庆、合肥、武汉、成都、西安等经济发展迅速的三、四线城市。这些城市的客源80%是中国人，对高星级饭店的需求不容小觑。洲际华邑希望未来15~20年遍布中国100个城市，其中成都、西安、泉州、海口、张家界等三、四线城市是华邑饭店的主要选址区域。雅高美爵饭店也将重点在三、四线城市发展。当然，万达、开元等国内饭店品牌更不愿错过这场圈地战役。中国本土高端饭店市场要打破一、二线城市的局限，将目光放长、放远、放宽，逐渐将民族品牌的种子播撒到三、四线城市这片沃土中。

第三，转战海外。近年来，全球排名前十位的跨国饭店品牌已全部入驻中国，但中国民族品牌“走出去”的案例却寥寥无几。中国饭店品牌走出国门已成必然趋势。世界旅游组织报告显示，中国境外旅游市场增长迅猛，在2012年已超过德国、美国，成为世界第一大境外旅游消费国。到2015年，中国富裕家庭数量将增加到440万户，出境游市场需求越来越旺盛，国人出游海外将面临语言、饮食文化等多方面问题。此时，转战海外成为中国本土品牌的突破点之一，其对中国本土饭店品牌走出国门也意义非凡。

此外，越来越多的本土旅游企业和地产集团开始发力打造自己的饭店品牌。安麓、诺金、谭阁美、唐拉雅秀、J Hotel、万达瑞华、万达文华、万达嘉华、铂瑞、铂骊，这些目前尚不知名的民族品牌的集中爆发现象，标志着本土饭店品牌打破了“金字塔顶端被垄断”的格局，也说明中国本土饭店品牌“涌向海外”蓄势待发，后续力量甚为可观。

2012年10月12日巴黎华天中国城饭店开业，吸引了不少人的目光，这是中国大陆星级连锁饭店首次走出国门，也是华天饭店集团走出国门、输出品牌和管理的第一家饭店。从此中国本土高端饭店品牌“走出国门”不再空白。开元旅业集团斥资1 050万欧元成功收购位于德国法兰克福市莱茵河畔四星级的商务饭店——原金郁金香饭店，预示着开元旅业已向国际饭店市场迈出第一步。2012年年底，绿地集团与西班牙MELIA集团开展全面战略合作，对MELIA旗下一家位于德国法兰克福的自有产权的高端商务饭店实行全权管理，并用绿地自主饭店品牌——“铂骊”命名。万达计划陆续进军巴黎、纽约、东京、莫斯科等全球门户城市，海航饭店将配合国际航点的分布“走出去”，将民族高端品牌输出海外，为国内饭店品牌全球之旅迈出了关键性一步。

（二）中档单体饭店的发展契机

作为最为传统的饭店形式，单体饭店一直以单独、分散的形态存在于各个城市和地区，它们不属于任何饭店集团，也不以任何形式加入任何联盟。其中，尤以中档单体饭店数量最多。相较于连锁饭店的集团化和连锁化，单体饭店在采购成本、人员培训、配送中心、全球网络以及客房预订等方面没有竞争优势。在“哑铃”两端的双重夹击下，单体饭店的境况日益艰难。因此，中档单体饭店在夹缝中寻找逆境求生的契机关系到其未来的发展。

第一，连锁化发展。连锁化发展对于中档单体饭店来说，既是集体力量的凸显，也是信息共享的优势；既可以保持地方特色，又不缺乏级别相近的饭店间客源的共享；既不干涉各自饭店的经营和管理，又不缺乏统一标准和质量，便于顾客认知。因此，加入品牌联盟和连锁经营是中档单体饭店发展的必然趋势。

目前中国饭店市场呈现尴尬的“哑铃”局面，经济型饭店和高档品牌均已走过“大并购”时期，步入稳定期。在高档领域，饭店集团品牌有近30个，如香格里拉、洲际、喜来登、希尔顿等；而覆盖低端的经济型饭店则有如家、7天、汉庭、锦江之星、格林豪泰等品牌。相比之下，中档连锁饭店还有不小的市场空缺，除了现有的星程、维也纳、假日快捷等少数几家之外，尚缺乏有影响力、覆盖面广的连锁品牌。据中国旅游研究院研究数据显示，2011 年我国有相当于三、四星级的饭店 4 万多家，而连锁化发展的中档饭店只有 800 家，仅占市场的 2%。中档单体饭店品牌分散、集中度低，存在较大的成长与整合空间，因此，其发展空间巨大，要抓住天时、地利、人和的发展契机，走连锁化发展道路。

第二，产品差异化。与连锁饭店集团拥有强势品牌、管理技术、人才库、知识库等相比，单体饭店往往品牌力较弱，多依赖经验管理，且人才流失严重，管理技术创新不足，表现在产品上就是单体饭店的产品和服务质量较差，对客户缺乏吸引力，很难与连锁饭店抗衡。这就要求单体饭店注重市场定位，创造特色，保证服务质量，从而提升产品品质和企业竞争能力。具体来说，就是要在坚持以市场为中心的前提下，加大饭店产品的创新力度，在客房产品、餐饮产品和服务等方面不断推陈出新。只有创新，单体饭店才能在激烈的市场竞争中谋得比较优势；只有创新，中档单体饭店才能在激烈的市场竞争中生存下来。

第三，开展微营销。无论饭店星级多少，无论饭店规模多大，无论饭店是属于连锁集团还是单体性质，饭店的顾客都在使用智能手机上网，并广泛地进行社交联络、信息搜索、商品订购、在线支付等电子商务活动。面对移动互联网时代的变革，单体饭店要主动去拥抱这个风云激荡的信息时代。对于单体饭店来说，如何实现微营销也许无从着手，但无论是微营销还是传统营销，都有一个共性——用户体验。移动互联网给饭店带来的优势体验能否落地，这才是关键。对于无数的中档单体饭店来说，如何方便顾客要踏踏实实研究，随着新的营销转型，新一代消费群体正在形成，单体饭店要跟着市场走，跟着顾客的消费特征走。

（三）经济型饭店的发展契机

第一，经济型饭店已经成为中国饭店业当中非常重要的组成部分，占整个饭店业的比例已经从 2004 年的 2% ~3% 上升到现在的 20%，中国品牌的经济型饭店已经有 8 000 多家，其中前十位品牌的规模已经达到了整个品牌经济型饭店的 60% ~70%，这个数字在 2004 年只占 30%；每年十大经济型饭店品牌还在以 1 500 ~2 000 家的规模扩张，经济型饭店能够在短短十几年当中将品牌知名度提到如此之高、规模扩张如此之大、发展速度如此迅速，在世界饭店业的发展历程中是不多见的，因此可以说，在未来 5 ~8 年中，中国经济型饭店的规模化还将继续，在未来十年中将达到 15 000 ~20 000 家，并成为未来经济型饭店发展的趋势。

第二，品牌化是中国经济型饭店未来发展的必然趋势。品牌是经济型饭店市场激烈竞争的需要，讲究品牌已然成为一种日益发展的消费趋向，这成为经济型饭店实施品牌竞争战略的驱动力；缺乏品牌，尤其是名牌，制约了我国经济型饭店对外扩张、发展的潜力，在风险和压力下加速推行经济型饭店的结构优化和品牌建设是经济型饭店国际化趋势的需要。欧美经济型饭店有 80% 以上掌握在那些国际知名的品牌饭店集团手中，它们运营经济型饭店的方式是多品牌、多层次、将高端饭店和经济型饭店进行系统化交互整合，在 20 世纪 80 年代就完成了市场的细化和定位，为其占领全球经济型饭店市场奠定了良好的基础。因此，为繁荣我国经济型饭店市场，进而大力进军国际化市场，在世界经济型饭店业中占有一席之地，就要借鉴欧美经济型饭店发展的经验，走品牌化道路。

第三，从地域分布上看，过去的经济型饭店扩张主要集中在商务活动比较频繁的一、二线城市，中国近一半的经济型饭店分布于东南沿海地区，地域分布过于集中，尤其在上海、北京和深圳等城市供应量较大，但相对三、四线城市来说仍有充足的市场空间。三、四线城市具有广阔的消费潜力且运营成本较低，在一、二线城市优质物业资源和有利地段逐渐发掘完毕之时，经济型饭店在三、四线城市仍有相当大的竞争力。

如家、汉庭、7天、速8等经济型饭店凭借成熟的运作模式，已经开始向三、四线城市扩张。如家计划每年新增200~300家饭店，新开饭店中将有45%~50%分布在三、四线城市。近两年汉庭也明显加快了门店发展步伐和在全国城市的布点，在中西部和西南部地区发展尤为迅速。仅在陕西省，汉庭已经完成了汉中、榆林、咸阳、阎良等地县级市的门店网络布局。

第四，来自华住集团的统计数据显示，在全国一线城市中，四星级饭店平均RevPAR为271元，三星级饭店平均RevPAR为178元，而2013年三季度几家经济型饭店RevPAR的平均数已经超过150元，与三星级饭店房价已非常接近。经济型饭店集团更倾向于推出更高端的品牌，在集团形态上向类似国际饭店集团形成多层次的品牌金字塔结构靠拢，这一方面符合饭店业发展的客观规律，另一方面也有助于经济型饭店集团向高端方向演化。

2013年，随着7天经济型连锁饭店完成私有化，其创始人引进战略投资成立了铂涛饭店集团，同时推出“丽枫”“喆·啡”“ZMAX”三个中端品牌；汉庭母公司华住饭店集团开始对旗下标准化中端品牌全季和非标准化品牌星程进行大规模招商；锦江之星所属的锦江饭店也增加了新的中端品牌——锦江都城；拥有布丁饭店的住友饭店集团定位于更高的智尚饭店。在跑马圈地中创造出令人震惊的“中国速度”后，中国经济型饭店巨头自2014年开始纷纷举起中端品牌突围大旗，“向上”突围，寻找新的增长点。

★知识链接

2016年我国饭店业最值得关注的十大趋势

饭店市场要通过变革和创新应对新常态下的增长减缓、结构调整以及动力转变等局面，首先要适应环境的快速变化，了解和判断行业趋势。

1. 全球饭店业经营进入下降周期，我国饭店业经营进入调整期

在过去十年间，全球五星级饭店的每间客房平均收入年均增长率不超过2%，若考虑通货膨胀率，可以说是负增长状态。国内市场同样经历寒冬，2014年全国12 803家占总数94.02%的星级饭店亏损59.21亿元，该年成为有史以来最大亏损年。2016年我国饭店业总体仍旧处于低谷，部分城市有好转现象，但上升通道和下降通道取决于各地不一的供求关系。

2. 饭店跨界合作模糊相关产品和服务之间的界限，生活方式饭店获得更大发展空间

共生共融已成为互联网时代的常态，而跨界融合也成为当前饭店企业创新经营的一条路径。饭店与其他行业的跨界合作越来越多，方式也越来越多样化。在互联网时代，无论是产品形式还是服务方式的创新，从生活方式上探索顾客的真正需求，才能受到顾客的青睐。

3. 智慧饭店有进一步表现，人工成本和能耗预计有所降低

智慧饭店从互联网时代进入移动互联网时代，一个关键性的因素就是网络覆盖，尤其是Wi-Fi覆盖。当前饭店业智慧化发展模型千差万别，有饭店独自发展的，如华住集团自己研

发的自助入住系统，使办理入住手续由3分钟变成25秒；也有紧密牵手社交媒体发展的，如街町酒店的“自助选房、微信开门、微信客服、微信支付”生态闭环；还有抱团发展的，如由开元领衔的六大集团联盟。行业之间的跨界、联动与融合成为趋势。

4. 伴随着公民收入提高和旅游热情上升，中国度假饭店建设出现新高潮

中国旅游研究院的数据显示，2014年旅游业实现平稳增长，国内旅游36亿人次，全年旅游总收入约3.25万亿元。据各省统计数据，“十一”黄金周排名前五的省份旅游总收入均超过200亿元，全国人民旅游热情高涨。如何挖掘客户需求，是中国度假饭店需要持续关注的重点。

5. OTA加速布局在线度假领域，预订系统重组是大势所趋

目前携程作为OTA平台的领军者，不断进行大平台布局，从订机票、饭店、度假进行平台化开发，到推出景区饭店自由行方式，推动度假业务发展。收购Travelfusion后，又加速布局海外市场，在海外拓展当地资源，抢占出境游市场；而首旅酒店已与阿里、石基实行战略合作，针对饭店PMS进行开发，布局酒店O2O。面对利益空间不断压缩的困境，在线领域预订系统重组已成为一种趋势。

6. 饭店管理模式选择方向多元化，逐步与国际接轨，本土品牌影响力持续扩大

高星级饭店在中国发展的黄金十年，也是国际品牌在中国开疆拓土的黄金十年。伴随着国内房地产政策的收紧，开发商对引进高端品牌之后的饭店投资回报有了更理性的审视。于是，越来越多的开发商开始尝试委托管理之外的其他模式，中国饭店市场环境的逐步成熟，也使国际品牌集团开始考虑开放特许经营、策略联盟模式的可行性。

国内饭店集团也不甘落后，以万达、绿地为首的房企在跟知名饭店管理公司合作多年后终于出徒，强势推出自主品牌并已拓展到海外。我们乐于看到本土饭店能够打造成令人骄傲的国际品牌，实现全球化扩张。

7. 旅游饭店业向住宿业过渡，饭店业态趋向多元化

在行业新常态下，饭店市场需求发生了很大变化。需求结构的调整、消费主体的变化、消费诉求的升级、互联网渗透到消费习惯和消费方式的方方面面等趋势，使饭店业态多元化成为新常态下的必然要求。新一代消费人群对个性化产品和服务的需求，催生了传统星级之外的业态，短租公寓和客栈民宿风头正劲，未来的饭店可能只有一间客房，也可能是“饭店+”。

8. 行业协会改革进一步推进，各地协会将会有更多的自主权

目前旅游行业协会会员单位已覆盖全国60%以上的旅游企业，成为旅游业发展的重要力量。“去行政化”改革将使协会有更多的自主权。

9. 互联网并购增多，国内即将迎来产生国际性大公司的机会

携程收购艺龙在相当一部分业者心中是当之无愧的年度大事件，但携程的计划显然不止于此，从其战略投资途家、订餐小秘书、易到用车、一嗨租车、蝉游记、途风、鹰漠等一系列上下游产业链企业可以窥见一斑。相比国内集团之间的并购，万达、绿地、海航等已经把触角延伸到海外多个城市和地区的企业，同样值得期待。

10. 住宿业分享经济影响和覆盖的范围持续扩大，非标住宿规范发展

国务院办公厅2015年11月19日以国办发〔2015〕85号发出《国务院办公厅关于加快发展生活性服务业促进消费结构升级的指导意见》，提出“积极发展客栈民宿、短租公寓、

长租公寓等细分业态"的要求，将这些业态定性为生活性服务业，为民宿客栈、短租公寓等非标住宿经营模式提供了法律支撑，同时也规范了其经营模式。需求多元化和消费诉求的升级为住宿业分享经济的进一步发展提供了土壤，传统饭店集团也有可能进入这个领域。

★案例分析

内资高端饭店 VS 外资高端饭店

多年以来，北京乃至全国的高端饭店一直被万豪、洲际等知名外资品牌把控，但近几年来，许多身为业主方的大地产商纷纷转型，打造自己的饭店管理团队。目前，万达、绿地均在筹建自己的高端饭店，而传统的内资饭店管理商如锦江、华住、7 天等也纷纷放眼高端市场，高端饭店业内资品牌与外资品牌的碰撞即将到来。

1. 外资品牌的发展短板

首先，餐饮不够"本土化"。据有关数据显示，民族饭店在餐饮方面的收入占收入总额的 55% 左右，餐饮做得最好的香格里拉，平均餐饮收入也只占收入总额的 35% ~38%，一般的外资饭店不会超过 30%。

对于大多数外资饭店来说，餐饮很难成为它们的强项。这其中的根本原因是：国际饭店集团的餐饮业务被当作饭店管理经营的附属，在观念上没有十分重视。对于外资饭店来说，饭店预算决定一切，成本效益分析和投资回报率分析都会促使饭店管理集团将重心放在饭店客房销售业务上，因为只有这样才能实现营业利润总额快速达到饭店管理集团获得管理费用的标准。

其次，过于坚守境外标准。据悉，国际饭店集团的基本管理费一般为年营业额的 5% ~8%，奖励管理费按一定比例从利润中递进提取，利润越高，比例也越高。此外，国际饭店集团派驻的管理团队都按境外标准支付薪酬，这份薪资也要由业主方承担。有些国际品牌饭店的管理费用和薪资甚至占到饭店年收入的三成。

令饭店业主困惑的是，他们交着境外标准的管理费，却得不到境外标准的管理。随着中国饭店大规模扩容，很多跨国饭店集团因追求短期效益而放低了管理门槛。为此，外资饭店品牌与本土开发商的矛盾日渐加深，并连续出现"分手"事件。

2. 内资品牌的发展短板

首先，管理文化差距大。目前，中国饭店行业的客房接待、内部功能以及豪华指数等硬件设施已经国际化，只是饭店的管理和文化等软件还与国外饭店的水平存在很大差距。

大部分内资饭店是国有资产，是地方政府或国有集团所属的饭店，而饭店的经营与运作的核心管理层却大多是任命制，这些管理层或管理层上级的思想观念几乎还是囿于传统的计划经济体系，大多缺乏市场观念，并不以企业经营好坏作为第一考核指标，只是凭着饭店管理层的事业心、责任心经营饭店，如遇到缺乏创新的管理团队，饭店的经营自然逊色。

其次，缺乏营销意识。国内饭店业高层缺乏整体营销意识，大多还停留在与会议公司、旅行机构的合作上，并未展开全面营销，这让所有的饭店销售或市场人员无从了解企业营销方向，无法展开营销的整体思路和规划。其主要表现在缺乏整体销售策划、缺乏销售的执行计划、缺乏销售渠道、缺乏品牌或媒体支持等方面。在相当长一段时间，内资饭店的宣传主要集中在旅游公司的广告上，让人感觉国内饭店业似乎已经成了旅游公司的附属品。

案例讨论题

1. 从案例中可看出，目前我国本土饭店和外资饭店的发展过程中存在哪些问题？
2. 面对目前存在的问题，我国本土饭店和外资饭店应该采取怎样的措施？

思考与练习

1. 世界饭店业经历了哪几个发展时期？每个发展时期的特点是什么？
2. 我国饭店业经历了哪几个发展时期？
3. 我国饭店业的发展现状如何？请具体说明。
4. 我国饭店业面临哪几大发展困局？
5. 结合当前饭店业的发展局势，简述中国饭店业的发展契机。

第三章

饭店业态类型

★教学目标

1. 了解饭店业态的发展。
2. 掌握饭店的基本业态及其内涵和特点。
3. 掌握饭店的其他分类。
4. 了解现代饭店的新型业态。
5. 了解特殊饭店。

★重要概念

饭店业态　商务饭店　会议饭店　度假饭店　汽车饭店

第一节　饭店业态概述

一、饭店业态的内涵

“业态”一词是从日本引进的概念，出现于20世纪60年代前后。饭店业态是指饭店投资与经营者关于具体经营场所、经营战略的总和。从表层看，饭店业态是指饭店产品设施供给及使用状态；从中层看，饭店业态是指饭店产品的销售及经营形态；从深层次看，饭店业态是指饭店产品的经营管理技术和经营管理文化。饭店业态要素可以分为：饭店产品组合形态、饭店场所空间形态、饭店组织形态、饭店聚集形态、饭店产品自身特征形态。

二、饭店业态的发展

饭店业态的发展趋势如图3-1所示。

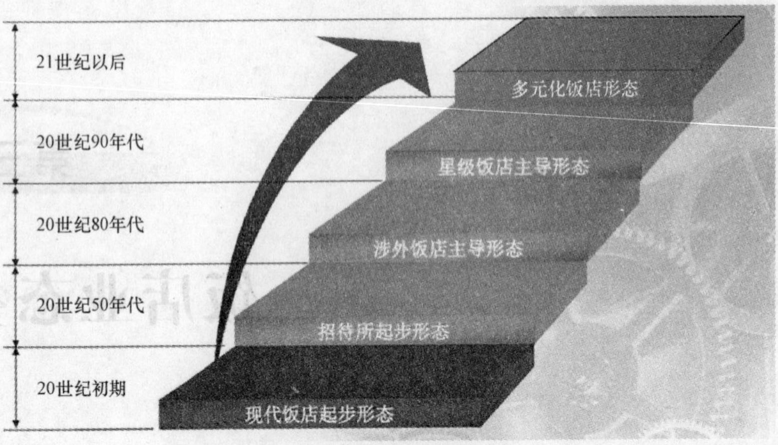

图 3-1　饭店业态的发展趋势

（一）改革开放初至 20 世纪 80 年代末期

这一时期是以入境旅游为导向的饭店业态发展阶段。在 20 世纪 80 年代初期，我国的大中城市形成了一批以接待外国游客为重点的旅游涉外饭店。其特征是：第一，饭店业发展处于初级阶段，总体上呈现卖方市场状态；第二，饭店的建设呈现区域性发展的特点，新建饭店多数集中在大中城市，大中城市的旅游饭店的建设和招待型饭店的改建是这一时期的热点；第三，饭店建设以满足入境游客的需求为导向进行配置，基本是单一的旅游饭店建设模式；第四，旅游涉外饭店与社会饭店差距甚大，中低档饭店的发展极为缓慢，出现了断层。

（二）20 世纪 90 年代

这一时期是以星级为导向的饭店业态发展阶段。1988 年，国家旅游局推出了饭店星级评定制度，饭店业态的发展逐渐从旅游涉外定点建设过渡到星级饭店的建设。这一阶段呈现的特点为：第一，饭店市场从卖方市场转为买方市场，供求宽松的局面产生，饭店业完全竞争的态势形成。第二，饭店业呈现出全面发展的态势，饭店建设不再局限在大中城市，各市、地、县都出现了大建饭店热潮；不再局限于高档饭店的建设，不同的城市出现了高、中、低不同档次的饭店建设；不再局限于国有单位建饭店，民营企业也投身到建设饭店的热潮中。第三，饭店建设以星级为导向，星级化的倾向明显，产品同质化现象日趋严重。第四，非星级饭店，特别是社会饭店硬件水平虽有了一定提升，但管理、服务处于不高的水平，在较大程度上制约了饭店业的均衡发展。在这样的背景下，饭店业态多元化发展的态势开始显现，但主要集中在饭店档次业态的建设层面上，没有进一步细化。

（三）进入 21 世纪后

这一时期是以多业态为导向的饭店业发展阶段。随着社会经济的不断发展，饭店业进入一个新的发展时期，其特点是：第一，在饭店高端业态规模急剧扩大的同时，国内旅游高速发展，消费者需求多样化，中低端市场快速成长，迫切需要形成一个以高端市场为龙头、多业态为发展格局的饭店业体系；第二，充分细分的饭店形态开始出现；第三，在星级饭店成为饭店业主流的背景下，非星级饭店也开始分化，多种形式的饭店业态快速推进。这个时期，饭店业重心从高端饭店向中低档饭店转移，由单一业态向复杂业态转变，经济型饭店正是这个时期应运而生的饭店业态之一。

第二节　饭店的基本业态

在饭店快速发展的过程中，单一的饭店业态很大程度上制约了饭店业的发展，造成了饭店业的结构性过剩。因此，多样化的饭店业态与创新对指导饭店业建设、促进行业的健康发展有着积极的意义。

一、商务饭店

（一）商务饭店的内涵

18、19 世纪，欧洲的商务旅游逐渐兴起并快速发展，到了 20 世纪，这一行业进入美国，商务旅游的发展为商务饭店的产生奠定了基础。商务饭店（Business Hotel）主要为商务接待服务，国际商务接待业主要包括：一是日常生活方面的接待，如提供交通、住宿等；二是活动方面的接待，如接待旅游者和会展等。实际上，商务饭店的概念不是一成不变的，它会随着市场的变化和顾客的供需要求不断演变。现在的商务饭店很注重自己品牌的培养，并关注以下几方面的内容：

第一，以客户为导向。之所以被称为商务饭店，是因为商务饭店的顾客大部分为商务人士，以开展商务活动为主的商务客源是最主要的顾客群体。这就需要饭店管理者制定出相应的策略来吸引、引导目标顾客，向顾客宣传自己的饭店，使其了解饭店品牌的发展历史和内涵，以提高顾客的忠诚度。

第二，以产品为导向。商务饭店的经营应因顾客的特殊性须充分考虑以下几个方面：首先，从硬件设施上满足顾客的办公需求，如网络、打印机以及会议室的提供；其次，从内部装饰上符合办公特点，如会议室的装修布置要有商务会谈的氛围；客房的装修不要过于花哨等；最后，饭店的员工要有基本的商务知识和技能，能够为顾客在办公方面提供各种服务。

第三，价格定位。商务饭店一般采用较高的定价。因为商务饭店在制定价格时考虑到商务顾客与普通顾客需求的不同。普通顾客追求的是物美价廉、性价比高，而商务顾客多数对价格不敏感，他们大多在乎的是交通或住宿等方面能否得到满足，或是更在乎饭店的整体氛围和提供的设施是否符合他们的商务办公要求。为了满足商务顾客的各项特殊需求，饭店要在基础设施和服务质量上做特殊要求，所以做出较高的定价是较为合理的。

第四，地理位置的选择。商务饭店的地理位置，一是要方便顾客出行参加各种活动，二是周围要有一些大型餐厅和休闲场所，方便顾客接待、宴请商务客户。另外，商务人员办公事比较注重效率，如果饭店的地理位置有助于顾客节约时间成本，那么一定会得到顾客的认可。

第五，品牌的力量。商务饭店要想拥有稳定的客源，就要培养顾客的忠诚度，而其中最有效的办法就是树立自己的品牌，让顾客认识并熟悉饭店品牌。若是发展为连锁品牌形式，就可以对顾客的资料进行共享，便于了解顾客的具体需求，提供更好的服务，这样无论顾客走到何处，只要是在同品牌的饭店入住，就能享受同样的专属服务。一旦顾客熟悉并接受、认可这一品牌，那他们的选择就会固定在这个品牌上，这样做既节约了顾客寻找饭店的时间，又能为饭店保留固定的顾客，带来更大的利润。

第六，人力资源标准。商务顾客，尤其是国际性的商务顾客受教育程度普遍较高，对各方面的要求也较高，可能会要求饭店为他们提供“个人管家”等特殊服务，这时就需要饭店配备具有相应能力和素质的员工。所以，商务顾客在对一家饭店进行评估时，饭店员工的职业技能也是考察的重要内容之一。因此，商务饭店要想经营成功，就必须要求员工的一切行为都能体现饭店以满足客户需求为目的的宗旨，同时注重对专业技术人员的培养，为这些工作人员订立更高的服务标准，以满足不同顾客的需求。由此可见，商务饭店订立的人力资源标准越高，越能更大程度、更大范围地吸引更多客户。

（二）商务饭店的特点

商务饭店有鲜明的业务特点，从服务对象、经营定位、管理方式、设备设施到功能空间布局等，商务文化始终贯穿于整个饭店。当代商务饭店主要特征表现在以下几个方面：

（1）其经营定位特征是让顾客最大化地满足与其身份相符的精神文化需求、获得身心的愉悦和健康。

（2）对高消耗资源的依赖性较小，对自然人文环境有较强的需求心理。

（3）商务主题性和功能综合性高。除像其他饭店一样提供必需的住宿、餐饮设施之外，还须具备康体、娱乐等功能设施，融合地域、历史、人文、文化景观及自然环境，具有个性鲜明、商务主题明确等特点。通过功能合理的空间布局，赋予饭店“商务、生活”的概念，符合商务文化的体现，以满足消费者精神层面的需求。

（4）活动空间相对集中。顾客能以特定的空间为中心辐射状展开相应的商务活动。

（5）商务活动的定点性较强。以会议、商务为主要目的的商务人士会频繁地光顾其中意的商务饭店。

二、会议型饭店

（一）会议型饭店的内涵及特点

会议型饭店（Convention Hotel），是指专门为各种国内、国际会议提供会议场所、住宿及餐饮等综合服务的一种特殊饭店，一般设在大都市、政治经济中心或交通方便的旅游胜地，具有大中型国际会议的接待能力，以组织和参加会议、展览活动的人群为主要客源，属商务饭店性质。

会议型饭店和商务饭店很相似，很多商务饭店也承接会议业务，所以很容易把会议型饭店误认为商务饭店。但是，和商务饭店不同，会议型饭店设施设备更加齐全，更加重视接待好所有会议顾客的整体效果，服务重点从单个顾客转向了与会顾客这一整体。这一点决定了会议型饭店的核心竞争力。

会议型饭店作为饭店业态中不可缺少的成分，其特点是：首先，在设施设备的配置上，有各种类型、规格的会议室、演讲厅及洽谈室等，配备齐全的会议设备；其次，会议型饭店的客流量大、消费水平高、逗留时间长、潜力客户多，能带来较可观的经济效益。

（二）会议顾客的消费特点

不同会议的顾客的消费水平和特点有所不同。但总体来说，会议顾客的消费有以下特点：

1. 计划性强

会议活动计划性强，且不受气候和季节的影响，客房一经预订，到客率高，便于饭店提前做好接待准备。计划性强还表现为全部会议活动比较集中：报到集中、开会集中、休息集中、用餐集中、客房整理集中等。

2. 消费全面

会议顾客除有住宿、餐饮和会场服务需求外，还有娱乐、购物、车船票预订、市内交通服务和参观游览安排等需求，包含了旅游活动的全部食、住、行、游、购、娱六个要素。为满足顾客的各种需求，饭店要向顾客提供全面的设施设备和服务。

3. 消费水平高

在不同的旅游目的地过夜的旅游者中，会议顾客平均消费水平总是高于其他类型的旅游者。

4. 逗留时间长

参加会议的人员，既要参加会议，有时还要参观游览，因此，他们逗留的时间比一般旅游者要长。

5. 季节消费均衡

会议活动多避免在旅游旺季进行，这样可以有效地调节饭店旺季与淡季客源的不平衡性，提高饭店的全年利用率。

（三）会议型饭店的分类

（1）接待型会议饭店，主要根据会议组织者的要求提供基础会议设施、餐饮、住宿等基本项目。

（2）专业型会议饭店，除了基本的会议接待，还包括专业的会议组织和服务的提供，如为组会方承办所有会务组织、协调、接待工作，包括部分会议的策划安排。

（3）策划型会议饭店，会议饭店介入会议的筹备、举办到会后总结评估等全过程，重点帮助组会方策划会议，在最大限度上满足组会方要求。

（四）我国会议型饭店的发展

会议型饭店在会议产业快速发展的背景下产生，这种外部环境有不可忽视的两方面因素，一方面，随着中国在世界经济、政治格局中重要性的凸显，举办和承接的国际会议逐渐增加；另一方面，通过政府采购等渠道，政府、协会、企业的一些会议也逐渐在饭店召开。会议型饭店以其高投入、高盈利、曝光率高、带动效果明显、淡旺季不突出等特点受到饭店经营者的青睐。

第四届中国会议经济与会议饭店发展大会上发布的《中国会议蓝皮书》暨《2011 年中国会议统计分析报告》中的统计数字显示，我国每年举办各种会议多达几千万场，参加会议的人数有上亿人次之多，其中高达 61.1% 的会议是在会议饭店举办的，更有 75% 的会议直接交由饭店承办。在会议型饭店的总消费额为 10 亿多元，会均消费为 13.86 万元。另外，据全球商务旅行协会统计，2011 年我国商务旅行总支出 1 820 亿美元，仅次于美国的 2 500 亿美元，高于日本、英国、德国，其中相当数量是会议消费。

由此得出，我国会议经济正在蓬勃发展、规模不断扩大，会议经济呈现数量大增、水平稳升、效益凸显和产业素质更高等特征，会议经济成为现代服务业继金融、贸易、展览之后新的增长点，这必然带动会议型饭店的繁荣发展，为国民经济和社会发展做出更大贡献。

三、度假型饭店

（一）度假型饭店的概念

度假型饭店（Resort Hotel），是指为顾客提供各种休闲娱乐设施或项目，满足顾客休闲、度假、放松身心需要的饭店。度假型饭店多建于海滨、山区、温泉、森林等景区，即选址于有独特旅游资源的地方，目的是通过周围自然景观或人造景观等旅游资源吸引游客，保证饭店入住率。

度假型饭店的名称中往往带有“度假”一词，如千岛湖绿城度假饭店、三亚君澜度假饭店、海南七仙岭温泉度假饭店等。因此，通过对饭店的名称和地理位置进行识别，顾客可以很容易分辨出一家饭店是否属于度假型饭店。

度假型饭店的核心就是创造一种能够促进并增强幸福感和愉悦感的环境，同时强化游客体验的环境和服务氛围。这些体验包括：享受自然、避开精神压力、健康、美食、学习、社交和自我实现等。

（二）度假型饭店的发展历史

度假型饭店迄今已有上千年的历史。最早的度假型饭店可以追溯到古罗马时期的温泉饭店，当时的度假旅游以疗养为主要目的，只有少数统治阶级的上层人物和有钱人才能享受。王政复辟时期，英国温泉度假地开始发展起来，帝王和富人们重新寻欢作乐，轻松愉快的社交气氛提高了这些地方的名气，私人住宅和帐篷等成为主要的接待设施，但无法容纳如潮的客流。

18—19 世纪初，大多数人乘船旅行，因此美国最早的度假饭店在大西洋沿岸港口发展起来。19 世纪，经济条件的变化、工业化的发展和快速城市化的影响，使得人们对休闲度假兴趣浓厚，随即出现了海滨度假、山地度假等不同度假地。但早期的度假饭店设施简陋、经营粗放。直到 1829 年著名的特里蒙特饭店（Tremont House）在波士顿落成之后，美国和欧洲的度假饭店才逐渐摆脱了粗陋的形象，而且日益豪华。当代的度假型饭店融合了更多休闲娱乐元素，为顾客提供如高尔夫、网球、划船等更多游乐活动，丰富完善了休闲度假的内容。

（三）度假型饭店的分类

度假型饭店的核心要素是饭店周围的自然环境和饭店所提供的主体娱乐活动，根据这些核心内容可以将饭店分成以下几类：

1. 自然风景型度假饭店

以饭店周围的美丽自然风景为核心的自然风景型度假饭店，着重强调的是与自然融为一体的感受与体验。按照自然风景的不同，可以将该类型的度假型饭店分成以山地为主以及临河、临海、临湖的度假饭店等。

2. 生态型度假饭店

生态型度假饭店是在能源危机、环境危机日益严重的情况下，于20世纪七八十年代出现的，生态型度假饭店主要以当地的建筑材料为原材料，结合当地的建筑方法，尽量将对当地的环境破坏程度降到最低，可以满足游客保护生态环境的需求，同时还能让游客享受和体验当地的风土民情。

3. 康乐疗养型度假饭店

康乐疗养型度假饭店主要分为两种，一种是康乐型饭店，以锻炼身体为主，强调通过运动达到强身健体的目的，其中以滑雪、高尔夫等运动为主的饭店为代表；另一种是疗养型度假饭店，以舒缓身心为主，常见的有温泉度假饭店。

4. 主题公园型度假饭店

主题公园型度假饭店又称为文化型度假饭店，主要是展现异域的文化和风土人情。例如，以展现历史为主题的饭店，主要是利用当地历史文化场所修建的饭店，可以让游客身临其境地去了解当地的文化，去探究古老神秘的传说；或者是以反映当地文化或梦幻色彩的神话为题材建造的度假饭店，可以给游客提供一种超凡脱俗和奇思妙想的度假之地。

（四）度假型饭店与商务饭店的区别

1. 饭店选址

选址对于度假型饭店来说十分重要，度假型饭店一般选在风景好的旅游景区、旅游度假区，为人们提供住宿、餐饮、娱乐、休闲等设施。而商务饭店多位于城市中心，在交通方便、人口稠密的地方。

2. 饭店布局

度假型饭店多采用分散布局、扁平化布局，或者庭院式布局。因为度假型饭店通常选址于景区或景区附近，采用这样的布局可以使饭店更好地融入景区，融入周围环境。度假型饭店的另一个布局特点是楼层较低，通常为5~6层，这一方面是为了更好地融入自然；另一方面是由于地方政府为更好地保护景区资源，通常会限制景区建筑的高度。而商务型饭店因为多选址于城市中心，城市中心的土地资源紧缺，同时规划单位也会对土地指标进行约束，因此布局大多集中紧凑，如塔式、中庭式、板式等多层或高层建筑。

3. 饭店建筑风格

度假型饭店通常会选取所在区域独具特色的建筑风格元素，以及文化元素、民俗特征等，将其运用到饭店整体的方案设计以及内部的装饰装修上。而商务型饭店的建筑风格大多以现代风格为主。

4. 饭店景观设计

相较于商务型饭店，度假型饭店的景观设计占有很重要的地位。五颜六色的花朵、茂密的绿树、人工打造的水系景观等，都为饭店增色不少，也使顾客能够更放松、更休闲。而在商务型饭店中，由于土地紧张，一般没有太大的空间来进行景观设计。

5. 饭店客房

度假型饭店的客房通常面积较大、多带有阳台、采光性好，而商务型饭店的客房面积通常较小、采光性一般、通常不带阳台。

6. 饭店服务对象

度假型饭店的服务对象多为休闲度假的游客，或是参加旅游会议的游客，而商务型饭店的服务对象多为商务人士和参加会议的人员。

7. 饭店服务项目

度假型饭店的服务项目种类繁多，包括特色餐饮、特色娱乐活动、养生保健活动等。而商务型饭店提供的多为常规服务，缺乏特色。

★知识链接

看过电影《非诚勿扰2》的观众，对剧中人物秦奋的住所一定印象深刻，其优美的自然环境，天人合一的气息，令无数观众神往，那是位于海南三亚著名的亚龙湾鸟巢度假村（Yalong Bay Earthly Paradise）的一座典型的度假型饭店。

亚龙湾鸟巢度假村位于三亚市东南25千米处，总面积1 506公顷，所在亚龙山（即红霞岭）海拔450米，有植物133科1 500余种、动物190余种，是一座国际一流的滨海山地生态度假型森林公园，其生物、地理、天象、水文、人文资源丰富多彩，景观建设极尽生态自然，可开展登山探险、野外拓展、休闲观光、养生度假、科普教育、民俗文化体验等多种旅游活动。

亚龙湾鸟巢度假村以森林生态环境为主题，分为生态保护区、生态观光区、休闲度假区，以生态休闲为特色，以观光游览功能为基础，以休闲度假功能为重点，同时辅以雨林探险、民俗文化、健身养生等功能，集探险性、娱乐性、休闲度假于一体。亚龙湾鸟巢度假村伴山面海，建造手法国内罕见，极尽野趣奢华，拥有独栋别墅及客房共142幢（套），建筑风格独具热带风情，质朴的建筑外表内奢侈豪华，坐落于丛林之中，远离尘嚣，使顾客尽享私密空间。

四、汽车旅馆

（一）汽车旅馆的内涵

汽车旅馆（Motor Hotel，Motel）最早出现在美国，是美国汽车业发展以及公路大规模建设环境下的产物。刚开始出现的汽车旅馆只是给过路司机提供一个简易的休息场所，因此房间设施十分简单。汽车旅馆多位于高速公路附近，或是离城镇较远处，便于以汽车作为旅行工具的旅客投宿，所以又称为公路旅馆。

（二）国内外汽车旅馆的发展状况

汽车旅馆的历史可追溯到20世纪20年代。当时，公路建设和汽车工业在美国进入快速发展时期，带动了旅游服务业的发展。1923年，美国人哈利·埃利奥特邀请阿萨·海因曼在圣迭戈至旧金山的国家公路上设计一幢汽车游客客栈；1925年，“汽车游客客栈”在奥比斯正式挂牌营业，这便是世界上最早的汽车旅馆。

20世纪40年代末至60年代，汽车旅馆在美国快速发展。1952年凯蒙·威尔逊建成第一家假日旅馆，假日旅馆联号的创立和扩大领导了汽车旅馆的新潮流，成为汽车旅馆的范本，规范了美国汽车旅馆业。1962 年，美国旅馆业实行行业大联合，汽车旅馆和传统旅馆结为联盟，成立了美国旅馆和汽车旅馆协会（AH & MA，后来为符合旅馆的多样化更名为 AH & LA）。20 世纪 70 年代，汽车旅馆开始转型，向大型化和精致化发展，并在风景区和繁华的城市内设立，形成了完整的系统。这一时期，汽车旅馆的扩张依然在进行。20 世纪 80 年代中期，豪华且平价的汽车旅馆开始受到消费者喜爱，这类旅馆省略了吸引人的大堂、大型的会议室、豪华的宴会厅，将价格定在中等水平。

20 世纪 70 年代，随着欧洲公路网的完善和汽车的普及，汽车旅馆业在欧洲也发展起来了。在法国，雅高集团下属的以“一级方程式”和“宜必思”（Ibis）命名的汽车旅馆的经济型客房就达 24 万多间，占总客房数的 55%，走在了开发汽车旅馆的前列。恩韦尔居雷集团是欧洲第二大饭店餐饮连锁企业，它的“一流旅馆”与雅高的“一级方程式”一样，属于汽车旅馆，近年来发展势头很猛。

亚洲汽车旅馆的发展以日本和中国台湾地区最为典型。受面积、城市密度等地理因素和交通便利性的影响，日本和中国台湾地区的汽车旅馆不同于欧美，实质上类似于精品饭店，被看成是情爱旅馆（Love Hotel），其服务对象、价位档次等与欧美的汽车旅馆有较大的差异。

第三节　饭店的其他分类

一、根据饭店规模划分

按照饭店规模大小，通常将饭店划分为小型饭店、中型饭店和大型饭店三类。确定饭店规模的基本指标是客房数量。通常小型饭店的客房数量为 300 间以下，中型饭店的客房数量为 300 ~ 600 间，大型饭店的客房数量为 600 间以上。

目前，世界上最大的饭店是马来西亚云顶高原的第一世界饭店，拥有 6 118 间客房。世界最大的豪华饭店是美国拉斯维加斯的米高梅饭店（MGM Grand），拥有 5 034 间客房。米高梅饭店有 29 个客户服务中心，并且每个客户服务中心都有 24 小时待命的主管。其最为奢华的饭店套间中，包括一间豪华餐厅、一座私人游泳池和温泉中心以及两间厨房——其中一间为亚洲风味，另一间为欧洲风味，厨房随时等候客户的饭菜预订。在米高梅饭店中，别墅面积最小的为 2 900 平方英尺①，最大的达 9 000 平方英尺。该饭店最豪华的房间每晚的价格为 15 000 美元。

据阿联酋《宣言报》报道，2010 年、2011 年迪拜饭店客房数分别为 70 955 间和 74 843 间，截至 2012 年 6 月，迪拜在建的饭店客房数量达 11 307 间，2012 年再增 4 000 间，其中一半以上是五星级饭店客房。

小型饭店可以只有几十间甚至几间客房。世界上有许多各具特色的迷你型饭店，最小的饭店是在丹麦哥本哈根一家咖啡厅楼上，这家咖啡厅只有 5 个座位，是哥本哈根最小的咖啡厅，它的楼上有一个仅有一间长 8 英尺（约 2.4 米）、宽 10 英尺（约 3 米）双人间客房的

① 1 平方英尺 =0.092 9 平方米。

袖珍饭店（如图 3-2 所示）。尽管空间很小，但各种设施配备齐全，如浴室、电视和迷你酒吧。房间内部装修精致，细节之处相当考究，如精细抛光的木梁、古色古香的家具、复古的床头灯和贴心设计的隔音门。饭店老板还是老牌影星罗尼·巴克的影迷，专门把罗尼·巴克的照片挂在墙上，更添一分时尚和艺术气息。据悉，花 170 英镑（约合 1 620 元人民币）便可以在这座袖珍饭店住一晚。

图 3-2　袖珍饭店

二、根据建筑投资划分

（一）中低档饭店

从广义上讲，中低档饭店是指具有一定的服务水平，配套设施完善，价位适中的一、二、三星级饭店和与之档次相当的社会旅馆。中低档饭店在我国数量巨大，总数在 10 000 家以上，并且占有主要的旅游、商务出行消费者市场。我国一、二星级饭店多属于中低档饭店。

（二）中档（或中档偏上）饭店

中档（或中档偏上）饭店以较低的价格为消费者提供有限客房服务（床和卫浴）。中档（或中档偏上）饭店的市场出发点是：在客房服务的基础上，通过配置或改善消费者比较关注的服务及设施，为商务出行或家庭出游者提供性价比及舒适度都相对较高的住宿。具有代表性的中档饭店集团包括星程饭店、洲际假日、和颐等。我国的三星级饭店为中档（或中档偏上）饭店。

（三）高档饭店

高档饭店的设备先进，综合设施完善，提供优质服务，顾客不仅能得到高级的物质享受，也能得到很好的精神享受。高档饭店服务的对象主要是有一定经济实力的游客以及对住宿要求较高的商务人士。我国的四星级饭店为高档饭店。

（四）豪华饭店

豪华饭店主要设立在大中城市以及著名的旅游度假胜地，为有经济实力的顾客及商务人士提供舒适、具有文化品位的饭店设施和全面、周到的服务。我国五星级饭店为豪华饭店。

★知识链接

全球十大最豪华饭店

1. 威尔逊总统饭店

威尔逊总统饭店位于日内瓦，该饭店的皇家套房每晚的价格是65 000美元。65 000美元换来的服务包括：使用饭店的整个顶层，并且有私人电梯直达；4间卧室，每间卧室里都可以望见日内瓦湖和白朗峰；6个化妆间；套房的门窗全部用防弹玻璃制成。预订此套房的通常都是社会名流。

2. 四季饭店

四季饭店位于纽约。四季饭店以老板泰·华纳的名字命名的日光顶楼套房每晚的价格是35 000美元。这套奢华套房永远处于客满状态，有时候预订要提前几个月。这套奢华套房的每个房间的墙上都装饰着珍珠，顾客可以自由地在9个房间里散步，还可以享受私人水疗或在顶层花园里阅读书籍、弹奏钢琴。

3. 卡拉迪霍尔佩饭店

卡拉迪霍尔佩饭店在意大利的撒丁岛，这里的总统套房每晚的价格是34 000美元。在夏天，总统套房的价格不会低于每晚45 000美元。饭店位于一座摩天大楼内，总统套房为25 000平方米，有3间卧室、3间浴室及私人健身房、桑拿浴房和葡萄酒窖，还有模拟海洋的游泳池，里面的水是咸的。

4. 威斯汀精益饭店

威斯汀精益饭店位于意大利首都罗马，它的库珀拉别墅套房的价格是每晚31 000美元。这座奢华的别墅装饰有无数的浮雕，配有按摩浴缸等。别墅套房位于饭店的第五层和第六层，为6 099平方米。顾客站在1 808平方米的阳台上可以饱览威尼托区的美景。

5. 东京丽兹·卡尔顿饭店

东京丽兹·卡尔顿饭店顶层套房的价格是每晚25 000美元。在这里，顾客不仅可以饱览富士山的壮丽景色，还可以看到这座城市美丽的夜景。

6. 亚特兰蒂斯饭店

巴哈马天堂岛的亚特兰蒂斯饭店极其奢华，位于23层的拱桥套房将饭店的两座大楼连接在一起。在每晚22 000美元的套房里配有装饰着黄金的吊灯、大型钢琴。

7. 凡登凯悦花园饭店

巴黎的凡登凯悦花园饭店最贵的套房价格是每晚20 000美元。套房除了奢华的起居室外，还配有按摩浴缸、按摩桌、餐厅、厨房和工作室。

8. 珀瓷饭店

珀瓷饭店（阿拉伯塔饭店）建于20世纪90年代中期，皇室套房的价格是每晚19 000美元。套房位于25层，如果顾客害怕乘坐电梯，可以走装饰着黄金的大理石楼梯。饭店的主人很“慷慨”地给了自己的饭店7颗星，这也显示出主人足够的自信。

9. 里奇蒙饭店

日内瓦里奇蒙饭店的皇室套房价格是每晚18 900美元。套房2 500平方米，配有一个小型高尔夫球场，还有一个面积相当于房间一半的阳台，在这里可以看到日内瓦湖。

10. 莫斯科丽兹·卡尔顿饭店

莫斯科丽兹·卡尔顿饭店套房的价格是每晚16 500美元，套房的装饰尽显皇室风格，在这里可以看到克里姆林宫和红场。房间的设施能够为顾客提供安全的服务，如套房的电话系统与饭店其他房间是分开的，只为其套房的顾客服务。

（五）超豪华饭店

超豪华饭店的综合服务设施和服务水平大大超过一般豪华饭店的标准。世界最知名的超豪华饭店是坐落在阿拉伯联合酋长国第二大城市迪拜的帆船饭店。该饭店建在海滨的一个人工岛上，是一个帆船形的塔状建筑，一共有56层，321米高，拥有202套复式客房，最小的套房面积为169平方米，最大的套房面积为780平方米。帆船饭店也是世界上最昂贵的饭店之一，一般套房的价格从每晚1 000美元到15 000美元不等，皇家套房的价格为每晚28 000美元。饭店拥有8辆宝马和2辆劳斯莱斯，专供接送住店客人往返机场。顾客如果想在海鲜餐厅就餐，要乘潜水艇到达餐厅，餐前可以欣赏海底奇观。在饭店的楼顶，有一个空中网球场，它由直升机停机坪改建而成。著名的网球选手费德勒和阿加西在备战迪拜男子网球公开赛时，曾在这里打过友谊赛。

美丽之冠七星饭店（如图3-3所示）位于我国海南省三亚市，临山面水，位置优越，环境优美。该饭店总建筑面积为65万平方米，由一栋七星级饭店、一栋白金五星级饭店、一栋豪华五星级饭店及六栋饭店式公寓组成，客房总数为6 668间，是集超豪华饭店、商业会展、免税商场、大型娱乐休闲文化设施于一体的世界最大规模的超级饭店群。2014年1月，经上海大世界吉尼斯总部认证，美丽之冠七星饭店建筑群获得大世界吉尼斯之最，是世界上拥有客房数量最多的饭店建筑群。美丽之冠七星饭店建筑群由IBM、Daktronics、KCA、HHD等世界顶级设计及建筑公司联合打造。

图3-3　美丽之冠七星饭店

三、根据地理位置划分

（一）城市饭店

城市饭店（Down Town Hotel）多数是商业饭店。城市中心社区规划不同，商务或公务活动的重点不同，甚至城市居住的分层格局不同，都会对城市饭店经营造成一定影响，形成城市饭店的不同特色。例如，北京建国门一带是传统的使馆区，朝阳门一带是后开发的使馆区，因此这一带商业饭店以外商投资和高档商务饭店居多。西城为国家行政管理机构集中的区域，因此商业饭店以服务国内商务活动为主；海淀北部为著名的科技文化区，高校集中，这一带商业饭店以服务科技人员、学者等知识分子为主。

（二）乡村旅馆

乡村旅馆是指位于乡村地区，具有乡土特色，向游客提供食宿等服务的旅馆。

在 19 世纪中叶的欧洲，工业化与城市化进程的加快及其带来的负面影响，使城市居民向往宁静的田园生活和美好的乡间环境，乡村旅游应运而生。而真正意义上的大众化乡村旅游则兴起于 20 世纪 60 年代的西班牙。当时的旅游大国西班牙把加泰罗尼亚村落中荒芜的贵族城堡改造成旅馆，用以留宿过往游客，被称为“帕莱多国营客栈”；同时，对大农场、庄园进行规划建设，提供徒步旅游、骑马、滑翔、登山、漂流、参加农事活动等旅游游乐项目。

此后，乡村旅游及乡村旅馆在美国、法国等发达国家得到倡导并大力发展。1995 年，美国农村客栈总收入为 40 亿美元。1997 年，美国有 1 800 万人前往乡村、农场度假。法国人素以种植蔬菜为乐趣，自 20 世纪 70 年代以来，随着五天工作制的实行，许多农民在自家农场开辟“人工菜园”，为城市居民提供休闲场所。

发达国家的乡村旅馆多种多样，除了农家旅馆外，还有自助式村舍、度假村等。自助式村舍普遍装饰精美、设施齐全、配有各种电器、参与星级评定，价格较高。例如，英格兰沃里克郡的自助式村舍提供中央暖气系统、厨具、洗衣机、电视/录像机、收音机/CD 机、电热毯、羽绒被等，现代化色彩较为浓厚，主要是面向高端的乡村度假旅游者以及商务团队会议旅游者。

目前中国乡村旅游住宿产品主要有两种类型：第一种是大都市中远郊区由旅游企业集团提供的度假村，客源市场定位在中高端休闲度假旅游者和部分会议团体旅游者；第二种是家庭旅馆，农户将家中闲置房屋出租给旅游者，提供特色农家菜，使旅游者能更好地了解民俗风情、享受乡村生活。

按地理位置划分，乡村旅馆可分为城市近郊乡村旅馆和远郊乡村旅馆。近郊乡村旅馆距离城市中心较近，一般以“农家乐”的形式来吸引游客，来往的客流量较大，但由于交通便利，旅馆的过夜率并不很高。远郊乡村旅馆是指距城市较远的乡村旅馆，还包括景区乡村旅馆和特色乡村旅馆。景区乡村旅馆乡土气息浓厚、价格便宜、方便舒适。特色乡村旅馆是在景区之外，以优美的自然风光、独特的乡土特色吸引游客前来入住，使游客在度假休闲之余体验当地民风民俗和淳朴的乡村生活，这种乡村旅馆对景区依赖较小。

（三）风景区饭店

风景区饭店是指位于海滨、山林等自然风景区或休养胜地的各种类型的饭店。例如分布在美国度假胜地夏威夷各岛屿的度假饭店、商务饭店、度假别墅、产权饭店和分时度假饭店等各类饭店；又如位于我国黄山风景区的各类星级度假饭店、疗养院和家庭旅馆等。

风景区饭店除了客房、休闲娱乐等设施和服务要满足游客的需求外，在设计和装修上要特别强调饭店与所在区域的景观适配性，要注意对风景名胜区资源和环境的保护，核心景区内要禁止建旅馆、招待所、培训中心、疗养院以及与风景名胜资源无关的其他建筑。

（四）公路饭店

公路饭店（High Way Hotel）即汽车旅馆（Motel），主要位于高速公路旁。这类饭店主要为驾车旅游的人们提供住宿和餐饮服务。

（五）机场饭店

机场饭店（Airport Hotel）位于机场附近，主要服务航空公司和因转机短暂逗留的飞机乘客。机场饭店的顾客停留时间短、客流周转率高，饭店主要提供住宿、餐饮和商品售卖等服务，娱乐、健身设施不是很完备。

有统计数据显示，目前机场饭店占据了全球优质饭店市场5%～10%的份额。随着航空旅行人数的不断增长，机场饭店拥有持续的市场发展潜力。

四、根据经营方式划分

（一）集团经营饭店

集团经营饭店即联号饭店，是由饭店集团以各种不同方式经营的饭店。饭店隶属于某个饭店联号。所谓饭店联号（Hotel Chain）是指拥有、经营或管理两个以上饭店的公司或系统。在这个系统里，各个饭店使用统一的店名或店称、统一的标志、统一的经营管理规范与服务标准。有的饭店联号，甚至连饭店的建筑形式、房间大小、室内设备以及主要的服务项目也相同。

集团经营饭店有明显的优势，主要表现在：第一，具有较强的融资调控能力。对内可以及时调控各饭店的资金余缺，对新开业的饭店或资金较困难的饭店可予以重点扶持；对外具有较高的信誉度，对吸纳社会资金、发展饭店业务、加快设备设施及技术更新具有突出的作用。第二，具有客源优势。集团经营饭店的最大特点和优点之一，就是客源联网。集团经营饭店有着统一的名称、标志，具有统一的经营管理模式和服务标准，通过宣传便于在市场上树立良好的群体企业形象，再加上利用完备、高效的预订系统，有利于建立起自己独立的全国乃至全球的客房预订中央控制系统，从而争取客源。第三，具有人才优势。集团经营饭店从实际出发，一般均聘请并培训一批理论水平高、实践经验丰富的各方面人才，可以随时为联号内各饭店提供服务。第四，具有价格优势。一是客房价格，可以充分利用集团经营饭店网络广、信息灵的特点，及时制定联号内各饭店的价格，在价格策略上赢得主动权；二是饭店设备设施和饭店物品供应的价格，可以发挥联号内集中采购的优势，取得优惠价格，降低成本。第五，具有较强的竞争力。集团经营饭店由于规模较大、分布地域广、产品较多，可以充分利用管理公司的资金优势、促销优势、采购优势、预订优势、人才优势、管理模式优势，形成综合的抗风险优势。

洲际饭店集团成立于1777年，是目前全球最大及网络分布最广的专业饭店管理集团，拥有洲际、皇冠假日、假日饭店等多个国际知名饭店品牌和超过60年的国际饭店管理经验。同时洲际饭店集团也是客房拥有量最大、跨国经营范围最广，并且在中国接管饭店最多的超级饭店集团——分布在将近100个国家，共有4 200家不同类型的饭店，超过610 000间客房。

（二）独立经营饭店

独立经营饭店即单体饭店，其一个重要特征是独立所有、独立经营，不属于任何饭店联号，也不参加任何特许经营系统。目前饭店业绝大多数中小型饭店都属于独立经营饭店。

独立经营饭店长期以来处于孤军奋战状态，与国际、国内品牌集团相比，明显缺乏竞争力，只有很少一部分经营较好，绝大多数由于定位错误、没有品牌、管理薄弱等原因处于微利或亏损、后劲不足的状态。

针对独立经营饭店存在的问题，经营者首先要认清市场形势，根据多元的市场需求对饭店进行正确定位，如饭店所处位置、目标客源、所具备的功能和产品是否与客户群相适应等。其次，要注重特色经营，以文化制胜，只有文化竞争才是最高层次的竞争。最大限度地关爱顾客，为顾客提供优质产品和服务，是独立经营饭店文化建设的重点。最后，要避免与其他饭店比硬件和规模，应充分发挥自身优势，变被动为主动，在舒适度、个性化、特色上做文章。要在管理上不断优化，开源节流双管齐下，利用新技术和网络优势实行异地同档次饭店的客源和奖励计划共享。只要措施到位、办法得当，独立经营饭店必将成为饭店业中的一支生力军。

（三）联合经营饭店

联合经营饭店一般是由多家单体饭店联合而成的饭店企业，凭借联合的力量来对抗集团经营饭店的竞争。此种经营方式在保持各饭店独立产权、自主经营基础上，实行统一的对外经营方式，如建立统一的订房协议系统、统一的质量标准、统一的公众标志等，并可联合开展对外促销、宣传和内部互送客源等，形成规模经济。

相对于饭店联号，饭店联合体是一种松散的组织形式。它是独立经营饭店的自愿联合，成员饭店通过联合体可以获得单体饭店无法取得的重要资源，既可享受联合带来的各种好处，又拥有独立的饭店管理权。因此，饭店联合体是独立经营饭店联合运作的一种有效方式。

目前在美国约有31%的独立饭店采用联合体方式经营。美国最大的饭店联合体帕格萨斯公司（Pegasus Solutions）拥有饭店8 700家，客房1 802 827间；第二大饭店联合体莱克星顿服务公司（Lexington Services Corp）拥有饭店3 800家，客房494 000间，在规模上超过了不少国际大饭店集团，这充分说明在完善的市场经济条件下，饭店联合体也拥有广阔的发展空间。

五、根据饭店计价方式划分

（一）欧式计价饭店

欧式计价（European Plan，EP）：房价＝住宿费。

（二）美式计价饭店

美式计价（American Plan，AP）：房价=住宿费+早、中、晚餐费。

（三）修正美式计价饭店

修正美式计价（Modified American Plan，MAP）：房价=住宿费+早、中（或晚）餐费。

（四）欧陆式计价饭店

欧陆式计价（Continental Plan，CP）：房价=住宿费+欧陆式早餐。

（五）百慕大计价饭店

百慕大计价（Bermuda Plan，BP）：房价=住宿费+丰盛的西式早餐。

一般团体顾客通过旅行社订房时，会注明计价方式，如果没有注明则均按欧式计价。

另外，根据服务功能划分，可分为完全服务饭店、有限服务饭店；根据营业时间长短划分，可分为全年性营业的饭店和季节性营业的饭店。关于饭店业态的分类都只是从某一角度做出的不完全界定，即使饭店业态可以有完全清晰的分类，在现实中也往往存在着业态的交融性和边界的模糊性，一家饭店同时会兼有多种业态的特点。

第四节 现代饭店新型业态

一、智能型自助饭店——我的客栈（My Inn）

世界第三大游轮公司丽星邮轮麾下的经济型饭店——“我的客栈”（My Inn）首店于2007年7月18日在杭州正式开业。除了99元一夜的低价外，该饭店与众不同之处是从进门到退房，顾客基本都是自助式刷卡服务，服务人员数量非常少。该饭店从2007年6月底开始试营业，仅一个月，入住率就超过50%。其客源主要是年轻人，所以大多数顾客都可以接受这种全自助式的服务。此种饭店形式在小型化的前提下尽可能地满足顾客对“整洁、安全、便利、高科技”的要求，而且能让顾客充分体验到游轮客舱安全与舒适的居室感觉及科技带来的便利。

首家我的客栈位于杭州上城区，该饭店外观由红色、粉红、淡绿等鲜明色彩组成，红灯笼是其图形标记，在房顶醒目位置用红色标着“99元”的大型字样。该饭店共有270多间客房，大多数客房为丽星邮轮规划的标准间，即12.5平方米客房，面积较小，房内没有安装电视，但其计划今后安装电脑和电视功能一体的屏幕，客房内只有简单的床、小桌和衣架，没有橱柜，且床单、被罩都是用一次性、可回收的无纺布制作的，这样可节省换洗成本和人力成本。卫生间面积很小，没有洗漱“六小件”等用品。客房层高较低，很像邮轮上的客房。

我的客栈客房都是整体安装。丽星邮轮有专门的合作制造工厂，在中国本土设厂制造标准规格的整体客房，包括卫生间、马桶、床、桌子，全部是一体式制造。饭店配套有丽星邮轮旅游产业链系列的“喜星”超市、洗衣房、商务中心、充电系统、火车票预订系统“乐游通”、IP电话系统等。所有这些服务都要用丽星邮轮发行的“我的卡”（My Card）自助完成。

由于采用“一站式”自助服务，我的客栈饭店服务人员数量很少，人力成本相当节约。270 多间客房仅有 40 多名员工，而一般同类饭店员工人数是饭店客房数量的 33% 左右，即 270 多间客房需要约 90 名员工。

智能型自助饭店在国外已经风行，但在中国由于技术和顾客消费理念等原因，一直没有该类饭店出现。莫泰曾经推出过自助型饭店莫泰 268，业界认为这仅为试水，还没有推广。我的客栈开业可以说是系统化的智能型自助饭店在中国市场正式亮相，但业界分析，由于需要自助操作一些设备，有些顾客，尤其是年龄偏大的顾客，可能一时间还不太适应这类模式，需要培养市场。

二、“紧凑型”新概念宾馆——Yotel

Yotel 是一种与传统宾馆理念背道而驰的新概念宾馆。其创始人是西蒙·伍德罗夫，最初的设计灵感来自英国航空公司的豪华舱和日本的廉价“胶囊旅馆”（Capsule Hotel），他经过三年的精心设计和 150 多次反复修改，这种世界上最为激进的宾馆终于诞生了。它为目前世界各地千篇一律的豪华饭店业注入新鲜血液，同时在这一行业唤起一场新的革命。

面积仅为 10.5 平方米的 Yotel 饭店房间可分为标准间和豪华间，房间内的基本设施包括电视及环绕立体声系统、Wi-Fi Access、有上千部电影可供下载、空调、可翻转的双人床、豪华浴室、豪华床上用品等，还可提供自动入住、自助结账等服务。其独特的镜面及情调灯光设计可消除顾客的压抑感，提升整体格调。

Yotel 宾馆中真正具有革命性的设计当属房间的窗户。它摒弃了传统的外开窗而采用内开窗，也就是说这些窗户朝走廊开，通过走廊内的反射机制和照明使房间内被自然地照亮。同时 Yotel 敢于选择一般宾馆不愿选择的市中心、机场，甚至地下空间，作为其建店地址。由于设计所获得的成本节省也使顾客获益匪浅，他们能够以相对较便宜的价格享受豪华饭店的入住体验。

三、主题饭店

（一）主题饭店的内涵

随着近几年饭店业的蓬勃发展，人们在生活水平不断提高的同时，对服务水平的要求也越来越高，仅仅提供住宿、餐饮、娱乐的传统旅游饭店已经不能满足人们的要求。于是，一种具有特色，给人以文化、个性感受的饭店——主题饭店便应运而生。相比传统饭店单一的服务形式、千篇一律的设施设备和模式化的服务，主题饭店具有不可比拟的优势。它从具有特点的主题入手，将服务项目融入主题之中，以个性化的服务代替刻板的服务模式，体现出对顾客的信任与尊重，满足了顾客的个性化需求，使顾客获得欢乐、知识和刺激，主题也成为顾客识别饭店特征的标志，并能刺激顾客产生消费行为。因此，饭店不再是单纯的住宿、餐饮设施，也是寻求特色与文化所在。

（二）主题饭店的特点

主题饭店的最大特点是赋予饭店某种主题，围绕既定的主题来营造饭店的经营气氛，饭店内所有的色彩、造型、产品、服务以及活动都为该主题服务。主题饭店除了具有特色鲜明的住宿、餐饮设施外，还非常注重主题文化的深度开发，注重相应环境氛围的营造，巧妙借助于环境突出其主题特色。主题除历史文化方面的以外，还可以选自体育、文学、电影、名人、科学等。无论何种文化定位都要选择一个主题，在此主题下营造相应的环境和程式，从而烘托出一种气氛和情调，以此产生吸引力和新鲜感。主题饭店的本质特性在于它的差异化、文化性和体验感。

（1）差异化。所谓差异化是指饭店凭借自身的技术优势、管理优势和服务优势，设计并生产出在性能、质量、价格、形象、销售等方面优于市场现有产品水平的产品，在消费者心目中树立起非凡的形象。它更直接地强调饭店与消费者的关系，通过饭店的平台，使消费者创造具有独特性的自我价值。

（2）文化性。不同的产品具有不同的内涵，对不同内涵的提炼和升华，就形成了主题。主题饭店的目的就在于推出和强化主题品牌及其内涵价值。因此，主题饭店产品的设计和开发要有更深的文化内涵的思考和立意更高的创意。

（3）体验感。创造体验是主题饭店产品的关键。主题饭店的顾客消费是以自身为目的的活动，是以活动本身为目的的体验。其中的商品是有形的，服务是无形的，而创造出的体验是令人难忘的。体验是内在的，存在于个人的心中，是个人在身体、情绪、知识上参与所得。

（三）主题饭店的发展历史

1. 主题饭店在国外的发展史

主题饭店在国外已有较长的历史。1958 年，美国加利福尼亚州玛利亚客栈率先推出 12 间主题房间，后来发展到 109 间，每个房间都有不同的主题。其中最著名的就是山顶洞人套房，这间套房完全利用天然的岩石做成地板、墙壁和天花板，房间内还有瀑布，连浴缸、淋浴喷头也由岩石制成，床单和摆设采用了美洲豹皮的图案，彰显出原始的气息，因此成为美国最具有代表性的主题饭店。美国拉斯维加斯是饭店之都，也是主题饭店之都。全世界 16 家最大的饭店，它占 15 家，客房总量 10 万间以上，每家饭店都各有特色。拉斯维加斯的主题饭店具有规模大、层次多、变化快的特点，饭店充分利用空间和高科技手段，配以大型的演出，使饭店增色不小。在其他国家和地区也有一些主题饭店，如：柏列吉欧饭店，模仿意大利北部同名小镇的景观建成，有 3 000 个房间，店前有一个 30 000 多平方米的人工湖，喷泉高达 72 米，水池舞台纵深 8 米，在上面经常表演水中舞蹈和特技魔术；金字塔饭店，以埃及金字塔为主题，外形是狮身人面像，有 4 407 个客房，是世界第三大度假饭店；米高梅饭店，有 5 005 个客房，是世界第二大饭店，以影城好莱坞为主题；雅典的卫城饭店，以雅典卫城为主题；维也纳的公园饭店，以历史音乐为主题；印尼巴厘岛建造了亚洲第一座摇滚音乐主题饭店。

2. 主题饭店在中国的发展史

主题饭店作为一种正在兴起的饭店形态，在我国的发展历史并不长，分布范围目前也基本在饭店业比较发达的广东、上海、深圳等地。我国第一家真正意义上的主题饭店是 2002 年 5 月在深圳开业的威尼斯饭店，它融合了欧洲文艺复兴和后现代主义的建筑风格，以威尼斯文化为主题进行装饰。广州番禺的长隆饭店是一家以回归大自然为主题的饭店。在上海，有些饭店以老照片、老绘画、老服饰、老环境营造怀旧主题，也都妙趣横生。此外，在香港，迪士尼乐园饭店和迪士尼好莱坞饭店都是以迪士尼为主题的饭店，香港的柏丽饭店则是一家以科技为主题的饭店。

主题饭店是市场竞争的必然产物，也是饭店竞争进入高层次文化竞争的表征。主题饭店的出现，标志着饭店设计理念的一个飞跃，也意味着对传统、千篇一律、类同化的饭店外观和装饰风格的一种创新，预示着饭店业与时俱进地跨上了一个新的台阶。

主题饭店虽然在我国还是新生事物，但作为国际饭店业发展的新趋势，为处于激烈竞争态势下的我国饭店发展提供了新的思路，拓宽了视野，是我国饭店未来的发展方向之一。

（四）主题饭店未来发展方向

饭店业的本质是体验经济，有特色的饭店才具有竞争力，主题饭店应该在提供顾客体验方面有独到之处，既迎合顾客追求的消费方式，也给顾客的内在需要提供满足感。现在全国的主题饭店已有200多家，未来主题饭店将成为一个趋势。主题饭店并非简单的文化加饭店，最重要的是要找到一个城市文化和顾客心理的结合点，让顾客接受饭店的设计理念，确保饭店设计的产品是顾客感兴趣的。

因此，主题饭店市场的细化是其未来发展的必然选择，以独特的文化产品，满足细分消费群体的个性需求，从而获得稳定的客源与持久的发展。对主题饭店进行市场细分有利于确定目标顾客，开发主题产品；选择具有购买力且对主题饭店主题文化保持兴趣的目标客户群，有效地了解和分析发现未被满足的顾客需求与市场空白，及时与顾客群体进行沟通，捕捉市场机会，使得饭店获取市场和客源信息的速度加快，能够将人力、物力、财力等资源集中到某一特定的细分市场，优化饭店资源；根据市场变化调整营销策略，及时设计、改进饭店产品，以适应旅游市场的不断变化发展。

★知识链接

中国首家高尔夫博物馆主题饭店面世

广州金马九龙湖在第七届皇家杯欧亚高尔夫对抗赛开幕前，全新推出了中国首家以高尔夫博物馆为主题的精品饭店——九龙湖国王饭店，作为皇家杯参赛球员指定接待饭店。

九龙湖国王饭店位于九龙湖国王球场会所（如图3-4所示），饭店由四层楼共61间客房组成，分四大功能展区：一层是博物馆高尔夫历史文化主展区及高尔夫主题餐厅；二层到四层为主题客房区。其中，二层主题为大师赛之奥古斯塔传奇，设有22间客房；三层主题为美国公开赛之历史顶级球星故事，设有23间客房；四层主题为英国公开赛之英伦经典高尔夫趣闻，设有16间客房。饭店主题客房分精致套房、雅致套房、极致套房、总统套房四种类型，各类型套房面积39～416平方米不等。

九龙湖国王饭店以高尔夫博物馆的形式呈现，别具一格。从饭店大堂开始，顾客便能感受到浓郁的高尔夫历史和文化氛围。一层博物馆展区展出了众多记载高尔夫起源及历史文化的画像和物品，还有多个展柜展出了多件首次在亚洲展出的珍贵高尔夫物品，如一支挂满金银球的银质球棒，它记录了在皇家古老高尔夫球俱乐部每年都举行的一个传统的队长接任仪式。

图 3-4 九龙湖国王球场会所

置身于九龙湖国王饭店，不论是对高尔夫历史的回顾，还是对四大满贯赛事的向往，抑或是对以高尔夫文化为主题的油画的欣赏，对高尔夫大师们的敬仰，其浓郁的高尔夫文化氛围总在不停地提醒参观者：高尔夫不仅仅是一项运动，更能引起你对高尔夫文化的思考，对高尔夫文化追本溯源和一探究竟的欲望。

四、精品饭店

（一）精品饭店的内涵

20 世纪 80 年代，顾客需求的多样化突破了西方饭店产品的标准化，精品饭店应运而生，并以其个性化的文化体验和优质服务广受欢迎。精品饭店英文为 Boutique Hotel，其中“Boutique”一词有时尚、个性化的含义，原本是指巴黎销售奢侈品的创意小精品店，用于此处也强调了精品饭店具有鲜明文化内涵的特点。精品饭店起源于欧洲，发展于美国。

精品饭店创始人伊恩·施拉格将精品饭店定义为：如果将各色的集团饭店比作百货商场，那么精品饭店就是专门出售某类精品的小型专业商店。因此，精品饭店是指规模小并提供贴身管家式的服务的饭店，其以独特、个性化的居住环境及贴身管家式的服务，将自己与标准化的大型连锁饭店相区别。

与主题饭店相比，精品饭店更突出其新奇的特征。饭店无论设计、装饰或服务都充满个性，给顾客独一无二的感受。其所面向的顾客市场更加细化，市场形象清晰，顾客都是能分辨细微文化差异的上层人士，并且从饭店整体风格设计到为顾客提供的每一项服务都更注重细节。

（二）精品饭店的特征

精品饭店打破了传统饭店的布局模式，其突出特点是“小而精”。

1. 小

首先，规模小。规模小表现在精品饭店客房数目较少，配置比高星级饭店精简。尽管精品饭店的具体客房数没有统一标准，但多数学者认为客房数应在100间以下。有限的规模能保证每个顾客受到充分的关注，从而为设计和实施精细化、个性化服务提供保障。

其次，小众化。精品饭店是饭店市场高度细分过程中出现的特殊产品，房价标准一般不低于相同城市五星级饭店平均价格。精品饭店的资源特点决定了其目标客户群是具有殷实经济基础的高端消费群体，他们大多眼光独到，寻求崭新、时尚、舒适的住宿体验，并且有着特定的品位要求，能够理解和感受精品饭店所传递的文化和设计因素。

2. 精

首先，产品精致。精品饭店在产品和产品要素的配置过程中竭力追求高层次的品位，对于核心产品——“住与食”，精品饭店寻求的是不局限于顾客的基本满足而希望能超出预期。相比其他饭店，精品饭店愿意为顾客提供尽可能宽敞的房间，营造舒适的入住环境；许多精品饭店都配有特色餐饮，如上海英迪格饭店 Char 餐厅提供澳洲牛排加海鲜；精品饭店还善于运用高新科技产品，让顾客感受到尖端科技提供的便利，条件允许时，甚至提供康体、疗养等服务，如上海璞丽饭店提供国际知名品牌 SPA。

其次，服务精细。精品饭店提倡高度人性化和定制化服务，使每个顾客都能得到充分关注并享受周到的服务。有的饭店为体现精细化极力倡导和采用“管家式”服务，用一对一的服务来更好地了解顾客需求；有的饭店为顾客量身定制标准，没有固定的模式，既可能是很精细、殷勤的一套服务程序，也可能是随意亲切的一种服务风格。

3. 特

首先，设计个性化。精品饭店注重饭店设计，通常将大量资金投入饭店设计装修中。精品饭店的设计风格注重地方文化特色或当地历史元素，并融入最新的设计理念和时尚元素，使民族特色或地域特征得到展示。

其次，氛围个性化。精品饭店禁用金碧辉煌来营造奢华感，色彩的选用一般倾向冷色调，使饭店有种低调的奢华感，在充满艺术氛围、时尚格调的饭店室内装修的烘托下，营造出顾客享受服务的环境。除此之外，精品饭店还注重私密性，如上海家饭店藏身于南京西路繁华的闹市中，入口很小且低调，除非特别留意，否则很难发现。

4. 注重顾客体验

顾客不仅仅追求由标准化服务带来的安全舒适感，更希望能从饭店得到越来越不一样的住宿体验和感受。精品饭店通过提供个性的产品、独特的饭店内部环境、注入情感的服务，给顾客以感官上的体验及精神上的愉悦，并最终形成自我身份的确认。

（三）精品饭店的国内外发展现状

按照全球分布的数量与等级，精品饭店目前主要集中在以下几个地区。数量最多且豪华的是欧美发达国家，知名饭店有纽约 Soho house、巴黎 Hotel Le Lavoisier、伦敦 High Road House 等；其次是加拿大、墨西哥和澳大利亚，有蒙特利尔 Gault 饭店、墨西哥 Distrito Capita 饭店、澳大利亚 Palazzo Versace 等；最后是亚洲经济、旅游业较发达的地区，有曼谷 The Eugenia、新加坡 The Scarlet、东京柏悦、香港 JIA 饭店等。

万豪、喜达屋、雅高、洲际等饭店集团已创立了各自的精品饭店品牌。同时专门从事其开发与运营的饭店集团开始出现，如悦榕度假饭店集团、安曼集团、GHM 饭店集团等。

21 世纪初，精品饭店的概念开始引入中国，上海、北京等大城市最早出现精品饭店。

短短十几年，精品饭店在我国发展迅速，目前主要集中于上海、北京、杭州、南京等经济发达的城市，以及三亚、丽江、张家界、九寨沟等。例如，上海的马勒别墅饭店和新天地 88 饭店、北京长城脚下的公社——凯宾斯基饭店、云南丽江的悦榕庄花园别墅饭店等，这几家饭店各具特色，是国内精品饭店的代表。

（四）小型精品饭店可获评五星级

国家标准《旅游饭店星级的划分与评定》（GB/T 14308—2010）于 2011 年 1 月 1 日实施。该标准规定，小型精品饭店可以直接申请评定五星级。申请评定五星级精品饭店要具有主题性、差异化的饭店环境等特点，并且拥有特殊的客户群体，服务个性化、定制化、精细化。此外，平均房价应连续两年居省（自治区、直辖市）所在地饭店前列，且能得到市场认同、行业认同和相关管理部门认同的小型精品饭店，也可申请评定五星级饭店。

精品饭店具有独特的外观建筑、精巧的室内装饰、浓厚的文化氛围、高雅的品位格调、较小的经营规模、贴身的个性服务、昂贵的产品价格、特定的顾客群体等特点，注重更个性化的服务、更独特的设计、更考究的细节，为顾客提供在传统星级饭店之外更为别样的选择，因而有着更为广阔的发展前景。

五、绿色饭店

绿色饭店是指运用安全、环保、健康理念，坚持绿色管理，倡导绿色消费，保护生态和合理使用资源的饭店，其核心是在为顾客提供符合环保、健康要求的绿色客房和绿色餐饮的基础上，在生产过程中加强对环境的保护和资源的合理利用。

以一家大型饭店为例，燃料和水电费要占正常营业额的5%左右，占全部营业费用的25%左右。节能减排可以帮助企业平均节电 15%、节水 10%。从这些数据就可以看出建设绿色饭店的重要性。

绿色饭店可从绿色建筑、绿色设计、绿色客房、绿色厨房等方面加大建设力度。同时在建设过程中，应利用各类绿色新技术、新产品，以达到后期节能减排的作用。在经营管理上，要在方方面面采取保护生态和合理使用资源的措施，并让每一个人都参与进来。

六、产权式饭店

（一）产权式饭店的概念

产权式饭店起源于 20 世纪 70 年代的美国，主要分布在气候温和的旅游度假胜地。时权饭店（Timeshare）是产权式饭店的雏形，经过不断发展而演变为产权式饭店。产权式饭店是指饭店开发商把具有独立产权的饭店房间分割后出售给投资者，投资者再将客房以整体协议委托的方式，让饭店管理公司进行统一的管理与经营。此外，投资者每年还可以取得一定时间的免费入住权利，并可以按期从饭店管理公司取得客房经营收入的分红。投资者一般不在饭店居住，而是将客房委托饭店经营管理，取得投资回报。从本质上看，产权式饭店属于具有投资性质的饭店范畴，购买者购买的目的是投资而非自住。产权式饭店的实质就是“分时度假＋房产投资”。

（二）产权式饭店的特征

第一，一般模式的饭店管理。作为饭店分支的一种，产权式饭店能够提供多种服务，如桑拿浴、餐饮等。在这一点上，产权式饭店与其他饭店模式区别不大，不过管理成本却高于一般饭店。

第二，业主拥有独立产权。饭店客房业主可以一次性、分期、按揭等多种方式获取产权，并可以拥有所有权。不过，业主没有经营权。

第三，投资与旅游，两者兼备。产权式饭店不但可以作为度假入住的饭店，同时也可以作为一项投资。

第五节　特殊饭店

一、盐旅馆

用盐打造一座旅馆，听上去是不是不可思议？在玻利维亚西南部的乌尤尼盐滩就有一座盐旅馆（如图 3-5 所示）。旅馆由内至外，包括大部分家具都由盐制成。乌尤尼盐滩位于海拔 3 700 米的山区，是世界上最大的盐滩。数万年前，这里是一个巨大的湖泊，之后逐渐干涸，形成两个大盐水湖和两个大盐滩，乌尤尼盐滩就是其中之一。盐旅馆充分利用其原有资源，不仅以新奇吸引了顾客，同时也环保。在盐滩，白色的盐旅馆和蓝天相映衬，给人留下深刻印象。

图 3-5　盐旅馆

盐旅馆的墙壁和柱子都是由盐块垒成，再用水黏合在一起。每到下雨时，盐块还会因为雨水变得更加坚固。在旅馆的地上还铺着厚厚的一层盐，踩上去柔软舒适。此外，旅馆的大部分家具也是盐做的，包括床、桌椅和台球桌等。

盐旅馆共设有 27 间客房，所有客房都有 24 小时的热水和暖气供应。标准间加早餐的费用是每天 84 英镑。很多顾客会舔舔墙壁，尝尝是否真的是盐。不过，旅馆已经要求顾客不要舔墙壁，以免墙壁越来越薄。

二、海底旅馆

海底是神秘而又令人向往的。人们对海底世界充满好奇，渴望能够与海洋生物亲密接触。世界各地的海底旅馆（如图3-6所示）帮人们实现了这个梦想，带给游客最真实的海底生活体验。

图3-6 海底旅馆

海神号海底饭店位于南太平洋岛国斐济境内的一个私人小岛上，拥有12米深的海底客房，270°的广角视野，供顾客饱览珊瑚礁和水中生态景观。当顾客在水下醒来，会看到数以千计充满活力和五颜六色的鱼在周围游泳。这些都带给顾客一种迷幻绚丽、超自然的亲身体验。

饭店与陆地之间由一个隧道连接，顾客只需要乘坐自动扶梯，穿过隧道，便可以置身于海底世界。饭店里的温度和大气压被设置得和地面一致，顾客不必担心会感觉不适。虽然与海中的生物仅咫尺之遥，但顾客们完全不必为自身的安全担忧，整个饭店由一个钢筋框架构筑，透明的玻璃门窗则由高科技密封材料制成，海底生物再凶猛也难以破门而入。

三、冰旅馆

1989年冬天，瑞典北部小镇尤卡斯维亚的村民用村边托恩河里结的冰建起了一座60平方米的冰房子，用来作旅馆，这一奇思妙想立即吸引了世界各地的游客。这便是瑞典ICE-HOTEL，世界上第一家冰旅馆（如图3-7所示），也是全世界最大的冰建筑物。

20多年来，ICEHOTEL已经从60平方米的冰屋子发展成5 500平方米的奇妙冰雪建筑，用冰创造出了光怪陆离、五彩缤纷的气氛。冰旅馆设有47间冰客房，宽敞漂亮的客房内，除了大冰床外还有盖着驯鹿皮的冰沙发、冰茶几、冰桌子和各种冰雕及冰做的墙饰，衬着各色灯光精致如梦，每个套房都由来自世界各地的艺术家精心设计，主题和装饰都不一样，为

图 3-7　冰旅馆

游客提供梦幻般的住宿体验。不仅如此，游客还可以在纯洁晶莹的冰教堂举行意义非凡的婚礼，体验拉普兰德萨米人的生活风俗。

四、水泥管旅馆

水泥管往往是无家可归的流浪者的栖身之所，任何人都不可能把水泥管和饭店挂上钩，但是在奥地利就有一家水泥管旅馆（如图 3-8 所示）。

图 3-8　水泥管旅馆

这家名为 Das Park Hotel 的个性饭店，没有华丽的大厅、亲切的门童，有的就是近 3 米长的巨大水泥管。其位于多瑙河附近的绿地上。设计师将其设计成三角形结构，像金字塔一样堆叠在一起。不仅视觉体验极佳，而且与周围的环境完美地结合在一起。路人会认为这是艺术品或城市雕塑之类，但其实不然，它们都是实实在在的饭店的一部分。

这些直径 2 米的水泥管一端被堵死，装有一扇窗户，另一端有一扇门，顶部是一个半圆形的全景天窗，有些还在侧面开了一个小窗户，里面则被布置成一间简易客房，只有一张双人床和储物空间。旅馆另外提供单独的浴室和卫生间。水泥管两头的门和窗户用玻璃制作，入住的顾客躺在床上就能看到周围的景色。由于其住宿方式不同寻常，吸引了不少游客入住。

五、悬崖饭店

将饭店建在悬崖上不是天方夜谭，其实早已有饭店做此尝试。悬崖饭店（如图3-9所示）的险要地势为顾客带来了无限风光，顾客在欣赏绝佳风景的同时也度过了一个“心惊肉跳”的夜晚。

图3-9　悬崖饭店

位于勃朗峰上的悬崖旅馆，号称世界最恐怖的旅馆，它位于阿尔卑斯山的锯齿岩壁上，半个身子探出悬崖，远远望去仿佛摇摇欲坠。它由一架直升机吊至勃朗峰海拔2 830米的一处悬崖上。旅馆整体采用白色和红色的管形金属打造，共有12张床、一间起居室、一间厨房和一个卫生间，照明、采暖等所用能源来自客房顶部的太阳能电池板。客房靠近悬崖的那一面是一整块玻璃，登山者可以在这里喝着咖啡，看外面山峦起伏、白雪皑皑。

六、深坑饭店

2013年，挑战人类对地下空间运用极限的上海佘山“深坑饭店”（如图3-10所示）正式动工。这座饭店最引人注目的就是建在了深坑里，建成后，它将成为世界上海拔最低的饭店。

上海地区地质结构不稳定，长三角地区下渗水均特别严重，不过深坑饭店所选地段地质结构为安山岩，较为坚固，在建筑设计和施工方面有很好的基础保障。深坑饭店的地址是在一座废弃的采石坑中，周边是陡峭的岩石壁，防震是极其重要的，设计团队通过一系列模拟测试反复检查建筑设计的强度和抗震性能，最终确保深坑饭店可抗9级以上地震。因为是深

图 3-10　深坑饭店

坑饭店，消防逃生需要自下而上，所以设计团队进行了创新设计，饭店任何一个阳台均与消防通道相连。因为水往低处流，为防积水，确定安装一部抽水泵以确保每日湖中水位变化不超过 500 毫米。

建成后上海佘山世茂深坑饭店拥有 370 间客房，共 19 层，其中坑上有 3 层，为饭店大堂、会议中心及餐饮娱乐中心等；坑下（水上部分）的 14 层为饭店主体，主要为标准客房；水下 2 层则为水下情景套房和餐厅、SPA 间等。

饭店因为建造于深坑中，所以有很多亮点。饭店水下客房的外围设置 2 米纵深的水族箱、各种人造主题的水族馆，其以强烈的视觉识别性、舒适的体验性，使顾客从就餐到就寝均能体验到风格各异、特色鲜明的热带珊瑚礁风景。水上客房也均设有观景露台，直接面对坑壁落差近百米的瀑布，形成虚与实、动与静的对比。

七、垃圾旅馆

西班牙首都马德里市中心的卡亚奥广场有一座由垃圾组成的旅馆（如图 3-11 所示），旅馆从建筑外墙到房间摆设，都是用垃圾制作成的。

这间旅馆 30% ~40% 的材料来自英国、法国、德国、意大利和西班牙的海滩。旅馆外墙的装饰品中有塑料鼓、木头框子、乐器、袜子、轮胎和书籍等；旅馆里的 5 个房间，内部装饰的材料也十分丰富，包括锈迹斑斑的路灯、摇摇欲坠的餐具橱柜、破烂的波斯地毯等。旅馆外还有一小片沙地和棕榈树，象征着海滩。

旅馆由德国艺术家哈·舒尔茨为配合在马德里举行的年度世界旅游大会而设计的，使用从许多欧洲国家海滩上捡来的垃圾建造而成，其目的是提醒人们在旅游时注意保护环境。旅馆也因此取名为“拯救海滩”。

拯救海滩虽然没有普通旅馆的舒适和温馨，但对人们的吸引力丝毫不弱。它与众不同，吸引着来自世界各地的游客。旅馆门口的通告牌上有这样一条标语：“10 个西班牙人中就有 1 个因为海滩太脏而不再去海滩，另外还有 40% 的欧洲人也是这样做的。”

图 3-11　垃圾旅馆

八、太空旅馆

看着各类关于飞船发射成功、宇航员遨游太空的电视报道，是不是勾起了自己的飞天梦想？这些好似天方夜谭的梦想，却离我们的生活越来越近。

太空旅行其实并没有那么遥远，俄罗斯轨道科技公司计划在距地面 217 英里[①]的太空轨道打造太空旅馆（如图 3-12 所示）。太空旅馆将设 4 个舱，一次可供 7 名旅客入住。旅客将先搭乘俄罗斯“联盟”号宇宙飞船经过两天航行后抵达预定轨道，随后便可在太空旅馆中尽享 5 天的奢华假期。

图 3-12　太空旅馆

之前国际空间站的宇航员吃的是经过冷冻、干燥处理的管状食品，而且从离地的那天起便告别了舒服的淋浴，只能用海绵擦拭身体。然而太空旅馆将与宇航员的艰苦生活完全不

① 1 英里 =1 609. 344 米。

同，不仅为旅客提供特殊的住宿环境，也提供舒适的生活环境。

太空旅馆的食物都是先在地面上做好，在太空旅馆里用微波炉加热食用，旅客可以吃到红烧牛肉、野山菌、豌豆泥、土豆汤和水果等丰盛的食物。太空旅馆内还设有冰箱，旅客可喝到茶、矿泉水、果汁等多种冰镇饮料，但饮酒却是被严厉禁止的。淋浴间也必不可少，全密闭式的设计能够有效防止水珠四处乱飞，以免发生危险。由于失重，太空旅客在睡觉时既可平躺，也可直立。旅馆内的空气总是新鲜的，因为空气过滤系统会除掉舱内的异味和细菌。太空旅馆还配有水循环系统，废水将被处理后二次使用。

太空之旅的一大诱人之处便是欣赏蔚蓝的地球、浩瀚的星河。俄罗斯的太空旅馆不但为旅客提供大型观景舷窗，还在旅馆的监控室中配有双筒望远镜和照相机，旅客可以借此畅享星系美景。

该项目已在2016年完成，每位旅客5天的住宿费是10万英镑，另外还须支付50万英镑的“机票费”。旅行的价格并不便宜，不过目前大约有9家私营公司看好这个市场，准备进入该领域。未来太空旅游的价格会逐渐降低。

九、井底旅馆

非洲国家马里气候炎热，素有“世界锅炉”“赤道火国”之称，而斐巴摩纳更是马里最热的地方，这里年平均气温达45℃，而最热的季节则高达56℃。到这样的地方去旅游，晚上睡觉可是一大考验。不过聪明的当地人为了吸引国外游客，想出了一个帮助游客免受酷热之苦的妙招——挖口井，把旅馆建在井下。

他们先从地面上掘一口30米深的井，然后在井的周围挖几个高约2米的洞，再在里面摆上几张床铺，这样就变成了一个客房。井底旅馆的室温一般在13℃～20℃，真称得上是四季如春。

据悉，斐巴摩纳最有名的井底旅馆是兹勒库井底旅馆。该旅馆共有33口井，卧室、餐厅、电影院、游戏厅，一应俱全。

十、残疾人旅馆

在残疾人旅馆，顾客看不到门槛和台阶。顾客从大街上或停车场乘轮椅可直接到达指定的楼层和房间。旅馆采用先进的电子控制技术，客房的门锁、电源开关都是遥控的。聋哑顾客的房间里还专门安装了重听装置和光电信号发送器。旅馆安装了几种类型的浴盆，供不同情况的顾客使用。旅馆还设立了康复中心，在那顾客可以接受矿泉疗法、体操疗法、电疗、按摩等治疗。

十一、古堡旅馆

美国一些著名风景胜地仿照欧洲古代王宫模式建造了古堡式旅馆。旅馆内可以看到艺术雕像林立的御花园、画舫漂荡的天鹅湖、表演古典宫廷舞蹈的舞池、烛光辉煌的宴会大厅，还有射箭场和高尔夫球场。旅馆的服务员一律身着古代宫女和骑士的服装。游客好像真的生活在18世纪欧洲王宫里，乐趣无穷。

十二、坟墓旅馆

印度艾哈迈德巴德市有一家已有40年历史的旅馆。这家旅馆算不上豪华，却非常有特色，因为它建造在公墓里。

旅馆的主要陈设为22座坟墓——这可是货真价实的坟墓。每座坟墓之间用桌椅隔开，顾客就餐时只能战战兢兢地坐在坟墓旁边，享受站在坟头上的侍者为自己提供的服务。有意思的是，这座旅馆居然被称为“幸运旅馆”。据老板介绍，这里本是一块穆斯林墓地，后来地方政府打算作他用。当他听到这个消息后，决定买下这块土地，因为这里安葬着许多印度诗人和圣徒。几年后，他在墓地外围建起了这家旅馆。如今，服务生们每天早晨都要擦拭墓碑，并在墓前摆上鲜花迎接顾客。不过，多数外国游客对它仍是望而却步，因为“这里到处都是棺木，令人毛骨悚然”。

十三、吸血鬼旅馆

自恐怖文学流行之后，一些聪明的旅店店主开始用鬼怪做招牌来吸引顾客。吸血鬼旅馆位于罗马尼亚的卡巴希恩山上。顾客要到这里投宿，必须乘马车穿过山中幽深的森林，其情景总让人想起好莱坞电影《夜访吸血鬼》中基努·李维斯访问德库拉伯爵时的情景，从而使该旅馆更加显得神秘莫测。最让人吃惊的是，每有顾客到访，都会有工作人员装扮成“吸血鬼”从棺材里跳出来以示欢迎。

十四、树上旅馆

树上旅馆位于肯尼亚西南部。1932年，在肯尼亚定居的英国退伍军官埃里克·沃克试图从高处观察非洲的野生动物，于是，他在一株茂密的无花果树上搭建了世界上第一间树上旅馆。不幸的是，20世纪该旅馆在一场森林大火中被焚毁，后来地方当局为了吸引世界各国的游人，于1954年在原址的对面重新修建了一座树上旅馆。

新建的树上旅馆是一幢两层的木质建筑，底层距地面约10米。旅馆内有38间客房，还有一个餐厅和两个酒吧间。屋顶是一个宽敞的平台，游客在这里可以居高临下地观赏热带雨林的无限风光。

据了解，在这家旅馆住一晚要花费几百美元，并且需要提前几个月预订。

十五、免费旅馆

美国的肥胖症患者越来越多，为了鼓励人们减肥，芝加哥的一家旅馆贴出一个告示：如果顾客的体重没有超过一定的指标，那就可以免费住宿。

据悉，这家旅馆只有双人客房，接待对象大多为外出旅行或度蜜月的夫妻。只要夫妻两人的体重加起来不足200磅（90.72千克），就可以不用付钱舒舒服服地住上一夜。实际上，能享受这项优惠的夫妻寥寥无几。不过，因为有了“免费住宿”的招牌，该旅店的名声不胫而走，生意越来越红火。

★案例分析

世界首家飞机旅馆

世界上首家飞机旅馆（如图3-13所示）位于瑞典斯德哥尔摩，这家旅馆由一架退役的波音747飞机改造而成。

图3-13　飞机旅馆

睡在飞机机舱内宽大的床上，这种感觉恐怕只有国家总统或超级富翁才能体验到。如果你有机会到瑞典的斯德哥尔摩旅游，到达Arlanda机场后入住一家位于机场入口处的特殊饭店——Jumbo Hostel，就可以体验到这种感觉。

飞机旅馆每个房间约20平方英尺，撤掉了波音747飞机原来配备的电缆和其他配线；天花板有13英尺高。舱顶行李箱被固定在墙上，便于放置物品。所有房间都有免费的无线互联网接入和用于出入监控的平板电视。飞机旅馆的价格不贵，有类似饭店的配套设备。用作休息室的波音747飞机上层依然保持原来的样子，原来的座位、服务区也原封未动。

这架飞机的头等舱被改成一间有20个座位的咖啡厅（如图3-14所示），提供餐点、三明治、沙拉、咖啡和蛋糕，24小时开放。入住旅馆的新婚夫妇可以在机翼上举行婚礼，并入住设在驾驶员座舱的蜜月豪华套房。旅客们还可以免费使用飞机的紧急出口，登上机翼，看外面的风景。

飞机旅馆在其官方网站上接受预订，客房每晚350克朗（约45美元）起价，豪华包房的价格为每晚1 350克朗（约175美元）。

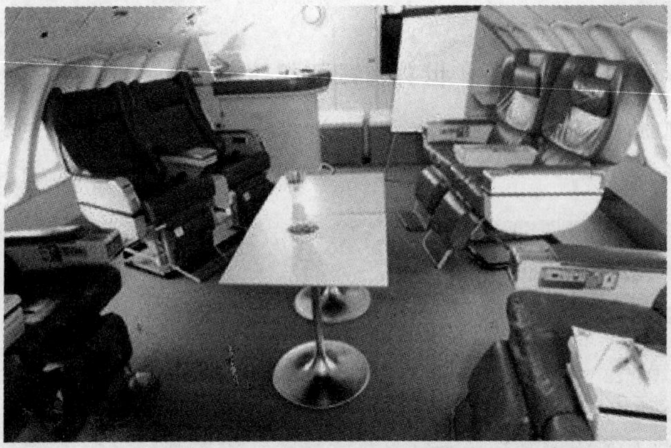

图 3-14 飞机旅馆里的咖啡厅

案例讨论题

结合案例，谈谈飞机旅馆属于哪种饭店业态类型，此类型饭店有什么特点。

思考与练习

1. 饭店可以划分为哪些基本类型？
2. 商务饭店的特点是什么？
3. 会议型饭店的分类及会议顾客的消费特点是什么？
4. 度假饭店分为哪几类？度假饭店与商务饭店的区别是什么？
5. 除基本业态分类外，饭店还可以进行哪些分类？
6. 什么是 My Inn？什么是 Yotel？
7. 什么是主题饭店？主题饭店最大的特点是什么？
8. 精品饭店的特征是什么？
9. 什么是绿色饭店？
10. 什么是产权式饭店？

第四章

饭店业等级制度

★教学目标

1. 了解实施饭店业等级制度的目的与作用。
2. 掌握国际上采用的饭店等级制度与表示方法。
3. 掌握我国饭店星级制度经历的阶段。
4. 掌握2010年新版《旅游饭店星级的划分与评定》的修订背景、特点、导向及历史贡献。
5. 重点掌握我国饭店业的星级标准；熟悉新形势下我国星级饭店遇到的特殊情况及发展建议。

★重要概念

星级制　第三方组织　中国饭店业星级标准体系

第一节　饭店业等级制度概述

随着第二次世界大战后世界饭店业的迅速发展，各国政府和饭店业团体机构依据饭店的建筑、设施设备、清洁卫生、服务质量等标准，将饭店划分为不同的等级。所谓饭店等级是指一家饭店按上述标准所达到的水准和级别，并按照不同国家的具体规定，以不同的标志表示出来，在饭店的显著位置公之于众。

一、饭店业实施等级制度的目的与作用

饭店等级制度为国际旅游业通用，是世界旅游发达国家通行的一项制度。饭店实施等级制度的目的与作用主要表现在以下几个方面：

（一）利于维护顾客权益

饭店的等级标志本身是对饭店设施与服务质量的一种鉴定与保证。对饭店进行分级，可以让顾客在预订或消费之前，对饭店有一定的了解，并根据自身的需求和消费能力进行选择。同时，也可以有效地指导顾客选择饭店，获得物有所值的服务，保障顾客的合法权益。

（二）便于行业监督管理

饭店企业的服务水平和管理水平，对消费者及所在国家和地区的形象和利益均有重要影响。许多国家的政府机构或行业组织，都将颁布和实施饭店等级制度作为行业管理与行业规范的一种手段，利用饭店的定级对饭店的经营和管理进行监督，使饭店将公众利益和社会利益结合在一起。

（三）利于促进饭店业发展

饭店的等级，从经营的角度看，也是一种促销手段，有利于明确饭店的市场定位，并针对目标市场更好地展示饭店的产品和形象，同时也有利于同行业间平等、公平竞争，可以促进不同等级的饭店不断完善设施和服务，提高管理水平，维护饭店的信誉。对接待国际旅游者的饭店来说，也便于进行国际比较，促进饭店业的不断发展。

（四）利于增强员工责任感、荣誉感和自豪感

对饭店进行分级定级，可以提高饭店全体员工的参与性，增强员工争级、保级、升级的责任感，激发员工的工作热情。定级或升级的成功可增强员工的荣誉感和自豪感，从而可提高饭店的凝聚力和竞争力，有利于饭店获得持续发展的内在动力。

二、饭店的分级方法

饭店业的分级制度目前在世界上应用较为广泛，尤其在欧洲更是被普遍采用。每个国家饭店业的情况不同，采用的分级制度各不相同，用以表示级别的标志与名称也不一致。迄今为止，国际上对饭店等级尚未有统一的标准，因而也就不存在所谓的“国际标准”。尽管如此，各国饭店分级定级的依据和内容却十分相似，通常都从饭店的地理位置、环境条件、建筑设计布局、内部装潢、设备设施配置、维修保养状况、服务项目、清洁卫生、管理水平、服务水平等方面进行评定。

目前，国际上采用的饭店等级制度与表示方法大概有以下几种：

（一）星级制

星级制是把饭店根据一定的标准分成等级，分别用星号（★）来表示，以区别其他等级的制度。比较盛行的是五星制级别，星越多表示等级越高。这种星级制在欧洲应用十分普遍，如法国采用一星级至五星级，摩纳哥采用四星豪华、四星、三星、二星、一星的制度。我国也采用五星级制。

（二）字母表示法

许多国家将饭店的等级用英文字母表示，即 A、B、C、D、E 五级，A 为最高级，E 为最低级，如希腊就采用这种表示方法。有的国家虽然分为五级，却用 A、B、C、D 4 个字母

表示，最高级用 A1 或特别豪华级来表示，如奥地利采用 A1、A、B、C、D 五级，阿根廷为特别豪华、A、B、C、D 五级。

（三）数字表示法

数字表示法是用数字表示饭店的等级，一般最高级用豪华表示，继豪华之后由高到低依次为一、二、三、四，数字越大，档次越低，如意大利和阿尔及利亚的饭店等级标志为豪华、第一、第二、第三、第四。

此外，还有一些等级划分法，如价格表示法或以类代等，即用饭店的价格或类别代替等级，并用文字表示出来。例如，瑞士饭店的价格分为一至六级。

等级制度的划分是十分严格和重要的，一般由政府有关部门或权威机构做出评定，但不同的国家评定饭店的机构不完全一样。国外比较多的是政府部门和饭店企业或旅游业的协会共同评定；也有一些地区是由几个国家的饭店协会联合制定统一的标准，共同评定。有些国家强制性规定饭店必须参加评定等级，有的则由饭店企业自愿申请参加评定。此外，在一些欧美国家，是由汽车协会对住宿设施级别进行评定的。例如，英国的皇家汽车俱乐部与英国汽车俱乐部、荷兰的皇家汽车俱乐部与美国的协会都制定出自己的饭店评级制度，对该组织评定出来的级别也颁发证书与标志，定期进行复查、核查。我国饭店等级的评定主要由国家主管旅游业的职能部门（国家旅游局和商务部的中国饭店协会）根据各自所管理和监督的范围进行评定，饭店企业自愿申请参加评定。

当然，无论用哪种方法评定等级，也无论由谁来评定，都必须按照等级划分的有关要求和标准来进行，还要有一套完备的申请、调查、复查与抽查的鉴定程序。定级单位有根据规定对已定级的饭店进行降级或除名处理的权力，同时，饭店也有权主动要求进行升级鉴定或取消已定的级别。

三、各国饭店分级的标准

分级标准是实施饭店分级的依据，是分级体系中最重要的技术文件。每个国家的分级标准不尽相同，对各国的分级标准进行比较，可以了解各国标准的共性和个性，并对进一步完善我国的分级标准有启发作用。

（一）实施主体

总体来说，对饭店实施分级的主体分为政府、协会和第三方组织三大类别。

由政府实施饭店分级的国家主要有埃及、土耳其、阿联酋、意大利、罗马尼亚、英国、加拿大、中国等。政府实施饭店分级主要是出于行业管理的需要。我国在旅游业发展战略上坚持政府主导，由政府组织实施饭店分级，在引导本国饭店业的软硬件建设与国际接轨方面发挥了积极作用。

由行业协会实施饭店分级的国家主要有奥地利、瑞士、丹麦、法国、德国等。代表欧洲 24 个国家 39 个饭店、餐馆、咖啡店等行业组织的联合体提出要统一欧洲饭店分级标准，2007 年设立了欧洲饭店业质量评价体系，对各国的饭店评级机构进行合格认证。在 HOTREC 的支持下，奥地利、捷克、德国、匈牙利、荷兰、瑞典和瑞士的饭店协会创建了“饭店星级联盟”，2009 年 9 月 14 日，该联盟发布了以德国标准为蓝本的饭店分级标准，自

2010 年 1 月开始在大部分欧洲国家实施。

第三方组织广义上是指除政府、饭店行业协会之外的各种组织，包括旅行批发商、旅行杂志、旅行网站、学术机构等。第三方组织实施分级往往带有其自身的商业目的，有的是为获得广告收入，有的是为其会员提供信息等。由第三方组织实施饭店分级的代表国家是美国。美国主要的第三方饭店分级组织有两个：一个是美国汽车协会（American Automobile Association，AAA）对饭店实施“钻石”分级；另一个是《福布斯》杂志对饭店实施“星级”分级（其前身是美孚石油公司的饭店“星级”分级）。

（二）分级对象

根据《世界旅游组织与国际饭店餐馆协会关于饭店分级体系的联合调研报告》，对饭店实施分级体系的国家最多，对公寓、汽车旅馆等其他几个业态实施分级体系的国家相对较少。多数国家的分级体系覆盖饭店业的多种业态，这有利于在饭店行业实施全面、统一的分级标准，扩大分级体系的影响力；但不足的是，同一套标准很难适应饭店的不同业态，或标准的适应性难以兼顾。鉴于此，有些国家对某些饭店业态开发出有针对性的分级标准，如德国有专门的家庭旅馆（B & B）分级标准。

（三）实施

饭店分级体系的实施包括强制性、实施人员、实施经费、评价形式、评价周期、分级符号等内容。

1. 强制性

《WTO 与 IH & RA》报告显示有 46 个国家实施强制性分级，即饭店要先进行分级，而后营业，代表国家有希腊、荷兰、意大利等；32 个国家的饭店不经分级即可营业，其分级标准为推荐性标准，代表国家有美国、法国、德国、奥地利等。我国实施的是推荐性饭店分级制度。

2. 实施人员

饭店分级工作的实施人员主要有四类：第一类是中央政府检查员，如希腊、匈牙利、冰岛等国；第二类是地方政府检查员，如埃及、阿联酋、匈牙利等国；第三类是行业专家检查员，如德国、瑞士、土耳其等国；第四类是第三方检查员，如奥地利、加拿大、英国等国。分级体系的实施人员通常由实施主体确定。我国的星级饭店分级体系在实践探索中形成了政府、学者、行业三方人员相结合的星级评定检查员队伍，这样的组合可以发挥各方人员的专业特长，有利于保证评定工作的公平、公正、公开。

3. 实施经费

饭店分级的实施经费包括检查人员酬劳、往返饭店交通费、在店检查期间的住宿餐饮费用等。实施经费由评定机构负担的国家有奥地利、希腊、荷兰、阿联酋、意大利、西班牙、荷兰等国；实施经费由被评定饭店负担的国家有德国、英国、加拿大、波兰、巴西等国。我国星级饭店评定实施过程中，不收取评定费用，检查人员往返饭店的交通费、在店检查期间的住宿餐饮费用由受检饭店承担。近年来，全国星评委加大了对已评星级饭店的暗访检查力度，暗访期间发生的所有费用由全国星评委承担，以保证暗访工作的效果。

4. 评价形式

明察和暗访是最普遍的两种评价形式。采用明察形式的国家有德国、荷兰、意大利、南非等；采用暗访形式的国家有法国、约旦、捷克、西班牙等。目前，我国在评定星级时大多采用明察形式，在复核检查时有选择地采用暗访形式。

5. 评价周期

普遍来说，饭店分级的评价周期一般为 1 ~ 5 年。以前我国星级饭店的评价周期是 5 年，即每 5 年要对已评星级的饭店进行全面的复核检查。新星级标准实施后，星级饭店的评价周期缩短为 3 年。

6. 分级符号

星级是最常见的饭店分级符号。大部分国家用“星”的多少表示饭店档次的高低，“星”的数量越多，饭店档次越高。常见的是一星级至五星级的分级体系，其他的分级符号有“钻石”“梅花”等。

由于各国国情不同，各国在分级体系的目的、主体、对象、实施等方面均不尽相同。总体上，很难断言各国分级体制机制的优劣，只要选择与本国经济社会发展水平相适应，且具有一定操作性和引导性的饭店分级体系就是适宜的。

四、各国饭店标准概况

（一）中国星级标准

1988 年，国家旅游局开始实施饭店星级评定制度。1993 年，星级标准经国家技术监督局批准《旅游涉外饭店星级的划分与评定》为国家标准，经过 1997 年、2003 年、2010 年三次修订。目前实施的标准是《旅游饭店星级的划分与评定》（GB/T 14308—2010），该标准是推荐性国家标准，将饭店等级分为一星至五星 5 个等级，目前全国范围内经该标准评定的星级饭店有 1.4 万余家。

（二）美国钻石标准

美国汽车协会自 1977 年开始进行饭店的钻石评级。1987 年首次发布《美国汽车协会饭店钻石评级指南》。钻石标准分为一钻至五钻 5 个等级，在钻石评级体系下，美国、加拿大、墨西哥、加勒比海沿岸国已评出 3.2 万家饭店、2.8 万家餐馆和 1.1 万处露营地。

（三）英国星级标准

英格兰旅游局、苏格兰旅游局、威尔士旅游局和英国汽车协会均参与饭店的等级评定。虽然评价主体不同，但应用同一套星级标准，将饭店分为一星至五星 5 个等级。英国建立了一套全国性的住宿业质量评鉴体系，一共有 11 个分级体系，住宿业的每一种业态都有专属的标准对其进行分级。在英国，每年有 2.3 万家住宿设施参与质量评鉴。

（四）德国星级标准

德国饭店的星级标准由德国饭店旅馆业协会（DEHOGA）制定实施，分为一星至五星 5 个等级。对每一等级超过一定分值的饭店可以获得附加的“优秀”（superior）标记。目前，德国约有 7 000 家饭店参加了星级评定。该标准在欧洲地区也有广泛的影响力。

（五）法国星级标准

米其林红色指南体系（Michelin Red Guide System）是由法国民间团体自行制定和执行

的饭店等级体系。该体系由法国米其林集团于1900年在其创始人安德里·米其林（Andre Michelin）的倡导下出版的《米其林红色指南》开始。该评定体系以独立、公正、积极著称。米其林的评鉴法则一直得到公众的认可和支持，并被公认为饭店业质量评鉴的基准。

★知识链接

盘点好莱坞电影中撞“星”率最大的饭店

在观看好莱坞电影时，观众一定幻想过有一天能够进入电影里的场景，体验一下电影中的独特氛围。其实，这并不难，在世界各地拥有超过60家豪华饭店及度假村的费尔蒙，是最受好莱坞青睐的拍片选景地。事实上，费尔蒙的银幕历史十分悠久，曾在不少著名电影中亮相，包括《夺魄惊魂》（取景饭店为费尔蒙旗下的纽约广场大饭店）、《齐瓦哥医生》（取景饭店为露易丝湖费尔蒙城堡饭店）、《叛逆暗杀》（取景饭店为卡尔加里帕利斯费尔蒙饭店）以及《绝地任务》（取景饭店为旧金山费尔蒙饭店）；国际巨星也对费尔蒙情有独钟，经常将其作为下榻地；许多影坛盛事也多把费尔蒙作为理想场所，包括多伦多国际电影节、英国电影和电视艺术学院大奖颁奖仪式及国际印度电影大奖颁奖仪式——这是印度宝莱坞的顶级盛会，所以，住在费尔蒙的游客一不小心就会与影星撞个满怀！

1. 首家供好莱坞实地拍摄的饭店

加利格兰特和希治阁都曾在纽约的殿堂级饭店纽约广场大饭店实地取景，拍摄1959年的经典之作《夺魄惊魂》的重要部分。那是摄制队、导演及演员首次齐集现场，实地拍摄电影。过去的电影几乎全部在好莱坞的摄影棚拍摄，罕有到实地拍摄的。纽约广场大饭店曾为多部电影提供拍摄场地，包括《珠光宝气》（1961）、《斗气夫妻》（1967）、《妙女郎》（1968）、《大亨小传》（1971）、《桃色饭店》（1971）、《俏郎君》（1973）、《宝贝智多星（续集）》（1992）、《女人香》（1992）、《缘分的天空》（1993）、《不日成名》（2000）及《大亨小传2013》（2013）等。

2. 最富银幕经验的饭店

多伦多的皇家约克费尔蒙饭店，虽未必能登上头条，但却对好莱坞杰出的成就有不少贡献。它曾为世界各地城市及饭店充当替身，最著名的莫过于在《四条老柴玩游戏》中，海伦美娜于厨房演出的一幕。这家多伦多的地标饭店曾在无数电影及电视节目中出现，它曾“领衔主演”各式各样的电影，包括《战火屠城》（1984）、《缘分天注定》（2000）、《挑战不可能》（2001）、《特务踢死兔》（2001）、《纽约孖妹》（2004）、《击动深情》（2005）、《赤裸真相》（2005）、《银色杀机》（2006）、《舞·出色》（2006）、《玩具掌门人》（2007）、《魔间煞星》（2008）、《艾美丽雅伴你启航》（2009）、《灰色花园》（2009）、《色诱》（2009）等，可谓数之不尽。

3. 好莱坞度假胜地

地处肯尼亚山上的费尔蒙狩猎度假俱乐部几十年来一直是富豪和知名人士度假的胜地。1959年，影星威廉·荷顿与好友前来。此后，所有人都被度假饭店的魅力所吸引。他们遂购入物业，并把其改装为全球最独特的俱乐部之一。威廉·荷顿最爱的设施是一个1 000公顷的玩乐保育区，区内饲养了逾800头野生动物。威廉·荷顿去世后，后人成立了威廉·荷顿基金，以感谢其遗产对现世的贡献。俱乐部自1959年成立以来，加盟的成员有鲍勃霍普及冰哥·罗士比等。多年来，有大批名人到访，包括尊特·拉华达、戴维·赫索霍夫、罗伯特·狄德尼路、波姬·小丝、查理·卓别林、米高·肯恩、罗拔·烈福、辛康纳利、查尔登·希斯顿及詹士史钊域等人。

4. 最瞩目的电影节场地

2012年阿布扎比电影节在阿布扎比费尔蒙饭店的露天影院举行，令所有到场人士都印象深刻。银幕由Swiss Open Air建造，有六层楼高，占地4 000平方英尺，并设有32部扬声器组成的数码环回立体声系统，播放了《选战风云》《浑身是劲》《魔球》等影片。由于大受欢迎，饭店在电影节结束后仍保留影院，以便在热爱电影的酋长国播放更多影片。

第二节　我国饭店业星级制度

一、我国饭店业星级制度的历史回顾

我国饭店业星级标准制定于1987年，至今已有三十年的时间，其发展过程主要分为以下几个阶段：

（一）起步阶段

1987—1992年为起步阶段。1987年星级标准开始制定，1988年执行，由此我国饭店业开始了新的起步。

从20世纪80年代初开始，我国的旅游饭店业进入高速发展时期，到1987年全国的饭店数量已达1 823家，初具规模。在发展过程中自然也产生了一系列的问题，其中最突出的问题就是在饭店的设计、建设、装修、经营、管理、服务等环节，全行业普遍缺乏规范、规则、相应的秩序，海外顾客对饭店的投诉不断发生，行业整体形象不佳。

在此背景下，国家旅游局深感有必要制定一套符合国际惯例的星级标准，用以规范中国饭店业的发展。1987年，国家旅游局聘请世界旅游组织专家、西班牙旅游企业规划司司长费雷罗先生到我国，先后考察了113家饭店，全面地调查研究我国饭店业的实际情况，结合国际经验和我国国情，制定了《中华人民共和国评定旅游（涉外）饭店星级的规定》，经国务院批准，于1988年9月正式开始宣传、贯彻、推行。

当时，旅游（涉外）饭店（Tourist Hotel）是指经有关部门批准，允许接待外国人、华侨、港澳台同胞的饭店。这是根据我国特有的国情确定的，区别于一般饭店的最大特点就是“涉外性”。该文件规定：饭店因设施设备水平和服务水平不具备一星级饭店的最低要求，在接到不予定级通知书后，不得进行旅游涉外营业。由此可见，在我国，旅游（涉外）饭店是具有一星级以上设施设备水平和服务水平的能够接待海外入境旅行者的饭店。

星级制度一出台就体现了强大的生命力，受到了饭店企业的欢迎，对适应我国国际旅游业发展的需要，提高我国饭店业的管理和服务水平起到了重要作用。至1993年，全国的星级饭店总数已达1 186家，占旅游饭店总数的46.47%。

（二）上升阶段

1993—1997 年为上升阶段。1993 年饭店星级标准调整为国家标准，用现代化的、标准化的语言和体系对原有的标准作了规范和调整，为饭店业的发展提供了更具操作性的指导，在实践中发挥了重要作用。

星级标准刚刚推行的几年，取得了非常好的效果，在社会上也造成了很大的影响，自然也引起了有关部门的重视。但是，星级标准只是经国务院批准由国家旅游局发布的一个行业标准，在国家标准化的工作序列中没有占到应有的地位。因此，饭店星级标准上升为国家标准是十分必要的。1993 年 9 月 1 日国家技术监督局正式批复，发布了《旅游涉外饭店星级的划分与评定》作为国家标准，编号为 GB/T 14308—1993，1993 年 10 月在全国正式实行。至此，星级标准正式纳入国家标准化行政工作序列。

星级标准成为国家标准之后，显示了更强大的生命力。1987—1993 年，平均每年评定饭店 200 家，1993 年后，平均每年评定饭店达到 400 家，到 1997 年全国星级饭店占旅游饭店总数的比例为 52.37%。同时，星级标准的概念也推广到社会，星级标准成为人们评价饭店产品质量与服务水平的一种固定尺度。

（三）大发展阶段

1998—2002 年为大发展阶段。尽管 GB/T 14308—1993 为我国饭店业的国际化、标准化发展做出了巨大贡献，但是由于标准的具体规定过细、过死，强制性的内容比较多，给饭店企业的自主性过少，在实施过程中，导致我国饭店业形成千店一面的现象。我国饭店的特色化发展受到了阻碍，饭店企业也丧失了自由度与评星热情，星级标准的质量保证形象受到极大的挑战。

为了适应形势的变化，适应饭店企业的长远发展，适应国际竞争，国家旅游局于 1997 年 10 月对原有的星级标准和星级制度进行了比较大的调整和修订，重新以国家标准的形式再次发布，编号为 GB/T 14308—1997，于 1998 年 5 月 1 日正式实行。修订后的标准增加了选择项目，饭店可以按照实际需要自主选择功能类别和服务项目，对避免饭店企业的资源闲置和浪费，促进旅游饭店建设和经营的健康发展发挥了积极作用。

（四）技术调整阶段

2003—2005 年为技术调整阶段。随着我国社会经济发展水平和对外开放程度迅速提高，我国饭店业所面临的外部环境和客源结构发生了较大变化，饭店按不同客源类型和消费层次进行市场定位和分工也进一步细化，这就要求饭店业的管理和服务更加专业化和高质量化。为此，2002 年后，国家旅游局再一次组织修订星级标准。这次修订的指导思想是：通过修订使我国饭店星级制度更加贴近饭店业实际，促进星级饭店管理和服务更加规范化和专业化，使之既符合本国实际又与国际发展趋势保持一致。修订的重点是强调饭店管理的专业性、饭店气氛的整体性和饭店产业的舒适性。2003 年 6 月正式颁布《旅游饭店星级的划分与评定》（GB/T 14308—2003），从 2003 年 12 月 1 日起实施，2004 年 7 月 1 日全面推广，并对星级饭店进行全面复核，更换星级标准。

第三次修订后的星级饭店评定标准，有两个突出特点：一是将“旅游涉外饭店”改为“旅游饭店”；二是借鉴国际标准，增设了“白金五星级”作为饭店的最高星级，我国饭店业国际化进程进一步提高。

2006 年 7 月，我国国家旅游局创建白金五星级饭店试点工作正式启动。经过一年多的严格筛选与审核，北京中国大饭店、上海波特曼丽嘉饭店、广州花园饭店三家饭店通过验收，正式成为我国首批“白金五星级饭店”。

另外，2016 年 3 月，国家旅游局颁布实施《绿色旅游饭店》（LB/T 007—2015）旅游行业标准，对《旅游饭店星级的划分与评定》进行了补充与细化。

二、理性认识饭店星级标准

（一）饭店星级标准是中国饭店发展史的里程碑

1982 年 4 月 28 日开业的建国饭店往往被视为我国饭店业改革开放的标志，是第一次与国际的接轨，从此市场观念在饭店从业人心中根深蒂固。而 1988 年开始推广的饭店星级标准促成了中国第一个与国际接轨最紧密的行业，无论是 1993 年版、1997 年版、2003 年版，还是现行的 2010 年版饭店星级标准，都是在新的形势、新的市场条件下有效地引导我国饭店业在设施设备、服务标准乃至经营管理方面与国际接轨，甚至在一些方面可以引领国际饭店业发展，促进我国饭店业的规范发展和质量提升。

（二）饭店星级是我国消费者最早接受的服务品牌

服务品牌在我国是近些年才开始的一个热门话题，而三十年前饭店星级评定制度的实施是充分利用国家公信力，依托国家行政力量对消费者进行的一次服务品牌的普及。当消费者离开自己的常住地，面临一个不确定的环境时，如何降低选择成本？如何获取可靠的消费质量保证？如何使自身的效用预期与价格有一个相对恒等的结果？“星级”就是消费者三十年来进行判断的重要依据。而今，在服务业，乃至制造业，“星级”已是一种泛化现象，成为产品质量、服务档次的代名词和市场宣传的必用词。

（三）饭店星级标准是我国饭店业投资者投资的重要依据

在我国投资市场上，饭店业一直是投资的热点。我国星级饭店的数量已经从 1988 年的 1 000 余家发展到 2015 年的 1.4 万余家，一度达到 2 万余家。而星级饭店一直是我国饭店业的标杆和引领者。星级标准降低了饭店业投资者进入的技术壁垒，市场更具有开放性；星级标准一定程度上降低了投资者市场扩张的品牌成本、交易成本；在一定意义上，星级标准还在经营上提供了市场定位、产品设计、管理制度、服务标准、人力效率的市场引导。

（四）饭店星级标准制度是旅游行政管理部门的工作抓手

在市场经济条件下，一个国家饭店业的发展，无论是采取政府主导还是市场导向模式，都取决于本国的市场经济、旅游业的发展水平，本国文化传统的影响，饭店业的产业定位等因素的综合考虑。实施政府主导模式，其合法性、合理性在于政府行政干预的领域属于公权力的范畴。据《中国旅游饭店星级评定制度创新研究》显示，世界旅游组织和国际饭店及旅馆协会在全球 28 个抽样国家的调查中发现，等级评定标准由官方机构制定并实施的占 96%，作为强制性参与的占 65%，全国性实施的占 93%，以国家旅游法律形式存在的占 54%。

三、2010 年新版《旅游饭店星级的划分与评定》（GB/T 14308—2010）

（一）新版《旅游饭店星级的划分与评定》的特点

新标准是在我国旅游业快速发展，国际国内饭店业向规模化、品牌化方向发展，市场细分更加明确，竞争日益激烈的新形势下修订出台的，是在对旧标准进行的补充和完善。因此，新标准的出台为旅游饭店星级的评定和提高饭店的管理水平、服务质量，提供了更加科学合理的依据。其主要特点体现在：

1. 突出了星级特征

新版《旅游饭店星级的划分与评定》明确界定了一星级、二星级、三星级饭店为有限服务饭店，此类饭店关注住宿的核心功能，强调必要硬件配置简单实用，服务方面突出“少而精”；四星级、五星级饭店为完全服务型饭店，强调饭店功能配置和服务项目的完整性，环境、氛围与服务的整体协调性，关注顾客对饭店品质和舒适度的全面感受。

2. 强调了主体功能的整体有效性

新版《旅游饭店星级的划分与评定》不仅要求饭店具备应有的功能，更强调了功能存在的实际效果，如空气质量是否良好，装饰的整体效果是否和谐，房间类型、布局是否合理，遮光、防噪、隔音效果是否良好，床用棉织品是否工艺讲究、柔软舒适等。

3. 增设了绿色环保、节能减排、安全、应急处置、社会责任等方面的必备条件

新版《旅游饭店星级的划分与评定》在总则中就明确提出“倡导绿色设计、清洁生产、节能减排、绿色消费的理念”“应有与本星级相适应的节能减排方案”“应有突发事件处置的应急预案”“应为残疾人提供必要的服务”等，并将此列入所有星级饭店的必备条件中。

4. 对降低服务质量和复核不达标的星级饭店处罚更加严格

新版《旅游饭店星级的划分与评定》对星级饭店实行评定与监管相分离、明察与暗访相结合的办法进行星级访查，并将星级标志使用有效期由过去的五年缩短为三年。同时，取消了饭店预备星级的评定，将饭店的初评与终评合二为一。对不达标星级饭店的处理，不再是给予下达警告通知书、通报批评、降低星级、取消星级的处罚，而是直接给予限期整改或取消星级的处理，明确提出星级饭店“营运中发生重大安全责任事故，所属星级将被立即取消，相应的星级标志不能继续使用”。

5. 不能一店两评

新版《旅游饭店星级的划分与评定》明确规定：“评定星级时，不因某一区域所有权与经营权的分离，或因建筑物的分隔而区别对待，饭店内所有区域应达到同一星级的质量标准和管理要求。”也就是说，一家饭店不能同时挂两个星级的牌子，评定时只能就低不能就高。

（二）新版《旅游饭店星级的划分与评定》的 6 个导向

2010 年版星级标准根据旅游业发展实际及饭店业发展趋势，在继承 2003 年版标准提出的“三性”，即“管理专业性、氛围整体性、产品舒适性”原则的基础上，突出了六个“强调”的导向。

1. 强调必备项目

必备项目对饭店硬件设施和服务项目提出的要求，是各星级所必须达到的基础条件，也

是判断饭店各星级的根本依据。必备项目可以形容为各星级饭店的“DNA”，生物学上，DNA 携带着一个种群的根本特征，在复制过程中绝不允许出错。同理，相应星级的各个必备项目在评星时必须逐项达到，缺一不可。

为克服 2003 年版标准过于强调“硬件”打分，忽视必备项目重要性的倾向，新标准突出强调必备项目的严肃性和不可缺失性，标准将必备项目制作成检查表的形式，逐项打“√”，检查全部达标后，再进入后续评分程序。任何一个必备项目在星级评定中均具有“一票否决”的效力。

2. 强调核心产品

星级标准是旅游住宿设施的评价标准，评价的中心和重点均应是住宿设施。按照饭店提供服务产品种类的多少，2010 年版标准在前言中明确将一星级、二星级、三星级饭店定位为有限服务（Limited Service）饭店，强调住宿核心产品，适当减少配套设施要求。同时，继续坚持四星级、五星级饭店各项饭店产品的完整性，强调饭店全面价值的实现，评定星级时注重饭店“硬件”与“软件”的全面评价，保证高星级饭店产品的高品质。

同时，2010 年版标准将客房作为饭店的核心产品，而舒适度又是客房的核心。在硬件表的分值设置上，客房部分值为 191 分，占总分（600 分）的 31.8%；客房舒适度的分值为 35 分，占舒适度总分值的 71.4%，远远高于 2003 年版标准的 38.5%。客房舒适度涵盖了布草规格、床垫枕头、温度湿度、隔声遮光、照明效果、方便使用、和谐匹配、音画良好 8 个方面，全面保证了顾客在客房内的触觉、听觉、视觉等多种感官的舒适度要求。

3. 强调绿色环保

节能减排是国家战略，星级饭店责无旁贷。2010 年版星级标准强调节能减排、绿色环保和可持续发展，主要体现在三个方面：一是在必备项目中提出，“一至五星级饭店均要求制订与本星级相适应的节能减排方案并付诸实施”。二是在硬件表中增设一节“节能措施与环境管理”，包括建筑节能设计，新能源的设计与运用，采用环保设备和用品，采用节能产品，采取节能及环境保护的有效措施，中水处理系统，污水、废气处理设施，垃圾房等项目，并赋予 14 分的较高分值。在客房必备品中取消对牙膏、牙刷、拖鞋、沐浴液、洗发水、梳子等“六小件”的硬性要求，各星级饭店可根据客源实际，灵活选择是否在客房放置“六小件”。三是在软件表中要求“饭店建立能源管理与考核制度，并有档案可查”。

4. 强调应急管理

为增强星级饭店突发事件应急处置能力，2010 年版标准强化了饭店应急管理方面的要求。

在必备项目中对一星级至五星级饭店均要求制定火灾等六类突发事件处置的应急预案，三星级（含）以上饭店还要求有年度实施计划，并定期演练。在运营质量评价中也有相关要求。评定检查时，检查员将详细翻阅各类预案文本和定期演练报告及影像等原始记录。

“食品安全”是新版标准新增的一项内容。四星级饭店的必备项目中要求：应有食品留样送检机制；五星级饭店的必备项目中要求：应有食品化验室或留样送检机制。硬件表里也设置了相应的分值。

5. 强调软件可量

2010年版标准吸取行业标准《星级饭店访查规范》中对饭店服务产品进行程序化、流程化要求的理念，对“软件”的评价进行了较大调整，并将服务质量、清洁卫生、维护保养等内容统一到运营质量评价表中，增强“软件”评价的客观性和可操作性。

2010年版标准的软件表将前厅、客房、餐饮等主要的饭店服务项目分为若干道流程，进而对每个流程又细分为若干个动作。按项目→流程→动作来设计评价过程，将检查人员的注意力集中到服务人员的具体动作，而不是最终服务效果的评价上，从而比较直观、便于操作，减少了主观性。同时，饭店企业可以直接对照检查表，建立完善饭店日常服务质量检查体系，这样也更有利于标准的理解和实施。

6. 强调特色经营

为适应旅游饭店行业多业态发展的趋势，2010年版标准在保证饭店基本条件达标的基础上，着力引导星级饭店特色化、差异化经营。例如，在设施设备评分表中将分属商务会议和休闲度假两类饭店的主要硬件设施进行了集中“打包”，引导企业集中选项、突出经营定位，并对在商务会议、度假特色类别中集中选项，对得分率超过70%的饭店给予一定的分值优惠。

对于少数极具特色，但配套设施未达到星级标准要求的精品饭店，为鼓励其市场引领作用，新标准设置了“例外条款”，规定：对于以住宿为主营业务，建筑与装修风格独特，拥有独特客户群体，管理和服务特色鲜明，且业内知名度较高的饭店的星级评定，可参照五星级的要求。需要特别说明的是，新标准实施后，这一例外条款的适用极其严格，只有极少数饭店直接向全国星评委申评五星级。

（三）新版《旅游饭店星级的划分与评定》的贡献

星级标准是我国旅游业的第一个国家标准，其突出贡献具体表现在以下四个方面：

首先，使我国旅游业向国际旅游业标准看齐。新版《旅游饭店星级的划分与评定》颁布实施后，我国旅游饭店以国际饭店的标准设计建造，提供国际惯例服务，所以整体与国际接轨更加紧密。

其次，星级标准使我国饭店业的设施设备、服务质量和水平有了质的提升和历史性的跨越。新版《旅游饭店星级的划分与评定》中规定的标准化服务成为各饭店的服务程序，成为全行业每家饭店追求的目标。

再次，星级标准实现了我国饭店行业的统一管理。星级标准的出台，使我国旅游饭店行业有了统一的管理标准。我国的饭店行业在星级标准的指导下，跨入了现代化管理的新阶段。随着饭店行业标准的日趋成熟，我国饭店行业的整体发展水平有了很大提高。

最后，星级标准演变成代表商品质量的符号。当下，“星级”深入人心，转变成各行业优质服务的概念与标志，星级餐馆、星级影院、星级商场等在服务业中不断出现，虽然并不那么规范，但足以说明“星级”带动服务业提高质量的连锁效应。星级效应在无形中已成为人们心中衡量商品优劣、好坏、高低的心理定式。

新版标准经过进一步完善与创新，既体现了科学发展、转型升级的时代要求，也充分体现了旅游饭店业的发展特点，进而成为引导和规范旅游饭店切实提升服务质量和产品质量，推动旅游饭店业持续发展的重要指南。

四、我国饭店业星级标准体系

我国饭店业的星级标准不仅是一个标准，更是一套完善的星级制度。这套制度吸取了国际星级制度的成功经验，结合了我国饭店业的实际情况，是一个全方位考核评价饭店的星级标准体系。这个标准体系从标准和附录两个部分对饭店进行综合考评，其基本框架如图 4-1 所示。

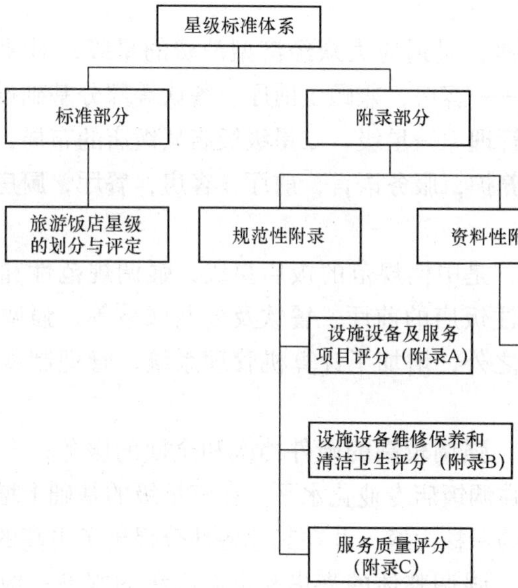

图 4-1　星级标准体系基本框架

（一）饭店星级的划分与评定

饭店星级的划分与评定是饭店星级标准的核心部分，从范围、规范性引用文件、术语和定义、符号、总则、星级划分条件、星级评定规则、服务质量要求和管理制度要求九个方面规定了饭店星级的基本内涵。

1. 饭店星级体系基本规定

《旅游饭店星级的划分与评定》（GB/T 14308—2010）规定了旅游饭店星级的划分条件、评定规则、服务质量要求和管理制度要求。标准适用于正式营业的各种经济性质的旅游饭店。

饭店开业一年后可申请星级，经星级评定机构评定批复后，享有三年有效的星级及其标志使用权。星级分为 5 个等级，即一星级、二星级、三星级、四星级、五星级（含白金五星级）。星级以镀金五角星符号表示，一颗五角星表示一星级，以此类推，白金五星级用五颗白金五角星表示。最低为一星级，最高为白金五星级。星级越高，表示旅游饭店的档次越高。另外，还有预备星级作为星级的补充。

同时还规定，由若干建筑物组成的饭店其管理使用权应该一致，饭店内包括出租营业区域在内的所有区域应该是一个整体，评定星级时不能因为某一区域财产权或经营权的分离而区别对待。

2. 饭店星级划分条件

饭店星级划分条件是饭店要达到某个星级所必备的条件，它对一星级至五星级饭店所具备的硬件条件和应设立的服务项目做了详尽的规定。

（1）一星级。适用型饭店星级，是饭店的基础星级，是适用于大众消费的最基本住宿设施，是涉及面很广的星级，包括大众招待所、社会旅馆等。此星级的饭店对硬件条件和服务项目不苛求；重点是客房部分，兼顾部分基础项目；强调基础管理，特别是卫生条件。

（2）二星级。经济型饭店星级，是适应大众经济型消费的星级，对硬件条件有一定的要求，但不苛求；强调主打产品——客房，兼顾了前厅、餐饮等部分基础设施的要求；注重顾客安全、卫生及便利性等基础管理。一星级、二星级饭店从饭店的布局，公共信息符号图形，采暖、制冷设备，设施设备养护，服务语言，前厅，客房，餐厅，厨房，公共区域十个方面来规定所具备的条件。

（3）三星级。中档饭店星级，是中档规范的饭店星级，强调规范性和舒适度；突出主打产品客房的核心价值，同时关注饭店的前厅、餐饮及公共区域等；强调的重点是基础设施、服务项目及基本服务。除此之外，增加了计算机管理系统、管理制度的健全程度，厨房、会议、康乐设施等内容要求。

（4）四星级。高档饭店星级，强调较高的硬件档次和全面的服务；全面考核饭店软硬件的整体效果；十分讲究档次，强调饭店专业化水平。在三星级的基础上增加了饭店内外装修、公共音响转播系统两个必备的考核内容，并在其他各部分提出了更高的要求。

（5）五星级。豪华饭店星级，强调整体的豪华和全面高级的服务；饭店硬件设施要求在高端、专业、文化上下功夫；强调饭店软硬件的整体效果，特别注重管理、服务质量。大项上的基本要求与四星级基本相同，但各项内容的内涵更丰富，豪华程度要求更高，服务项目设置更多，规范也更详尽。

（6）白金五星级。白金五星级在五星级的基础上，还必须具备以下条件：

①已具备两年以上五星级饭店资格。

②地理位置处于城市中心商务区。

③建筑主题鲜明，外观造型独具一格，有助于所在地建立旅游目的地形象。

④整体氛围豪华气派。

⑤对行政楼层提供24小时管家式服务。

⑥饭店内主要区域有温湿度自动控制系统，各类设施设备配备齐全，品质一流。

⑦内部功能布局及装修装饰能与所在地历史、文化、自然环境相结合等。

与此同时，白金五星级饭店在以下项目中至少要符合五项：

①普通客房面积不小于36平方米。

②有符合国际标准的高级西餐厅和宴会厅，可提供正规的西式正餐和宴会。

③有高雅的独立封闭式酒吧。

④具有一个100平方米以上的室内游泳池。

⑤具有可容纳500人以上、布局合理、装饰豪华、格调高雅、符合国际标准的高级西餐厅，可提供正规的西式正餐和宴会。

⑥在建筑方面有独一无二的设施。

⑦拥有规模壮观、装潢典雅、出类拔萃的专项配套设施。

★知识链接

白金五星级饭店

1988年，国家旅游局开始组织实施旅游饭店星级评定工作。2003年12月1日颁布、2004年7月1日实施的新版《旅游饭店星级的划分与评定》标准设立了白金五星级，它是中国自1988年出台饭店星级标准十六年来，第三次修订、首次出现自行设计的标准。

2006年7月7日，国家旅游局在北京中国大饭店举行新闻发布会，宣布正式启动创建白金五星级饭店试点工作。北京中国大饭店、上海波特曼丽嘉饭店、广州花园饭店、济南山东大厦4家饭店入围首批白金五星级饭店创建试点名单。广州花园饭店和山东大厦属于国有企业，中国大饭店和波特曼丽嘉饭店则为合资企业。2007年1月前，国家旅游局组织各界人士，对这4家已被列为创建白金五星级试点的饭店，通过明察暗访、专家评定及公示等方式，对其创建成果进行检验。

2007年4月15日，国家旅游局在其官方网站上公示，北京中国大饭店、上海波特曼丽嘉饭店、广州花园饭店达到白金五星级饭店标准要求，批准为白金五星级饭店；另外，一家参与试点的山东大厦没有上榜。此次公示结果是经全国旅游星级饭店评定委员会委派的专家小组现场验收，并经过全国旅游星级饭店评定委员会审核确定的。

2007年8月16日，国家旅游局局长、全国旅游星级饭店评定委员会主任邵琪伟为获得白金五星级饭店的北京中国大饭店、上海波特曼丽嘉饭店、广州花园饭店颁发证书和标牌。国家旅游局表示，白金五星级饭店采取有限制条件的申评制，全国星评委每年根据申报情况进行一次评定验收，对于已经评上白金五星的饭店也实行年审制。

3. 我国旅游饭店星级评定制度安排

（1）评定机构和范围。我国旅游饭店星级评定机构总体实行“分级管理、下放星级标准与星级评定权”的措施。国家旅游局设全国旅游星级饭店评定委员会，是全国星评工作的最高机构，负责全国旅游饭店星评工作、聘任与管理国家级星评员、组织五星级饭店的评定和复核工作、授权并监管地方旅游饭店星级评定机构。各省、自治区、直辖市旅游局设省级旅游星级饭店评定委员会；副省级城市、地级市（地区、州、盟）旅游局设地区旅游星级饭店评定委员会。下一级星评委根据上级星评委的授权开展星评和复核工作。

（2）评定程序。我国一星级、二星级、三星级饭店的评定检查工作应在24小时内完成，四星级饭店的评定检查工作应在36小时内完成。饭店星级评定程序（如图4-2所示）具体如下：

①申请。申请评定五星级的饭店应在对照《旅游饭店星级的划分与评定》（GB/T 14308—2010）充分准备的基础上，按属地原则向地区星评委和省级星评委逐级递交星级申请材料。申请材料包括：饭店星级申请报告、自查打分表、消防验收合格证（复印件）、卫生许可证（复印件）、工商营业执照（复印件）、饭店装修设计说明等。

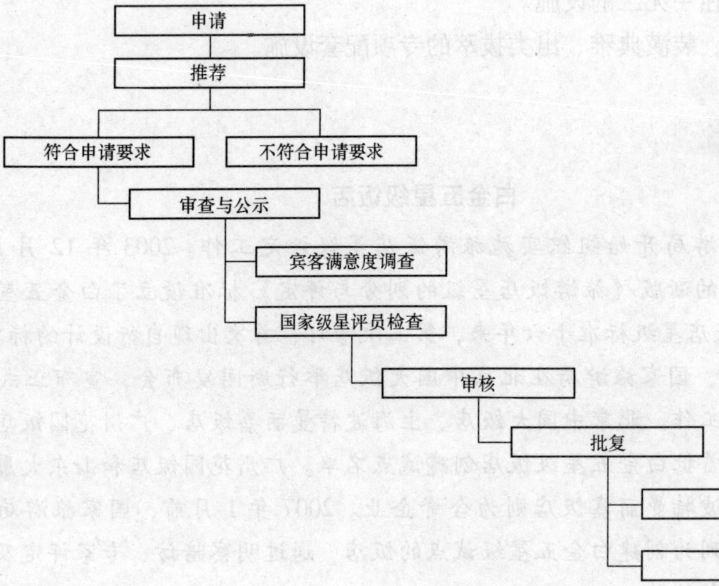

图 4-2　饭店星级评定程序

②推荐。省级星评委收到饭店申请材料后，应严格按照《旅游饭店星级的划分与评定》（GB/T 14308—2010）的要求，于一个月内对申报饭店进行星评工作指导。对符合申报要求的饭店，以省级星评委名义向全国星评委递交推荐报告。

③审查与公示。全国星评委在接到省级星评委推荐报告和饭店星级申请材料后，应在一个月内完成审定申请资格、核实申请报告等工作，并对通过资格审查的饭店，在我国旅游网和我国旅游饭店业协会网站上同时公示。对未通过资格审查的饭店，全国星评委应下发正式文件通知省级星评委。

④顾客满意度调查。对通过五星级资格审查的饭店，全国星评委可根据工作需要安排顾客满意度调查，并形成专业调查报告，作为星评工作的参考意见。

⑤国家级星评员检查。全国星评委发出《星级评定检查通知书》，委派 2 ~ 3 名国家级星评员，以明察或暗访的形式对申请五星级的饭店进行评定检查。评定检查工作应在 36 ~ 48 小时内完成。检查未予通过的饭店，应根据全国星评委反馈的有关意见进行整改。全国星评委待接到饭店整改完成并申请重新检查的报告后，于一个月内再次安排评定检查。

⑥审核。检查结束后一个月内，全国星评委应根据检查结果对申请五星级的饭店进行审核。审核的主要内容及材料有：国家级星评员检查报告、星级评定检查反馈会原始记录材料、依据《旅游饭店星级的划分与评定》（GB/T 14308—2010）打分情况等。

⑦批复。对于经审核认定达到标准的饭店，全国星评委应做出批准其为五星级旅游饭店的批复，并授予五星级证书和标志牌。对于经审核认定达不到标准的饭店，全国星评委应做出不批准其为五星级饭店的批复。批复结果在中国旅游网和中国旅游饭店业协会网站上同时公示，公示内容包括饭店名称、全国星评委受理时间、国家级星评员评定检查时间、国家级星评员姓名、批复时间。

⑧抽查。国家旅游局根据《国家级星评监督员管理规则》，派出国家级星评监督员随机

抽查星级评定情况，对星评工作进行监督。一旦发现星评过程中存在不符合程序的现象或检查结果不符合标准要求的情况，国家旅游局可对星级评定结果予以否决，并对执行该任务的国家级星评员进行处理。

⑨申诉。申请星级评定的饭店对星评过程及其结果如有异议，可直接向国家旅游局申诉。国家旅游局根据调查结果予以答复，并保留最终裁定权。

4. 评定周期和经费

星级评定周期定为三年，分为年度复核和三年期满的评定性复核。年度复核工作由饭店对照星级标准自查自纠，并将自查结果报告给相应级别的星评委，星评委根据自查结果进行抽查。评定性复核工作由各级星评委委派星评员以明察或暗访的方式进行。对复核结果达不到相应标准的星级饭店，星评委根据情节轻重给予限期整改、取消星级的处理，并公布处理结果。

目前我国星级评定检查工作暂不收费。星评员往返受检饭店的交通费以及评定期间在饭店内所发生的合理费用，由受检饭店据实核销。

5. 星评员制度

我国星评员分为三类：国家级星评员、地方级星评员（含省级和地市级）和星级饭店内审员。其构成是由政府行业管理人员、饭店高级管理人员和有关专家学者组成。国家级、地方级、星级饭店内审员分别由全国星评委、省级星评委或地区星评委、各饭店负责选聘，接受相应星评委的管理和委派，承担各选聘单位管辖范围内的饭店星级评定、复核和其他检查工作。另外，星评员资格不是终身制。

（二）饭店星级评定附录

饭店星级评定附录由规范性附录和资料性附录两部分构成。其中规范性附录包括：设施设备及服务项目评分表 A、设施设备维修保养和清洁卫生评定检查表 B、服务质量评定检查表 C。资料性附录包括服务与管理制度评价表 D。

1. 设施设备及服务项目评分表 A

设施设备及服务项目评分表是评价饭店硬件及服务项目水平的考核标准，反映一家饭店在星级标准下其硬件及服务项目所处的水平，是通过打分的形式来评价的，满分为 610 分（由于存在加分和系数因素，所有项目全部得分后可能会高于满分数）。具体为：①地理位置、环境、建筑结构、功能布局共 28 分；②公用系统 35 分；③前厅 59 分；④客房 192 分；⑤餐饮 92 分；⑥会议展览设施及商务中心 35 分；⑦公共及健康娱乐设施 136 分；⑧安全设施 8 分；⑨员工设施 8 分；⑩其他 17 分。其标准规定了各星级应得的最低分数：一星级 70 分、二星级 120 分、三星级 220 分、四星级 330 分、五星级 420 分。

2. 设施设备维修保养和清洁卫生评定检查表 B

设施设备维修保养和清洁卫生评定属于软件考核的内容，是考评饭店所有设施设备维护状态和清洁卫生状况的标准。评分标准要求从饭店周围环境、楼梯等公共场所，公共洗手间，前厅，客房，餐厅，酒吧，厨房和公共娱乐及健身设施 8 大项 200 多个小项实施考核评分，然后计算出实得分数及项目规定分数的综合得分率。各星级综合得分率必须达到规定的得分率：一星级、二星级必须达到 90% 以上；三星级必须达到 92% 以上；四星级、五星级必须达到 95% 以上。

除综合得分率达到规定外，在前厅、客房、餐厅（酒吧）、厨房、公共卫生等五个部位也应达到相应的得分率，如果其中任何一个部位达不到所申请星级规定的得分率，就不能获得所申请的星级。

3. 服务质量评定检查表 C

服务质量评定是对饭店运作质量的综合评分，采取综合得分率的形式检查评分。服务质量共分 8 大项：

（1）服务人员的仪容仪表。

（2）前厅服务质量（态度、效率）。

（3）客房服务质量（态度、效率、周到）。

（4）餐厅、酒吧服务质量（态度、效率、周到、规格）。

（5）其他服务（态度、效率、周到、安全）。

（6）饭店安全。

（7）饭店声誉。

（8）饭店综合服务效果。

服务质量的评定要求星级饭店的得分率为：一星级 90%、二星级 90%、三星级 92%、四星级 95%、五星级 95%。评分时，按照项目标准，完全达到者为优、略有不足者为良、明显不足者为中、严重不足者为差。

4. 服务与管理制度评价表 D

服务与管理制度评价主要考核饭店经营和管理制度完善程度，目的在于通过对经营和管理制度的考核，提升饭店专业化管理水平。主要内容有员工手册、组织结构图、主导性管理制度、部门运作规范、服务和专业技术人员岗位工作说明书、工作技术标准说明书、服务项目、程序与标准说明书等。

第三节　新形势下我国星级饭店遇到的特殊情况

早在 1988 年，国家旅游局即开始在饭店行业实施星级评定制度。二十多年来，星级标准在引导和规范我国旅游饭店行业发展、加快与国际接轨步伐、推动我国旅游业发展等方面发挥了重大作用。当前，我国已经拥有了数量庞大、档次齐全、质量达到国际先进水平的星级饭店群。星级饭店已成为我国旅游产业中极具活力的生产力，是我国旅游业的形象代表，也是展示国家发展水平的重要标志。但不容忽视的是，在星级饭店发展的过程中也出现了一些特殊情况。

一、大批星级饭店被摘星

从 2011 年新版星标颁布实施开始，国家旅游局继续以明察暗访等形式，加强对旅游星级饭店服务质量的监督管理，对不能达到标准要求的星级饭店采取相应处理措施，不断有星级饭店在星级复核中被摘星，国内星级饭店市场正在不断净化。根据全国星评办及 32 个省级星评办的统计，2012 年度全国共处理饭店 1 281 家：取消星级 717 家（五星级 17 家、四星级 80 家、三星级 245 家、二星级 354 家、一星级 21 家）、限期整改 564 家。

旅游饭店星级不再是终身制，对不符合标准的星级饭店进行摘星或者限期整改处罚，这对饭店行业来说是一个警醒，同时也要求对星级饭店评价建立长效机制并使之常态化，切实地保护消费者的合法权益和星级标准的权威性。

二、饭店业降星大洗牌

星级是饭店硬件设施和服务水平的一种标志，星级越高，饭店档次越高。正因如此，长期以来，各大饭店对评星都趋之若鹜。然而近年来，很多星级饭店不但没有像以往一样对评星保持高涨的热情，反而出现了回避评星或“主动”降星的现象。这主要是由我国国内政治、经济状况及旅游饭店业市场的现状决定的。

中共中央政治局 2012 年 12 月 4 日召开会议，审议关于改进工作作风、密切联系群众的“八项规定”，此后又颁布“六项禁令”，包括“严禁用公款搞相互走访、送礼、宴请等拜年活动”“不准借用各种名义组织和参与用公款支付的高消费娱乐、健身活动”“不准用公款组织游山玩水”等。2013 年 9 月发布的《中央和国家机关会议费管理办法》第十二条建议，大部分会议应当在四星级以下（含四星级）定点饭店召开，这使不少高星级饭店业绩受到冲击。2013 年有 50 多家星级饭店降星，还有更多准备申报五星级的饭店都暂缓申报，有些饭店甚至取消了星级。2013 年下半年全国平均每月有 20 多家饭店关门，全行业营业额同比下降 25% 左右，“会务餐”掀起退订潮，五星级饭店客房近一半空置，会所大量关停倒闭。以上海为例，据上海市旅游饭店星级评定委员会公布的数据，2009—2013 年，上海共有 55 家按豪华标准建造并已开业的饭店，然而，这些饭店中仅 8 家向上海市星评委进行了五星级评定的申报，另外 47 家都未申报，放弃高星级评定的高端饭店比例高达 85%。

随着旅游市场的调整，饭店业进入了转型的关键时期，饭店必须走亲民路线，放下架子，降低房价。但房价的降低就意味着压缩饭店的利润空间，饭店只能相应减少硬件建设和维护的成本。而星级饭店的评定，对于硬件设施的要求十分严格。有的饭店已有很多年历史，很多硬件设施出现不同程度的老化。如果按照要求进行改造，估计要投入大量资金。权衡之下，饭店只有放弃高星级，“主动”摘星。

三、星级饭店摘星、降星后的发展建议

如今，饭店业的星级已成为服务业质量的代名词。从产业素质、国际化程度、服务规范、质量稳定性方面而言，约 1.4 万家星级饭店代表我国住宿业各档次的最高水平，属于领跑一族。如果星级饭店被降星或摘星，其实也预示着品牌信誉的折损，会对其造成严重的打击，但其实这样的打击背后的最终目的是让这些发展相对滞后的星级饭店能重获新生。

（一）有效提升设施设备水平

首先，饭店应加大投资改造力度，提升硬件设施水平，重视设施设备的维护保养。无论是全面还是局部装修改造，饭店都要做到有计划、有安排、有落实，如 2012 年，福建省仅参加复核的四星级、五星级饭店的装修改造资金就超过 4 亿元；湖南全省星级饭店的设施设备改造投入共计 13.78 亿元；重庆市平均每家五星级饭店改造资金投入达千万元以上，四星级饭店达六七百万元，一星级至三星级饭店在 300 万元左右。其次，还应注重培养员工的维护保养意识，注重员工技术技能和规范化操作培训，制定并完善相关制度，为设施设备的完

好运转提供有效保障。饭店能够通过更新改造、提升饭店档次、优化饭店功能布局等措施，增强饭店发展后劲和市场竞争能力，取得良好的经济和社会效益。

（二）更加重视软件提升

星级饭店要结合自身情况，有组织、有计划地加强培训工作，形成较为成熟的管理模式和操作规程，提升饭店软件水平，为饭店持续健康发展的提供有力保障。第一，要完善管理制度、健全管理机制、落实规章制度、强化质量监管，明显改善管理效率和效果；第二，要注重岗前培训、强化在岗培训、开展技能竞赛、宣传服务范例，提高服务的规范性，强化员工服务意识，提升个性化服务水平；第三，培育优秀企业文化，强化员工爱岗敬业精神，增强企业凝聚力；第四，积极创造条件，推出个性化、人性化服务，吸引更多优质客源，提升饭店知名度；第五，积极参加各类创先争优活动，学先进、找不足、求进步，促进服务水平的提升。

（三）提高服务质量

要想有效实施星级制度，在激烈的市场中立于不败之地，饭店就要紧紧抓住服务质量这一重点，全面强化全体员工的质量意识，把服务水平作为评价员工绩效的主要依据。通过对服务质量工作的不断强化，使饭店“服务至上、诚信经营”的意识显著加强、服务的规范化和标准化得到显著提高。不少高星级饭店由于形势所迫，不得不放下身段，推出大众产品服务，甚至投身团购，但最后凭借不打折的服务，既赢得了市场，也赢得了口碑。所以，饭店即便摘星、降星，也不应降低服务水准。

（四）突出饭店特色

相对于星级饭店的名号来说，饭店的特色主题和度假休闲环境才是真正吸引顾客的地方。如今，饭店市场缺的不是高星级饭店，而是特色饭店。开发建设文化主题饭店，已成为全球饭店业的一大趋势。崇左明仕山庄、柳州丽笙饭店、金秀盘王谷深航假日饭店的发展都是很好的例子。要做有特色的高星级饭店，就要增加当地的文化元素和人文景观，用文化吸引顾客，进而留住顾客。

星级是衡量饭店服务水平和质量的一个标准，但成熟的饭店业状态应该是无论星级高低，都始终追求高水准服务，客户消费的是高端服务而不是高星级。事实上，许多摘星或降星后的无星级饭店在硬件上并不亚于五星级饭店，无星级饭店可以更灵活地把握市场的变化，调整经营策略，靠“特色、个性化”去吸引消费者，它折射出了一种新的生活方式，会更受消费者青睐。在我国饭店行业的未来发展中，可能会出现越来越多的这类饭店。

★案例分析

盘点新星级标准颁布后全国被摘星的 26 家饭店

在新版星级标准颁布后的一年多里，全国各地星级饭店的复核工作紧锣密鼓地展开，其中不乏被“摘星脱帽”的饭店。

据珠海市文体旅游局透露，根据《旅游饭店星级的划分与评定》的规定，经珠海市旅游饭店星级评定委员会研究决定，撤销了珠海市金口岸度假饭店、赋龙饭店三星级饭店资格，珠海市江南饭店及东澳游艇度假村二星级饭店资格，并收回星级饭店标牌、证书。

三亚亚太国际会议中心等18家饭店被取消星级，三亚亚龙湾海景国际饭店等16家饭店被予以暂缓通过星级复核、限期整改。其中三亚亚太国际会议中心因“连续三年重建改造不完工”，被全国星评委取消五星级评定；海口宾馆、海南天朗度假饭店分别因“达不到标准要求，且已连续两年整改不到位”“已连续两年装修改造，仍未完工，检查不达标”，被取消四星级评定。

《新华日报》刊登了一则《江苏省旅游饭店星级评定委员会公告》，公布取消了4家四星级饭店、17家三星级饭店、14家二星级饭店的星级资格，并对5家四星级饭店、4家三星级饭店和1家二星级饭店进行“限期整改一年”的处理决定。其中，无锡有3家星级饭店“榜上有名”。在公告中，无锡锡海花园大饭店被取消四星级饭店资格，无锡大地宾馆被取消三星级饭店资格，无锡山明水秀大饭店则被要求限期整改一年。

案例讨论题

1. 根据案例谈谈饭店实施星级制度的目的与作用。
2. 根据案例谈谈26家饭店被摘星的原因及今后的发展建议。

思考与练习

1. 饭店有哪些分级方法？举例说明哪些国家分别采用哪种分级方法。
2. 各国饭店的分级标准是什么？举例说明。
3. 我国的饭店业星级制度经历了哪几个历史阶段？
4. 简述我国饭店星级评定附录。
5. 新形势下，我国星级饭店应如何发展？

第五章

现代饭店企业

★教学目标

1. 掌握饭店企业文化的概念、特征及作用。
2. 掌握饭店企业文化的构成。
3. 重点掌握饭店企业文化的构建原则及途径。
4. 掌握饭店产品的构成、生命周期、特征及其定位。
5. 掌握组织机构设置的原则及其基本形式。
6. 重点掌握饭店的部门机构设置及其功能。
7. 掌握饭店管理层次及组织制度。

★重要概念

饭店企业文化　饭店产品　直线制　职能制　直线—职能制　事业部制　矩阵型组织结构

第一节　饭店企业文化

每一家成功的饭店都具有以下共性：清晰的战略、高效的执行力、强烈的品牌建设意识、具有共同价值观的团队、追求卓越的服务精神，当然，更离不开健康、优秀的企业文化，这是形成饭店竞争力不可或缺的关键因素。任何一家饭店，即使设计再独特、装修再奢华，也只是一座由钢筋混凝土堆积而成的建筑而已，而它真正的灵魂是企业文化。无论是万豪国际饭店集团创始人比尔·马里奥特所提创的“家庭文化”的一系列亲情行为方式的企业文化，还是加拿大四季饭店集团创始人伊萨多·夏普所提出的“待人如己”的企业文化，均是这些国际品牌饭店集团取得成功的重要基石。

一、饭店企业文化概述

（一）饭店企业文化的概念

饭店企业文化是饭店的灵魂，是饭店品牌、理念、形象的高度集中，是市场经济下饭店企业的核心竞争力，是饭店在长期的经营管理实践中逐渐培育成的、占主导地位并为全体员工所认同和遵守的企业价值观、经营理念以及行为规范的总和。饭店的企业文化是饭店生存和发展的方式，以及这种方式所表露出来的价值取向。饭店企业文化一方面具备企业文化的共性，另一方面又独具特色，是一种特殊的企业文化。

（二）饭店企业文化的特征

饭店企业文化是一种观念形态，是一定政治、经济、环境的产物。它受民族传统、生产力发展水平和社会制度的制约及影响，具有以下特征：

1. 精神性和观念性

饭店企业文化是饭店发展过程中的生产经营意识、质量效益意识、目标发展意识、道德关系意识等汇集而成的一种群体精神。它集中反映企业全体员工的思想观念、心理观念、价值取向和精神状态。因此，饭店企业文化属于上层建筑、精神文化和思想观念的范畴，具有精神性和观念性。

2. 独特性和持久性

饭店企业文化由各家饭店根据自身性质、所处环境、经营范围经过长期的培育、倡导、塑造建立起来，反映的是各家饭店自身的特色。这种文化一经形成，能够产生一种强大的精神力量，并长期发挥作用。因而，企业文化具有独特性和持久性。

3. 群体性和动态性

饭店企业文化是一家饭店全体员工所共同形成的精神状态，是依靠共同的思想、观念、意识和行为准则而形成的，不是少数人或个别先进员工的行为。企业文化会随着时代的进步、企业的发展、领导班子的辛勤培育而逐步发展变化。因此，饭店企业文化又具有群体性和动态性。

4. 人文性和时代性

企业文化讲究对员工的“人情味”管理。企业文化建设的主题是“人”，它是一种集经济、文化和人于一体的发展战略。企业文化要求在饭店企业的发展过程中，努力做到人的建设、经济的建设、文化的建设相互渗透、相互贯通、有机统一，尤其是要突出以人为本的思想，结合为人民服务的本质要求，把饭店经营和文化建设密切地联系在一起，培养和造就适应社会主义市场经济全面发展的文化管理型人才。同时，饭店企业文化属于上层建筑，其内容受一定时期的经济、政治制度制约，因而具有时代性。同样，饭店企业文化也会打上时代的烙印，反映一定时代的价值取向和精神面貌。

（三）饭店企业文化的作用

1. 降低服务差错率

对饭店服务而言，员工与顾客的服务接触至关重要，而能够影响服务质量的关键在于员工的服务态度、服务技能和服务效率。服务技能和服务效率可以通过严格的培训加以提高，而服务态度却取决于员工对企业文化的认同。如果员工认同企业文化，就会有强烈的主人翁意识，就会尽全力去维护饭店的利益和形象。

2. 构建核心竞争力

饭店企业的核心竞争力是饭店在经营过程中形成的不易被竞争对手效仿的、能带来超额利润的独特能力。综观中国饭店业，能够长期繁荣不衰的饭店不多，原因就在于很多饭店都没有建立起自己的核心竞争力。饭店产品具有服务的无形性、服务的异质性、生产和消费的同步性、服务的易逝性、服务质量评价的主观性等特点，这些特点使得饭店产品不能申请专利，导致容易被竞争对手模仿和改进。而饭店文化是企业在长期的经营过程中积累下来的，相当于一个人的个性，很难被模仿和抄袭，这对于构建企业的核心竞争力具有重要意义。

3. 提高品牌威望

提到豪华饭店，人们立刻会联想到丽嘉、四季、希尔顿、万豪等品牌，这些知名品牌饭店有个共同点就是拥有自己独特的品牌威望。知名度、美誉度、忠诚度是构成饭店品牌威望的三个重要维度。饭店企业独特的文化能够提高企业的美誉度、忠诚度和知名度，从而提高企业的品牌价值。饭店作为以出售服务为主的经济实体，应将打造品牌威望作为战略目标的一个重要方面。

饭店企业文化使饭店对内具有凝聚力，对外具有竞争力。没有凝聚力，巨石也要成沙砾；拥有凝聚力，浮尘也可堆成山。没有文化的饭店，或者说是没有好的文化的饭店就难以形成无坚不摧的凝聚力，难以保证饭店向一个既定的目标不停地前进。

★知识链接

万豪饭店积极招募退伍军人，称与企业文化吻合

据国外媒体 Ehotelier 报道，万豪国际正在积极招募美国退伍军人参与饭店工作。万豪饭店集团一项最新研究证实：军队中的价值观适用于饭店行业，这些价值观尤其和万豪的企业文化相符。多年来，招募退伍军人一直是万豪“多样性和包容性战略”的一部分，万豪对数百名在公司工作的老兵进行了大量研究，从而不断调整战略。“我们了解到‘忠诚、尊重、诚实、尊荣’这些词，都是老兵们用来形容军队家庭的词，”万豪国际北美区首席人力资源官 Karl Fischer 表示，“我们也常用这些词来形容万豪的企业文化。”

为了吸引退伍的以及那些即将退伍的军人，万豪国际在世界各地超过 500 个军事基地开展招募工作，并特地为退伍军人推出了一个新网站。新网站通过“军人职业翻译”工具，帮助退伍军人找寻合适的工作机会；退伍军人亦可通过移动设备提交申请。万豪与多个老兵组织进行合作，和 500 多个基地以及世界各地的美国军事设施机构建立联系，挖掘那些在军队中表现积极并且即将退伍的军人，给正在积极寻找平民工作的军人提供机会。此外，万豪饭店集团还加强了与 Wounded Warriors 项目、Easter Seals 协会、VetFran 协会以及 Military. com 等网站的合作，一直活跃于退伍军人的招聘会上。在美国，万豪旗下的 665 家饭店提供了成千上万个工作岗位，退伍军人可根据他们的技能和专业知识进行选择。

“一个军队需要的是整个团队的成功，作为万豪奥兰多世界中心饭店的餐厅领班也如此，”美国前海军陆战队炮兵 Lawrence Delarco 说，“为了提供令客户满意的优质服务，你必须和你的团队同步。若是一个人，无论多么努力，也无法获得团队性的成功。”

二、饭店企业文化的构成

饭店企业文化既有共性，又有个性。共性可凸显规律，个性可彰显魅力。无论企业文化的表现形式和内容多么丰富，都由“一体三翼”构成，即以企业的“人格文化”为“体”，以企业的“制度文化、精神文化、物质文化”为“翼”。

（一）人格文化

饭店企业的人格文化实质是道德文化，折射的是饭店企业的价值观。价值观是“总开关”，对于饭店企业的行为取向、生产经营、评价标准等起着决定性的作用。饭店企业的人格文化就构成了饭店企业文化的主体和内核。而饭店企业人格文化的传承，离不开“制度文化、精神文化、物质文化”这“三翼”。

（二）制度文化

制度文化是饭店企业人格文化的有形载体，同时也是保证饭店企业有序运转的规章原则，是企业员工的行为准则。饭店企业的制度文化既包括企业的领导体制、组织机构，也包括企业的管理制度、工作纪律。饭店企业的制度文化是规范饭店企业及其员工行为的，因而具有行为文化的性质。

（三）精神文化

精神文化是饭店企业人格文化的风格风貌，同时是保证企业员工和谐共处的习俗惯例，是提升饭店企业形象的软实力。饭店企业的精神文化既包括饭店的企业理念、管理哲学，也包括企业精神、形象标识，它是一种无形的力量，能对员工精神面貌产生持久作用，是饭店企业文化的本质和灵魂，需要长期塑造。好的精神文化可以产生巨大的凝聚力和向心力，是员工工作的强大动力，使饭店具有生机和活力，从而获得更好的发展前景。

（四）物质文化

物质文化是饭店企业人格文化的外在表现，同时是保证饭店企业持续发展的物质基础，是决定其兴衰的硬实力。这种物质文化既包括饭店企业提供的优质产品和服务，也包括其创造的商标、专利与标准，还包括厂房、设备与环境等。饭店企业的物质文化在物的方面承载着饭店的人格文化、制度文化、精神文化，不仅印证饭店企业文化的追求，而且证明饭店企业文化的威力，同时展示着饭店企业文化的成果。

饭店企业文化的“一体三翼”不仅仅是个理论问题，更是个实践问题。实践证明，在饭店企业文化发展中，忽视“一体”，饭店企业的方向要偏、道德要滑、前景要暗；忽视“三翼”，饭店企业之魂难安、肌体难健、前景要乱。饭店企业唯有从实际出发，把“一体三翼”落到实处，才能真正形成自己的核心竞争力，进而实现基业长青。

三、饭店企业文化的构建

（一）饭店企业文化的构建原则

饭店企业的发展都是围绕企业文化进行的，企业文化是饭店企业发展的中心轴。饭店企业文化建设涉及的问题很多，不同的国家制度、民族特点、经济政治环境、行业、地域等都会影响企业文化的建设。因而，饭店企业文化的建设是一项科学严谨而又复杂的系统工程。为了能够建立健全饭店企业文化系统，需要遵循以下原则：

1. 目的性原则

目的性包括两个方面：一是企业文化自身的定位。企业文化的建设者一定要清楚企业文化在企业整体建设中所处的地位，这是最基本的前提。二是企业文化建设的目标和方向。饭店企业要明确企业的价值观、企业哲学、企业精神、道德规范等，从战略的高度整体规划企业文化，并以此组织建设。

2. 创新性原则

饭店企业文化是企业的精神和灵魂，它是饭店企业的大动脉和神经网络，它给企业带来的巨大财富是无法评估的。因此，在构建饭店企业文化的过程中要跟随时代发展的脚步，不断打破传统、冲破思想牢笼，使饭店企业文化不断创新。世界上真正成功的饭店永远属于那些具有创新性文化的品牌。

3. 参与性原则

饭店企业文化的主体是“人”，参与者也是“人”，企业文化的构建要始终围绕着“人”来展开，一切饭店文化的实践活动都要使“人”参与其中才能够实现，没有管理者的参与、没有员工的参与、没有消费者的参与，饭店的文化就无法构建。所以，在饭店企业文化的构建过程中必须坚持参与性原则。

（二）饭店企业文化的构建途径

1. 确立正确的价值观念

价值观念是饭店企业文化建设的灵魂，它决定企业文化的基本形态。例如，雅阁酒店集团根据自身发展愿景确立了正确的企业文化价值观念，即“在学习与创造中完善自我，在尽责与感恩中反省自我，在诚信与坦荡中实现自我，在专注与坚持中突破自我”，将这种文化价值观念融入集团的营销活动中，以文化作为媒介与顾客及社会公众构建全新的利益共同体关系，用文化来增添酒店产品的消费价值链、创造产品的亲和力、增强酒店的整体竞争优势。

2. 坚持“以人为本”

在市场经济条件下，谁拥有人才，谁就能在竞争中占有先机。饭店获取经济效益的高低，最终取决于人的因素。饭店不但要为员工提供良好的工作条件、生活条件，还要在精神上关心员工的需求。饭店还要建立唯才是举的人才管理机制，使员工能全身心地投入工作，在努力工作的过程中，实现自我价值的提升。

3. 建立完善的文化网络

文化网络能够传递大量的信息，在文化的形成中往往起着正式组织无法替代的作用。当文化网络传递积极的信息时，能够产生无穷的威力，促进健康文化的发展；当文化网络传递消极的信息时，也能产生极强的破坏力。因此，必须重视各种非正式组织和团体的文化网络功能，如切实搞好各种协会、联谊会、兴趣小组等，使之起到交流信息、提高素质、密切关系、寓教于乐的作用，从而促进饭店的稳定与发展。

4. 树立良好的企业形象

企业形象是饭店企业文化的综合反映和外在表现，是检验饭店企业文化构建成果的标尺。优秀的企业形象不仅能够对饭店员工产生全面、深刻的影响，加强员工对企业的归属感、自豪感、责任感和自信心，还能够提高饭店企业对外的影响力，强化广大消费者和投资者对饭店产品的消费信心和投资信心。

5. 建立员工关怀机制

人才是企业之本，饭店的设备会折旧，但饭店优秀的员工却会使饭店的价值持续地增长。饭店的管理层只有关心好饭店的每一位员工，员工才能照顾好饭店的每一位顾客，正所谓“没有满意的员工，就没有满意的顾客”。饭店管理层对员工的关爱，不仅要体现在改善工作环境、提高福利待遇及奖金等物质条件方面，还应该体现在建立健全的人文关怀机制上，这样才能够从根本上发挥饭店企业文化在用人方面的优势。

饭店企业文化建设是一个漫长的过程，需要不断沉淀和积累。在饭店企业发展进程中，要根据企业发展的不同阶段，恰当地调整文化内容，以使饭店企业文化能够与时代发展同步，从而真正做到饭店现代化。

★知识链接

探索凯宾斯基114年企业文化内核

拥有114年历史的品牌饭店——凯宾斯基坚信其处事方式是独一无二的，它通过带给顾客独特的消费体验来兑现凯宾斯基的品牌承诺。

在凯宾斯基，企业文化不仅仅是一句口号，更是实实在在、由内而外、从上至下的对品牌的承诺和在日常工作中的行为贯彻。在这里，“以人为本”意味着尊重他人的时间和想法，树立榜样并鼓励团队成员宽宏大量；认真倾听并专心致志更意味着通过以身作则的方式建立凯宾斯基的公司文化；“坦诚直率”意味着做出切实可行的承诺并付诸实践，做出真诚的反馈，给出建设性的批评但是不让员工受任何伤害，对员工的表现做出反馈和引导，从而让他们明白怎样做才是积极的行为，同时也意味着真诚和礼貌。

第二节　饭店产品

一、饭店产品的含义

饭店产品是指饭店向顾客出售的，能满足顾客需求的有形物品和无形服务的总和。有形物品和无形服务从不同的层面分析，有多种理解。从顾客的角度来看，饭店产品是一种经历与体验；从社会的角度来看，饭店产品代表着一种形象，尤其是高档饭店，是时尚、豪华、高消费的代名词；从饭店自身来看，饭店产品就是饭店赖以生存的基本条件，是饭店经营者精心设计的待销售的产品。综合来说，饭店产品的概念包含三个层次的含义。

（一）物质形态的商品

物质形态的商品又称为核心产品，是饭店产品整体观念中最基本、最主要的部分，是指顾客从饭店中得到的最根本利益。这种根本利益表现在顾客入住饭店的过程中希望由饭店提供的各种基本服务，如菜品、酒水饮料、商品等，它是顾客需求的中心内容。

（二）显性的非实体利益产品

显性的非实体利益产品，主要是指顾客可以使用并且通过使用而产生美感、享受的产品，这类产品又被称为核心产品的辅助品或包装物，如餐具、家具、棉织品等。这类产品的特点是：它们以物质形态表现出来，但在服务或销售过程中所有权不发生变化，当顾客损坏或带走时，应承担赔偿的责任。显性的非实体利益产品是饭店提供服务的基本物质依托，它对服务质量的影响是十分巨大的，也是饭店产品改进中最需要下功夫的部分。

（三）隐形的非实体利益产品

隐形的非实体利益产品主要是指顾客只能通过现场接触后才能体验、体察或感知的，能够满足顾客心理需求的产品。隐形的非实体利益产品的特点是：无所有权或者所有权不明确，是无形的，一般不可触摸到，只能被感知或体察到，如空气的清新度、温湿度、色彩和光线的基调与变化、空间感的宽敞程度、服务态度的亲和力等。

二、饭店产品的构成

（一）饭店位置

饭店地理位置的好坏意味着饭店可进入性的强弱。饭店的地理位置对于饭店建设的投资额、饭店的客源和饭店的经营策略等都会产生很大的影响。现代饭店一般依据自身功能来选择不同的地理位置，如度假型饭店选址在著名景区附近、商务型饭店选址在市中心和商务区，这样的选址都是为了更好地为目标客源提供各种方便的服务。

（二）饭店设施设备

饭店设施设备是指饭店为顾客提供服务的一切物质依托品，包括饭店的各类客房、各类别具特色的餐厅、康乐中心等。齐全、舒适的设施设备是饭店推销产品的重要条件，也是提高顾客满意度的基础保证，能够反映出一家饭店的服务质量和档次。饭店的设施设备可分为客用设施设备和供应用设施设备。不同等级的饭店对设施设备规格和质量的要求也有所不同。

1. 客用设施设备

客用设施设备也称为前台设施设备，是指直接供顾客使用的各种设施设备，如客房设施设备、餐饮设施设备、康乐设施设备等。要求做到设置科学、结构合理、配套齐全、舒适美观、操作简单、使用安全、完好无损、性能良好。

2. 供应用设施设备

供应用设施设备也称为后台设施设备，是指饭店经营管理所需要的不直接和顾客见面的生产性设施设备，如锅炉设备、制冷供暖设备、厨房设备等。要求做到安全运行，保证供应，否则也会影响到对顾客的服务质量。

（三）饭店服务

良好的服务是饭店产品中最重要的部分，也是顾客选择饭店的主要考虑因素之一。饭店服务内容的针对性、服务项目的齐全性、服务内容深度和服务水平的高低更是饭店竞争需要考虑的重要内容。

比起人人都知道的“service”，“hospitality”这个词显然更易于理解：殷勤好客，招待，款待；（气候，环境等的）宜人，适宜。对“hospitality”的两种解释能够完美地诠释服务的价值：提供服务者的态度——殷勤好客的；被服务者的感受——宜人舒适。同样的服务，对不同的顾客可能会产生不同的效果，一定要让顾客感受到你的用心，而不仅仅是走流程。

（四）饭店气氛

气氛是顾客对饭店氛围的一种感受。气氛取决于饭店设施设备的条件，取决于饭店空间与距离感，更取决于员工的服务态度与行为。

随着旅游业的日渐成熟，饭店不再仅仅是旅游者的临时寄宿场所，更成为不同旅游者，尤其是国外旅游者体验中国文化和地区区域文化、民族文化的重要场所。现代化装饰的豪华设施、中国民族风格的饭店建筑，配上不同格调、不同档次的壁画和艺术品，错落有致的花草布置，以及与之相适应的服务员的传统服饰打扮，这样的饭店气氛会对各国顾客产生极大的吸引力。

（五）饭店形象

饭店形象是社会及大众对饭店的一种评价或看法。饭店形象既包括建筑、客房、餐厅、设施设备等硬件条件，又包括饭店管理、服务质量、员工精神面貌、企业文化等软件形象。良好的饭店形象是饭店的宝贵财富，是饭店最有影响力的活广告，能够使饭店吸引更多的顾客，提高经济效益，同时提高饭店的知名度和美誉度。

三、饭店产品的生命周期

饭店产品的生命周期随着社会的不断发展，人们消费层次、结构的不断变化和生活方式的不断改变，都要经历产生、成长、成熟、衰退四个过程。

（一）产生期

产生期是饭店产品的诞生期。这个阶段的产品特性是：第一，产品刚刚起步，缺乏知名度，局面较难打开，顾客对饭店产品了解甚少，因而销售速度缓慢，销售额不高；第二，产品成本较高，利润偏低，还有可能出现无利润甚至亏本的情况；第三，暂时没有竞争对手，饭店面临的竞争压力很小；第四，饭店经营者为了树立良好的企业形象，致力于提高新产品的市场知名度，不断提高产品质量，广告宣传力度较大。

（二）成长期

成长期是饭店产品逐渐被市场接受的一个阶段。此时产品特性是：第一，销售量稳步增长；第二，产品基本定型，消费群也渐渐稳定，边际成本随着销售量的上升而逐渐降低，利润迅速增加；第三，模仿或相似产品逐渐在市场中出现，市场竞争也逐渐形成，此时饭店可以通过适当降低产品价格来增强竞争力；第四，饭店产品主要通过增加服务项目来进一步完善自己；第五，在保证产品质量的前提下，饭店要进一步挖掘市场潜力，并着手开发新产品。

（三）成熟期

当饭店产品的销售速度明显趋缓，产品已被消费者所接受时，该产品就进入了成熟期。这一阶段的产品特性是：第一，市场上不断出现替代产品和效仿产品，竞争对手日益增多，此时企业应主要考虑如何战胜竞争对手；第二，企业产品的市场占有率有所下降，利润也开始下降；第三，有些产品面临着被淘汰的可能，此时饭店要注意调整营销策略，通过降价、拓展销售渠道等方式最大限度刺激消费者购买，同时注重企业内部文化建设，不断提高管理水平。

（四）衰退期

受社会不断发展因素的影响，饭店产品同样也要遵循从问世到离开历史舞台的过程。新产品取代老产品是市场运作的基本规律。这一规律的特征主要表现在：第一，产品出现严重的饱和状态，市场被严重分割；第二，产品失去原有的吸引力，开始被其他产品所取代；第三，产品销售量急剧下降，以致出现负增长的趋势，此时饭店产品的利润很低，甚至出现无利乃至亏本的情况。

饭店产品生命周期理论可以帮助饭店经营者了解饭店产品处于产品生命周期的何种阶段，以便采取不同的营销策略，从而不断提高饭店产品的竞争力，并在激烈的竞争中处于优势和领先地位。

四、饭店产品的特征

对饭店产品的特征有充分的认识，对于优化饭店管理水平、增长经济效益、提高知名度和美誉度有十分重要的影响。饭店产品具有以下几个方面的特征：

（一）不可储存性

饭店产品具有不可储存性，即饭店产品如果在规定时间内销售不出去，其产品的价值就会丧失，并且永远无法弥补，尤其是客房，因此行业内将饭店客房比喻为“易坏性最大的商品”“只有 24 小时寿命的商品”。这就要求饭店管理者必须十分关注饭店产品的使用率，运用灵活的价格策略，采取有效的激励手段和措施，提高饭店产品的销售量，以获取更大的收益。

（二）季节性

旅游活动受季节、气候等自然条件和各国休假制度的影响较大。世界各国的假期大多在夏季或秋季，因此饭店产品的销售具有明显的季节性。据调查，兰州皇冠假日饭店自 2012 年年底开业以来，以其 440 间客房拥有量、会展中心旁边的区位优势以及饭店本身的高端配备设置等优势条件，吸引了大量的大型会议、商务人士等客源的目光，特别是进入夏季，随着各种节会、展会的增多，饭店的入住率几乎达到饱和，7 月、8 月更是达到最高峰，经常出现“一房难求”的现象。另外，在饭店客源升温的同时，价格也“热”了起来，目前大多星级饭店均实行了“旺季价格”，每种房型的价格在旺季平均都会上涨 30～50 元，即便如此，房间仍是供不应求。

（三）同步性

同步性是指饭店产品的生产和消费过程是同时进行的。只有当顾客购买并在现场消费时，饭店的服务和设施相结合才能成为饭店产品。饭店产品的这一特点要求饭店必须强调服务操作的规范性和标准性，要求饭店员工不仅要具备良好的服务技能，还要懂得服务心理学，了解不同顾客的需求规律和心理特点，要求员工“第一次就把事情做好”，要有一锤定音的效果。

（四）质量评价的主观性

饭店服务是无形的，服务质量的好坏不能用物理的性能指标来衡量。来自不同国家、地区的不同类型的顾客，由于他们所处的社会经济环境不同，对服务质量的感受往往带有较大的个人色彩和特点，具有很大的主观性以及不确定性。饭店提供的服务质量的好坏在相当程度上取决于顾客各自的需要和自身的特点，取决于顾客在体验服务后生理和心理上感受到的满意程度。饭店产品质量评价的主观性就要求饭店在确保服务符合质量标准的基础上，对不同类型的顾客提供针对性的个性化服务。

（五）无专利性

饭店能够为饭店的名称及标志申请专利，却无法为所创新的客房、餐饮以及服务方式申请专利，其结果是饭店新颖的产品及独特的服务方式被竞相模仿，各饭店的产品趋于雷同，使创新者失去了原有的竞争优势。针对饭店产品的无专利性，饭店管理者要充分了解顾客的消费需求，在饭店产品的生产过程中不断创新，保持饭店产品的竞争优势，提高顾客的品牌忠诚度。

五、饭店产品的市场定位

饭店产品的市场定位是指饭店根据目标市场中同类产品的竞争状况，针对顾客对该类产品的特征及属性的重视程度，为饭店企业产品塑造强有力的、鲜明而独特的形象，并将其传递给顾客，从而获得顾客认同的过程。饭店产品定位从另一个角度看，是要突出饭店产品的个性，并借此塑造出独特的市场形象。一项产品是多个因素的综合反映，包括性能、构成、形状、包装、质量等，产品定位就是要强化或放大某些产品因素，从而形成与众不同的特定形象。产品差异化是达成饭店产品定位的重要手段，这就要求饭店在进行市场细分的基础上，寻求建立某种产品特色，从而使饭店的市场营销观念体现得更具体、更恰当。

饭店进行产品市场定位可以使自己的产品获得稳定的销路，避免竞争乏力而被其他饭店取代，并能树立起鲜明的市场形象，在顾客心中形成一种特殊的偏爱。例如，希尔顿饭店在顾客认知中意味着“高效率的服务”，假日饭店则给人“廉价、卫生、舒适、整洁”的市场形象。国内饭店中亦有个性鲜明的例子，如南京市饭店业长期以来流传的“住‘金陵’、食‘丁山’、玩‘玄武’”的口号，正是对这三家饭店及其产品特色的高度概括。这三家饭店也正是通过强化各自的产品特征，形成一种产品优势，从而依靠这些特色产品在市场中取得竞争的主动权。因此，饭店产品定位对饭店的经营具有重要而现实的意义。

（一）饭店产品的市场定位方式

1. 价格定位

所谓价格定位就是饭店根据产品特色、自身实力、客源情况等确定饭店产品低价、中价或高价定位。价格与质量两者变化可以创造出产品的不同地位。在通常情况下，质量取决于产品的原材料或生产工艺及技术，而价格往往反映其定位，“优质高价”“劣质低价”正是反映了这样的一种产品定位思路。例如，假日集团的家庭旅馆就是低价定位，而皇冠型旅馆就是高价定位。

2. 档次定位

这种定位方式是将某一饭店产品定位为与其相类似的另一种类型产品的档次，以便使两者产生对比，也就是为某一饭店产品寻找一个参照物，在同等档次的条件下进行比较，以突出该产品的某种特性。例如，一些饭店将自己客房产品的档次设定为与某一家公众认可的饭店的客房档次相同，突出在与其标准间同等档次的前提下具备的厨房设施，更加适合家庭旅游者使用，以使顾客更易于接受其产品，从而达到吸引家庭旅游者购买的目的。

3. 消费群定位

这是饭店常用的一种产品定位方式，即将某些产品指引给适当的使用者或某个目标市场，以便根据这些使用者或目标市场的特点创建这些产品恰当的形象。许多饭店针对当地居民“方便、经济、口味丰富”的用餐要求，开设集各地风味为一体的大排档餐厅，便是根据使用者对产品的需求而进行的定位。

4. 竞争策略定位

饭店在市场营销活动中要根据竞争对手的基本策略，采用避强就弱、避实就虚或针锋相对的竞争策略。例如，上海静安希尔顿饭店与上海新锦江大饭店、上海锦沧文化大饭店和上海波特曼大饭店同为五星级，互为竞争对手。静安希尔顿饭店针对三个竞争对手都没有免费停车场的情况，以其车位多并且停车免费的竞争策略赢得了顾客的青睐。

5. 混合因素定位

饭店产品定位并不是绝对地突出产品的某一个属性或特征，顾客购买产品也不是只为获得产品的某一项利益，因此，饭店产品的定位可以使用上述多种方法的结合来创立其产品的地位。这样做有利于发掘产品多方面的竞争优势，满足更为广泛的顾客需求。

（二）饭店产品定位策略

1. 抢占市场定位，避实击虚

当饭店对竞争者的市场地位、顾客的实际需求和本饭店产品的属性等进行了充分的评估分析后，发现目标市场上竞争对手实力雄厚，无法与之正面抗衡时，应将目光转到竞争对手尚未顾及或忽视的市场空隙，组织自己的产品去满足那些市场上尚未得到满足或未被完全满足的需求，从而与竞争对手形成鼎足之势。这样的定位方式风险较小且易于成功。

例如，美国20世纪60年代的经济型饭店——汽车旅馆成功的产品市场定位对我国目前的饭店行业竞争形势下的产品定位具有十分现实的指导意义。这种旅馆为大众旅行提供了既满足基本需求又经济实惠的选择，其设施简单实用，这对于过路、只求得到很好休息的顾客来说是极具吸引力的。我国许多中小型饭店在面临大饭店和饭店集团的竞争压力时，往往采取追加投资，对产品更新改造，从而使自己的产品项目全、上档次的策略，作为竞争的手段。其实，这对饭店有限的资源会造成更大的压力甚至浪费。所以，能够清晰地了解和分析客源市场及自身产品，避实击虚，迅速地抢占市场定位，对饭店来说至关重要。

2. 强行攻击，共享市场

当发现目标市场竞争对手众多，但市场需求潜力仍然很大，此时资源雄厚、实力强大的饭店常采取此类产品定位策略，选择与竞争对手重叠的市场位置，争取同样的潜在目标顾客，与竞争对手在产品、价格、促销、渠道等各个方面和环节展开直接面对面的拼争，与竞争对手共坐一席。

要采取强行攻击、共享市场的产品定位策略，饭店对竞争者和竞争的结果必须有充分、准确的估计和分析，必须十分了解自己是否具备比竞争对手更为丰富的资源、更强的经营能力，是否能比竞争对手做得更出色，竞争中的获利能否平衡为赢得竞争所付出的代价等。如果缺乏足够的认识，贸然逞强，很有可能将饭店引入歧途，造成严重的损失。

当然，饭店产品的市场定位并不是一成不变的，随着市场环境的不断变化，需要对策略进行不断的调整，如果能够根据环境的变化而适时选择恰当的产品定位策略，将有助于饭店营销的顺利开展。

第三节　饭店企业组织结构

现代饭店企业组织结构是指对饭店的工作任务进行分工、分组和协调工作，是组织在职、责、权方面的动态结构体系。现代饭店企业组织结构的本质是为实现饭店组织战略目标而采取的一种分工协作体系。

一、饭店组织机构设置的原则

由于各饭店的规模和性质不同，饭店的部门机构设置并不强求统一，但基本要求是一致的。一般来讲，设计正式的组织机构应遵循以下几项原则：

（一）目标一致性原则

目标一致性原则要求组织机构设置必须有利于饭店企业目标的实现，企业中的每一组织机构都应该与既定的宗旨和目标相关联，否则就没有存在的意义。饭店企业的目标是通过生产某种满足社会需要的产品实现利润的最大化，它的组织机构一般包括为实现这一目标而设立的计划部门、采购部门、生产部门、销售部门、财务部门等。同时，每一组织机构根据总目标制定本部门的分目标，而这些分目标又成为该组织机构向其下属机构进行目标细致分配的基础。这样饭店企业的目标被层层分解，机构层层建立，直至每一位员工都了解自己在总目标的实现中应完成的任务，这样建立起来的组织机构才是一个有机整体，才能为总目标的实现提供保障。

（二）统一领导与分级管理相结合的原则

统一领导是现代化大生产的客观要求，它对于饭店建立健全组织、统一行动是至关重要的。要保证统一领导，饭店组织机构一定要按照统一领导的原则来设计，任何下级只能接受一个上级的直接领导，不得受到一个以上的上级的指挥。上级不得越过直属下级进行指挥（但可越级检查工作），下级也不得越过直属上级接受更高一级的指令（但可越级反映情况）。职能管理部门只能是直线指挥主管的参谋和助手，有权提供信息和建议，但无权向该级直线指挥系统的下属发号施令，否则就会破坏统一领导原则，造成“令出多门”，使下级无所适从。在实行统一领导的同时，还必须实行分级管理。所谓分级管理，就是在保证集中统一领导的前提下，建立多层次的管理组织机构，自上而下地逐级授予下级行政领导适当的管理权力，并承担相应的责任。

（三）稳定性与适应性相结合的原则

稳定性与适应性相结合的原则要求饭店企业组织机构的设置要有相对的稳定性，不能频繁变动，但又要随外部环境及自身需要作相应调整。饭店企业组织结构的设置状态维持得越稳定，企业成员对各自的职责和任务越熟悉，其工作效率就越高，相应的饭店的经济效益也就越好。饭店企业组织机构如果经常变动，会打破企业相对均衡的运动状态，在接受和适应新的组织机构的过程中会影响饭店的效益。但任何饭店企业都是动态、开放的系统，不但自身在不断运动变化，而且外界环境也是在变化的，当相对僵化、低效率的组织机构已无法适应外部的变化，甚至危及饭店企业的生存时，组织机构的调整和变革便不可避免，只有调整和变革，饭店企业才会重新充满活力。

（四）相互协调的原则

为了确保饭店企业组织目标的实现，在组织内的各部门之间以及各部门内部，都必须相互配合、相互协调地开展工作，这样才能保证整个饭店组织活动的步调一致，否则饭店企业组织的职能将受到严重影响，难以保证饭店企业目标的实现。

（五）权责对等原则

在饭店企业组织机构设置过程中，权是指管理者的职权，即职务范围内的管理权限；责是指管理者的职责，即当管理者担任某职务时所应履行的义务。职责不像职权那样可以授予下属，它作为一种应该履行的义务是不可以授予他人的。职权应与职责相符，职责不可以大于也不可以小于所授予的职权。职权、职责和职务是对等的，如同一个等边三角形一样，在饭店企业组织机构的设置中，一定的职务必有一定的职权和职责与之相对应。

（六）有效性原则

有效性原则要求饭店组织机构和组织活动必须富有成效。第一，组织机构设计要合理。要基于管理目标的需要，因事设机构、设职务匹配人员，人与事要高度配合，反对离开目标因人设职、因职找事。第二，饭店企业组织内的信息要畅通。由于饭店企业内组织机构的复杂性和相互之间关系的纵横交错，往往易发生信息阻塞，这将导致饭店企业管理的混乱，严重时会造成巨大的损失，因而对饭店企业组织机构信息管理的要求是：准确、迅速、及时反馈。只有这样才能了解命令执行的情况，及时得到上级明确的答复，使问题尽快得到解决。第三，饭店企业组织主管领导要能够对下属实施有效的管理。为此，必须制定各种适用于企业组织明确的规章制度，使主管人员能对整个组织进行有效的指挥和控制。只有明确了规章制度，才能保证和巩固组织内协调一致，从而实现整个饭店企业的经营目标。

（七）集权与分权相结合的原则

集权与分权相结合的原则要求饭店企业实施集权与分权相结合的管理体制来保证有效的

管理。需集中的权力要集中，该下放的权力要大胆地分给下级，这样才能增加饭店企业的灵活性和适应性。如果将所有的权力都集中于最高管理层，则会使最高层主管疲于应付琐碎的事务，而忽视企业的战略性、方向性的大问题；反之，权力过于分散，各部门各把一方，则彼此协调困难，不利于整个饭店企业采取一致行动，实现整体利益。因此，高层主管必须将与下属所承担的职责相应的职权授予他们，调动下属的工作热情和积极性，发挥其聪明才智，同时也减轻了自身的工作负担，以利于集中精力抓大事。

二、饭店组织的基本结构

饭店组织结构是指饭店各部门的划分，以及各部门在整个饭店企业组织系统中的位置、集聚状态及相互联系的形式。饭店组织的基本结构通常分为以下几种：

（一）直线制

直线制组织结构（如图 5-1 所示）是最早出现的一种简单的组织结构形式，又称军队式组织结构或单线制组织结构，主要是以工作和任务为中心，是运用得最为广泛的饭店企业组织结构。直线制组织结构适用于规模较小或业务简单、稳定的饭店企业。

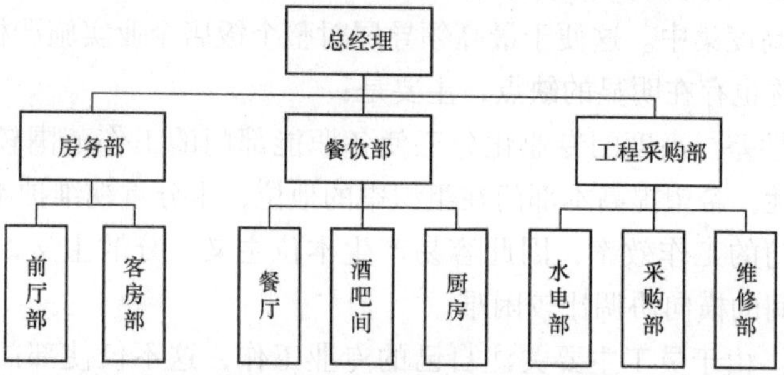

图 5-1　直线制组织结构

直线制组织结构的优点是：

（1）结构简单，指挥系统清晰、统一。

（2）责权关系明确，横向联系少，内部协调容易，信息沟通迅速，解决问题及时，管理效率比较高。

其缺点为：

（1）缺乏专业化分工。

（2）要求领导者是全才，必须通晓多种知识和业务，亲自处理各种业务，不利于领导集中精力解决饭店企业的重大问题。

（二）职能制

职能制组织结构（如图 5-2 所示）起源于 21 世纪初，是由法约尔在其经营的煤矿公司担任总经理时所建立的组织结构形式，故又称为“法约尔模型”。它是按职能来组织部门分工的，即从饭店企业高层到基层，将承担相同职能的管理业务及其人员组合在一起，设置相应的管理部门和管理职务。例如，将饭店企业中所有同销售有关的业务工作和人员都集中起来，成立销售部门，由分管市场营销的副经理领导全部销售工作。

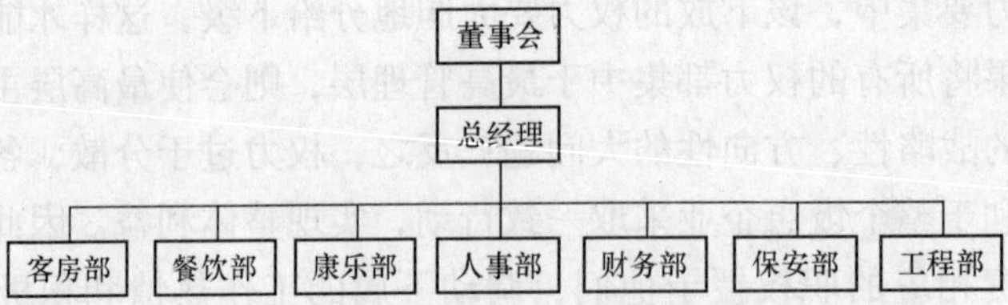

图 5-2　职能制组织结构

职能制组织结构的主要优点是：

（1）工作职责明确。由于按职能划分部门，各部门及其工作人员的工作职责非常明确。

（2）稳定性高。每一位管理人员都固定地归属于一个职能结构，专门从事某一项职能工作，在此基础上建立起来的部门间联系能够长期不变，这就使整个组织系统有较高的稳定性。

（3）工作效率高。各部门和各类人员实行专业化分工，有利于管理人员注重并能熟练掌握本职工作的技能，有利于强化专业管理，提高工作效率。

（4）管理权力高度集中。这便于最高领导层对整个饭店企业实施严格的控制。

职能制组织结构也存在明显的缺点，主要是：

（1）横向协调性差。高度的专业化分工使各职能部门的工作范围较窄，往往片面强调本部门工作的重要性，希望提高本部门在组织中的地位，十分重视维护本部门的利益，特别是致力于提高本部门的工作效率，因此容易产生本位主义、分散主义，造成许多摩擦和内耗，使职能部门之间的横向协调比较困难。

（2）适应性差。由于员工主要关注自己的专业工作，这不仅使部门之间的横向协调困难，而且妨碍相互间的信息沟通，高层领导的决策在执行中也往往被狭隘的部门观点和利益所曲解，或者受阻于部门隔阂而难以贯彻。这样，整个组织系统就不能对外部环境的变化及时做出反应，适应性差。

（3）企业领导负担重。在职能制结构条件下，部门之间的横向协调只有企业高层领导才能解决，加之经营决策权又集中在其手中，企业高层领导的工作负担就十分重，容易陷入行政事务之中，无暇深入研究和妥善解决生产经营等重大问题。

（4）不利于培养管理人才。由于各部门的主管人员属于专业职能人员，工作本身限制了他们扩展自己的知识、技能和经验，而且养成了只注重本部门工作与目标的思维方式和行为习惯，使得他们难以胜任也不适合担任对饭店企业全面负责的高层领导工作。

（三）直线—职能制

直线—职能制组织结构（如图 5-3 所示）是把直线制组织结构与职能制组织结构结合起来，以直线制为基础，在各级行政负责人之下设置相应的职能部门，分别从事专业管理工作，作为该领导的参谋，实行主管统一指挥与职能部门参谋、指导相结合的组织结构形式。职能参谋部门拟定的计划、方案以及有关指令，由直线主管批准下达；职能部门参谋只起业务指导作用，无权直接下达命令，各级行政领导人逐级负责，实行高度集权。

直线—职能制组织结构的优点是：

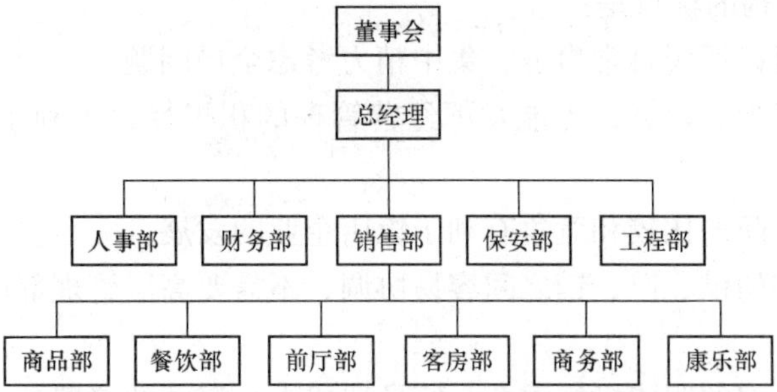

图 5-3　直线—职能制组织结构

（1）将直线制组织结构和职能制组织结构的优点结合起来，既能保持统一指挥，又能发挥参谋人员的作用。

（2）分工精细，责任清晰，各部门仅对自己应做的工作负责，效率较高。

（3）组织稳定性较高，在外部环境变化不大的情况下，易于发挥组织较高的工作效率。

其缺点是：

（1）部门间缺乏信息交流，不利于集思广益地做出决策。

（2）直线部门与职能部门（参谋部门）之间目标不易统一，职能部门之间横向协调性较差，信息传递路线较长，矛盾较多，上层主管的协调工作量大。

（3）难以从组织内部培养熟悉全面情况的高素质的管理人才。

（4）系统刚性大，适应性差，容易因循守旧，对新环境不易及时做出反应。

（四）事业部制

事业部制组织结构（如图 5-4 所示）最早是由美国通用汽车公司总裁斯隆提出的。当时，通用汽车公司合并收购了许多小公司，企业规模急剧扩大，产品种类和经营项目增多，而内部管理却因适应不了这种急剧的发展而显得十分混乱。时任通用汽车公司常务副总经理的斯隆借鉴了杜邦化学公司的经验，以事业部制的形式于 1924 年完成了对原有组织的改组，使通用汽车公司的整合与发展获得了较大成功，成为实行事业部制的典型，所以事业部制组织结构又有“斯隆模型”之称，也被称为“联邦分权化”，是一种高度（层）集权下的分权管理体制。

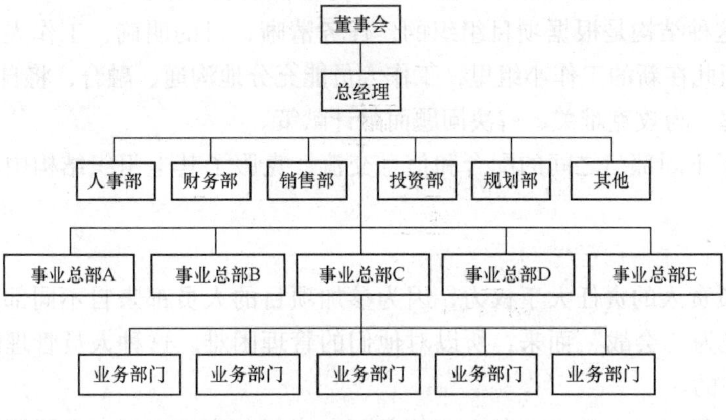

图 5-4　事业部制组织结构

事业部制组织结构的优点是：

（1）高层领导可以摆脱日常事务，集中精力考虑全局问题。

（2）事业部实行独立核算，更能发挥经营管理的积极性，更利于组织专业化生产和实现企业的内部协作。

（3）各事业部之间的比较和竞争有利于饭店企业的发展。

（4）事业部内部的供、产、销之间容易协调，不需要高层管理部门过多的管理和控制。

其缺点是：

（1）公司与事业部的职能机构重叠，容易造成人力资源的浪费。

（2）事业部实行独立核算，各事业部只考虑自身的利益，影响事业部之间的协作，一些业务联系与沟通往往也被经济关系所替代。

（五）矩阵型组织结构

矩阵型组织结构（如图 5-5 所示）是按职能划分的部门和按产品（项目或服务）划分的部门结合起来组成一个矩阵，同一个员工既同原职能部门保持组织与业务的联系，又参加产品或项目小组的工作，即在直线职能型的基础上，再增加一种横向的领导联系。为了保证完成一定的管理目标，每个项目小组都设置了负责人，在组织最高主管直接领导下开展工作。矩阵型组织结构打破了传统的一个员工只受一个上级主管的原则，使一个员工至少有两个主管领导。

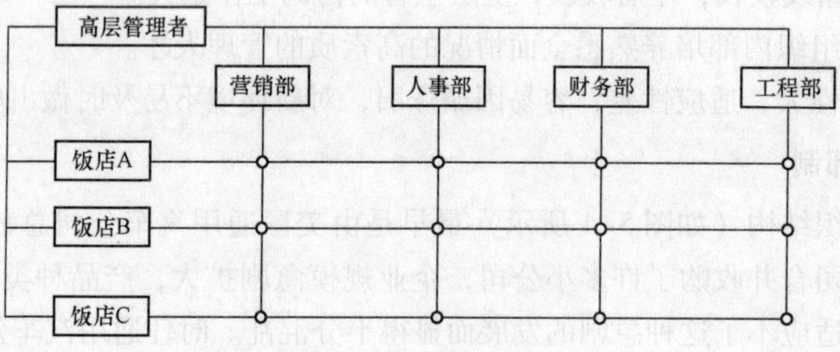

图 5-5　矩阵型组织结构

矩阵型组织结构的优点是：

（1）机动、灵活，可随项目的开发与结束进行组织或解散。

（2）由于这种结构是根据项目组织的，任务清晰、目的明确，工作人员都是各方面的高素质人才。因此在新的工作小组里，工作人员能充分地沟通、融合，将自己的工作同整体工作联系在一起，为攻克难关、解决问题而献计献策。

（3）加强了不同部门之间的配合和信息交流，克服了其他组织结构中各部门互相脱节的缺点。

其缺点是：

（1）项目负责人的责任大于权力，因为参加项目的人员都来自不同部门，隶属关系仍在原单位，只是为“会战”而来，所以对他们的管理困难。这种人员管理缺陷是矩阵型组织结构先天存在的。

（2）由于项目组成人员来自各个职能部门，当任务完成以后，仍要回到原组织，因而容易产生临时观念，对工作效率有一定影响。

三、饭店的部门机构设置及其功能

（一）主线部门（Line Departments）

1. 前厅部（Front Office）

前厅部是饭店经营与管理的神经中枢，是饭店为顾客提供接待和服务的窗口与桥梁，是为饭店高层领导和营业部门提供顾客信息并做出经营决策的参谋机构。其工作与管理质量的优劣，影响着饭店的经济效益和社会效益。

根据饭店的规模不同，前厅部业务分工也不尽相同，一般都设有以下主要机构：

（1）大堂副理（Assistant Manager）。大堂副理是饭店管理机构的代表人之一，对外负责处理日常顾客投诉和意见，协调饭店各部门与顾客的关系；对内负责维护饭店的正常秩序及安全，对各部门的工作起监督配合作用。

（2）预订处（Reservation）。预订处主要负责在顾客进入饭店之前接受客房预订和办理预订手续，根据饭店客房情况，制定预订报表，对预订进行计划安排和管理，掌握并控制客房出租状况，并按要求定期预报客源情况和保管预订资料。

（3）接待处（Reception）。接待处是前厅最突出、最重要的部门。它负责接待抵店投宿的顾客，包括团体、散客、长住客、非预期到店以及无预订顾客；办理顾客住店手续，分配房间；与预订处、客房部保持联系，及时掌握客房出租变化，准确显示房态；制作销售情况报表，掌握住房顾客动态及信息资料等。

（4）问讯处（Information）。问讯处主要负责回答顾客的询问，提供各种有关饭店内部和饭店外部的信息；提供收发、传达、会客等应接服务；负责保管所有的客房钥匙。

（5）礼宾部（Concierge）。礼宾部负责在饭店门口或机场、车站、码头迎送顾客；调度门前车辆，维持门前秩序；代客卸送行李，陪客进房，介绍客房设备与服务，并为顾客提供行李寄存和托运服务；分送顾客邮件、报纸，转送留言、物品；代办顾客委托的各项事宜。

以委托办理形式出现的“金钥匙”服务，是区别于一般的饭店服务的高附加值服务，具有鲜明的个性化和人性化特点，被饭店业专家认为是饭店服务的极致。

★知识链接

金钥匙

当我们入住饭店时，如果在礼宾部服务员的衣领上看到两把交叉的金钥匙标志（如图 5-6 所示），就代表这家饭店有“金钥匙”委托代办服务，我们就有机会享受“金钥匙”服务。

“金钥匙”的原型是 19 世纪初期欧洲饭店的“委托代办”（Concierge）。而古代的 Concierge 是指宫廷、城堡的钥匙保管人。从“委托代办”的含义可以看出“金钥匙”的本质内涵就是饭店的委托代办服务机构，至今已变成对具有国际金钥匙组织会员资格的饭店的礼宾部职员的特殊称谓。自 1929 年，国际饭店金钥匙组织首次在法国成立，现已遍布 40 个国家和地区，中国是成员之一。我国被授予“金钥匙”的人数已近 1 600 名。

图 5-6 金钥匙标志

"金钥匙"已成为世界各国高星级饭店服务水准的形象代表，一家饭店加入了"金钥匙"组织，就等于在国际饭店行业获得了一席之地；一家饭店拥有了"金钥匙"首席礼宾司，就可显示不同凡响的身价。"金钥匙"也是现代饭店个性化服务的标志，是饭店内外综合服务的总代理。"金钥匙"对顾客提出的要求绝对不能轻易说不，这也正是"金钥匙"的精髓所在。只要在合理合法的范围内，没有"金钥匙"做不到的，只有顾客想不到的，其服务理念是在不违反当地法律和道德观的前提下，使顾客获得"满意加惊喜"的服务。

顾客交给"金钥匙"的任务一般都有一定难度，每一项任务都是一个挑战。首先，"金钥匙"必须善于利用手上的资源，如利用网络上各种各样的资源，会有事半功倍的效果。另外，"金钥匙"还必须会动脑筋，平时也需要积累非常丰富的知识，这样才能在接到任务的时候胸有成竹。可即使平时积累得再多，也有可能涉及自己不熟悉的领域。这个时候，"金钥匙"的百宝箱就会发挥作用。"金钥匙"们都有一个共有的百宝箱，那就是全国甚至全球的金钥匙联盟。别小看全国或者世界各地"金钥匙"联合在一起的威力，他们能够让不少不可能的任务变为可能。

一位做了30年"金钥匙"的先生曾在巴黎著名的丽兹饭店等多家饭店任"金钥匙"。他在巴黎某饭店任"金钥匙"期间，一位顾客入住饭店后想看一本书，希望饭店代为购买。顾客提出要求时是晚上7时，次日早上10时就要离店。而这本书仅在纽约有售。于是这位巴黎的"金钥匙"马上打电话给纽约的同行，设法买到了这本书，而这位同行的太太在航空公司工作，次日8时30分，这本书就送进了顾客的房间。当然，这位顾客之后每到巴黎，必然会住在这名"金钥匙"工作的饭店。这就是金钥匙联盟的"魔力"。

（6）电话总机（Telephone Switch Board）。电话总机负责接转饭店内外的电话，回答顾客的电话询问；提供电话找人、留言服务；提供叫醒服务；播放背景音乐；充当饭店出现紧急情况时的指挥中心。

（7）商务中心（Business Centre）。为满足顾客的需要，现代饭店尤其是商务型饭店都设立了商务中心。通常，商务中心应设在顾客方便而又安静、舒适、优雅的地方，并有明显的指示标记牌。它是商务顾客常到之处，其服务质量的好坏会直接影响到饭店的声誉和经济效益。商务中心提供信息及秘书服务，如收发电传、传真、复印、打字及电脑文字处理等。

（8）收银处（Cashier）。负责饭店顾客所有消费的收款业务，包括客房、餐厅、酒吧、长途电话等各项服务费用；同饭店一切有顾客消费的部门的收银员和服务员联系，催收核实账单；及时催收长住顾客或公司超过结账日期、长期拖欠的账款；夜间统计当日营业收益，制作报表。

2. 客房部（Housekeeping Department）

客房部是饭店的主要营业部门之一，也是饭店经济收入的主要来源部门之一，其经营、管理的客房既是饭店产品的主体，又是饭店设施设备的重要组成部分。因此，客房服务水平能反映饭店的服务水平和管理水平，客房部经营的好坏直接关系着饭店的整个声誉及经营效果，是饭店经营过程中的重中之重。

客房部主要负责饭店客房服务、洗衣服务、清洁服务等工作，本着“顾客至上、服务第一”的宗旨，努力为顾客提供安全、规范、迅速、礼貌、热情、真诚、卫生、周到的服务，为顾客创造一个良好的居住条件和工作环境。客房部的组织机构因饭店规模、档次、业务范围、经营管理方式不同而有所区别。就客房服务的组织模式来说，目前，国内的饭店客房对客服务的组织模式主要有两种：一种是设立楼层服务台；另一种是设立客房服务中心。我国传统的饭店多采用楼层服务台模式，国外饭店以及中外合资（合作）饭店多采用客房服务中心模式。

3. 餐饮部（Food & Beverage Department）

餐饮部作为集采购、生产加工、销售、服务于一体的饭店内唯一生产实物产品的部门，是饭店的重要组成部分，也是饭店获得经济收益的重要部门之一。餐饮部的作用主要体现在：提供以菜肴为主要代表的有形产品；提供满足顾客需要的、恰到好处的服务；提高饭店经济效益；为饭店树立良好的社会形象。同时，餐饮部在经营方面也有区别于其他部门的特点，主要体现在生产、销售、服务三个方面。

（1）生产方面。第一，餐饮生产属个别订制生产，产品规格多、批量小。这为餐饮产品质量管理和标准的统一带来了一定挑战。第二，餐饮生产的过程短暂。这为餐饮产品质量的控制带来了很大难度。尤其在餐厅顾客较多的季节和时段，保证顾客及时有餐可用和质量稳定具有很大难度。第三，餐饮生产产量难以预测。由于餐饮生产绝大多数是现场式生产，没有顾客往往就没有生产任务，因此就餐者的到来时间、规模、消费要求都很难准确预测，产品生产的随机性很大。第四，餐饮生产的原料、产品容易变质。餐饮原料和成品大多是鲜活产品，容易变质，其质量与时间成反比。因此，原料的合理储备具有极强的科学性，处理得当可以节约成本，提高餐饮产品质量。第五，餐饮生产过程的管理难度大。餐饮部的生产过程环节多且复杂，包括原料采购验收、储存保管、领用、粗加工、切配、烹饪、销售服务、结账等，因此管理起来难度大。

（2）销售方面。第一，销售量受餐饮经营空间的制约。由于餐饮经营场所的空间具有刚性特点，一旦确定餐位数量，其可变动的范围就非常狭小，同时餐饮销售量又受就餐人数的影响，因此销售量受餐饮经营空间的制约。第二，餐饮经营毛利率高、资金周转较快。饭店餐厅的档次越高，毛利率越高。另外，餐饮部的原料多半是当天采购、当天生产、当天销售，餐饮销售主要以现金收取为主，因此资金周转较快。第三，餐饮经营中固定成本占有一定比重，变动费用的比例也较大。各种餐饮设备的投资使得餐饮经营活动中固定成本占有相当大比重。另外，包括员工报酬、水电气费用、餐饮原料的支出等在内的变动成本也相当高。

(3) 餐饮服务的特点。餐饮服务具有无形性、一次性、同步性、异质性等特点。第一，餐饮服务的无形性是指就餐顾客只有在购买并享用餐饮产品后，才能凭借生理与心理满足程度来评估其优劣。因此，餐饮企业必须意识到餐饮产品革新、创新的重要性。第二，餐饮服务的一次性是指餐饮服务只能当次享用，过时则不能再使用。这就要求餐饮企业应接待好每一位顾客，提高每一位就餐顾客的满意度，才能让他们再次光临。第三，餐饮服务的同步性是指餐饮产品的生产、销售、消费几乎是同步进行的，即企业的生产过程就是顾客的消费过程。这意味着餐厅既是餐饮产品的生产场所，也是餐饮产品的销售场所，这就要求餐饮企业既要注重服务过程，还要重视就餐环境。第四，餐饮服务的异质性主要表现为两个方面：一方面，不同的餐饮服务员由于年龄、性别、性格、受教育程度及工作经历的差异，他们为顾客提供的服务肯定不尽相同；另一方面，同一服务员在不同的场合、不同的时间，其服务态度、服务效果等也会有一定的差异。这就要求餐饮企业制定服务标准，并加强对服务过程的控制。

4. 康乐部（Recreation Department）

康乐部是饭店服务设施的进一步完善和延伸。随着饭店业的发展和人们生活水平的不断提高以及生活节奏的加快，人们需要通过于一定的方式来调节放松自己，以恢复身体机能的平衡。康乐活动就是一种消除疲劳、平衡身心的最佳途径。饭店康乐活动包括康体休闲活动和娱乐休闲活动两部分内容。所谓康体休闲活动是指以健身为主要目的的活动，如饭店设有健身房、台球厅、网球馆、游泳池、保龄球室等；而娱乐休闲活动则是借助于一定的环境设施和服务，使顾客得到精神上的放松，如饭店设有卡拉 OK 厅、舞厅、游戏机室等。

5. 商场部（Shopping Arcade Department）

商场部在饭店中是一个相对独立的部门，向顾客提供商品销售服务，提供的商品包括日常用品、食品、文化用品、地方工艺品等。商场部通常设于饭店的公共区域，以方便顾客购物。商场规模的大小，取决于饭店的建筑条件、经营项目、客流量的多少，一般与饭店的客房数量成正比。饭店商场通常由饭店自己经营，亦可承包或出租给商家经营。由于商场常处于引人注目的地方，时时刻刻受到顾客的关注，因此在装饰、布局、设计等方面均须与饭店装饰档次相协调。

6. 工程部（Engineering Department）

工程部是饭店重要的后勤保障部门，是饭店设施设备的主管部门，以为饭店提供良好的设施设备为目的，进行有效的能源控制、动力供应及设备设施的运行及维修工作。工程部主要负责饭店机械、电器设备的日常维修与保养；饭店建筑装潢、工程更新改造；通信设施、卫星收视设备的维护；庭院绿化，饭店内植物、花卉的养护、布置及保洁工作等，确保饭店为顾客提供一个良好的居住、工作环境，同时保证设备、设施各系统处于良好的运行状态，使顾客处处感到安全、舒适与方便。

（二）职能部门（Staff Departments）

1. 行政办公室（Executive Office）

行政办公室又称总经理办公室，是饭店的行政管理机构，其职责可概括为“三服务”和“四作用”，即为饭店高级管理层服务、为各部门服务、为员工服务；起到上传下达、联系协调、沟通信息、参谋咨询的作用。

行政办公室的主要任务是根据总经理的要求起草有关报告、文件，做会议记录，审查各部门报送给总经理室的报告并提出建议，上呈下达，安排总经理室召集的有关会议和其他活动，接待来访人员，协调与政府有关部门的关系，负责饭店有关文件或资料的收发、传阅、保管和装订、归档等工作。

2. 人力资源部（Human Resource Department）

人力资源部也称为人事部或人事培训部，是饭店经营管理体系中重要的职能部门。人力资源部的主要工作是贯彻、执行国家的劳动人事法规和制度，开发饭店的人力资源，根据饭店发展和经营的需要，确定和调整饭店的机构和人员配备，对饭店的人事工作进行有效的管理、控制。同时，通过招聘、录用、选拔、调配、流动、考核、奖惩、工资福利、劳动保险、劳动争议处理等各项管理活动，谋求人与事的科学结合和人与人之间的紧密结合，达到提高员工整体素质，优化队伍结构，充分调动员工的积极性、创造性，最大限度地提高员工的工作效率的目的。其具体功能包括：

（1）人员的招聘、使用、管理，人力资源开发和人力成本的控制。

（2）组织结构和人员编制的设定与控制。

（3）制定员工薪资、劳动保护和福利保险管理制度并监督执行。

（4）负责人员的培训、考核、奖惩、任免、调配等工作。

（5）劳动合同、档案资料的管理。

3. 市场营销部（Sales & Marketing Department）

市场营销部在总经理的直接领导下，以扩大客源、增加饭店收益、保持饭店形象为中心开展营销工作；市场营销部同时还是饭店对外推销和宣传的窗口，是外联和广告宣传的中枢部门。市场营销部主要负责饭店的客源市场的开发，与政府各部门、社会各商社及旅游代理机构和旅行社建立良好的公共关系，负责饭店客房、餐饮及各项营业项目的宣传和推销工作，以及饭店各项销售计划的策划和实施，完成饭店下达的各项销售指标，以保证饭店的经济效益。

4. 财务部（Accounting Department）

财务部是饭店的经济运行职能部门，担负着饭店聚财理财的重要职责，是整个饭店经营管理工作的信息中枢。财务部根据国家的财政经济政策和董事会批准的财务制度，结合饭店实际情况，制定本饭店的财务管理规章和工作程序，对饭店的经营活动起着保障、服务和监督、控制的作用，以提高饭店的社会效益和经济效益。

财务部的工作职能主要有：根据国家的政策、法令、财经制度制定和完善饭店的财务管理制度及内部财经稽核制度，核算营业收入、成本、费用和利润；监督、检查、分析饭店营业、财务计划及各部门收支计划的执行情况，考核资金的使用效果，定期向总经理报告收支情况，提出改进意见等。

5. 保安部（Security Department）

保安部是负责饭店安全、维护饭店正常秩序的职能部门。保安部的主要任务是配合饭店各个部门保卫饭店员工和顾客人身、财产安全，制定饭店有关各项安全规章制度和安全保卫工作计划，做好安全防范工作，协助公安、消防、司法、国家安全部门侦破查处刑事案件、治安案件和治安灾害事故；依法做好饭店的安全管理工作，保障饭店的正常运转。

第四节　现代饭店企业的运行管理

一、饭店企业管理层次

饭店企业管理层次一般呈金字塔形，从塔底到塔顶，越来越窄。越往上层，管理难度越大，管理的幅度越小。现在国内比较常见的饭店管理体制是直线职能制，在该管理体制中，任何一级领导、管理人员、服务员都要明确自己的业务范围、工作职责及本人应该具备的工作技能和知识。

（一）高级管理层

高级管理层包括总经理、副总经理、总经理助理。他们主要负责制定饭店的经营方针，确定和寻找饭店的客源市场及发展目标，同时对饭店的经营战略、管理手段和服务质量标准等重大业务问题做出决策，因而称为决策管理层。此外，该管理层还负责选择、培训高素质的管理人员，负责指导公关宣传和对外的业务联系，不断提高饭店的美誉度和知名度。

（二）中级管理层

中级管理层包括各部门经理、副经理或相当于这一职务的人员。中层管理人员上对总经理负责，下对基层管理人员负责，要能独当一面，责任重大，对饭店的经营管理起着重要的作用。该层人员主要职能是指导、控制、沟通、预算、决策等。

饭店的高级管理层和中级管理层人员共同构成了饭店的管理团队，他们的职责是：指导饭店正常运营、定期向投资者报告财务运行情况、对饭店经营活动和人事做出相应的安排。

（三）操作管理层

操作管理层包括主管和班组长，经理助理亦在此列。他们直接同职工打交道，是管理层与被管理层之间的桥梁，能够增强饭店企业的综合实力和凝聚力。操作管理层的主要职能是督导，但也起协调、沟通、控制的作用。各层管理人员的职能并非一成不变，会依时间或具体情况而变动。例如，饭店营业效益好时，应侧重于决策、规划、协调、指导；营业效益下降时，应侧重于控制和预算。

（四）服务员操作层

饭店要为顾客提供高质量的服务，必须通过服务员的服务来体现。因此，服务员的个人素质、形象、礼仪、礼貌、语言交际能力、应变能力、服务技能和服务技巧等，都是饭店提高服务质量的重要条件。因此，服务人员要根据岗位责任制的规定，明确自己的职责范围、服务程序、服务质量标准和应该具备的服务技能及理论知识。

二、饭店企业组织制度

饭店组织是一个复杂的系统，为了保证这个系统的正常运转，发挥组织的最大效能，必须有一套完整的组织制度，这是实现饭店经营管理目标的前提和保证。对于饭店而言，组织制度就是企业法，它对饭店员工的行为具有引导、约束和激励作用。

（一）饭店管理体制

饭店管理体制反映饭店资产所有者、经营管理者和生产劳动者在饭店中的权力（或权利）、地位及相互关系。由于饭店投资形式的多样化，带来了所有制形式的多样化，所以现阶段我国饭店业的管理体制形式多样。目前，我国国有饭店管理体制主要分为总经理负责制、党组织的保证监督制和职工民主管理制。

1. 总经理负责制

总经理在饭店企业的经营管理活动中处于中心地位，对饭店的全面工作有决策权。因此，总经理必须正确地贯彻执行党和国家的路线、方针、政策、法规、法令和上级的指示精神；实行统一领导，分级负责，做到集权与分权结合，充分发挥各级领导的职能作用；负责考核各位副经理的工作成效，有权直接考核中层干部的业绩，对副经理的任命有建议权，对中层以下干部的任命有决定权。

2. 党组织的保证监督制

国有饭店党组织参与饭店重大问题的决策，是《中国共产党章程》赋予国有饭店党的基层组织的重要职责。履行好这个重要职责，对于发挥国有饭店党组织的政治核心作用，保证国有饭店又好又快地发展具有重要的意义。所以，党组织在饭店中的监督作用必须得到充分的保障和发挥，任何时候都不能忽视。

3. 职工民主管理制

职工代表大会制度是国有饭店企业中职工实行民主管理的基本形式，是职工通过民主选举，组成职工代表大会，在饭店内部行使民主管理权利的一种制度。职工代表大会制度也是我国基层民主制度的重要组成部分，其主要任务是：贯彻执行党和国家的方针、政策，正确处理国家、企业、职工三者的利益关系。在饭店内实行民主管理制度有利于发挥员工的主人翁精神和调动员工的工作积极性，并能培养员工的责任意识，使之能自觉担负起对饭店的责任，便于总经理负责制在饭店的贯彻执行。

（二）饭店制度

为了保障饭店正常运转并提供优质服务，饭店要有一整套规章制度，为员工的行为提供规范依据，以制约员工的行为。饭店制度是为了企业的共同目标，反映饭店各方共同要求，由饭店各方共同达成的行为规范协议。饭店制度包括经济责任制、岗位责任制及工作制度。

1. 经济责任制

饭店的经济责任制是饭店组织管理中的又一项重要的基本制度。它要求饭店各部门以饭店的经济效益和社会效益为目标，对自身的经营业务活动负责，实行责、权、利相结合，把饭店的经济责任以合同的形式固定下来。

饭店的经济责任制包括对国家的经济责任制和饭店内部的经济责任制。饭店的经营活动和社会相联系，饭店对国家负有一定的经济责任。饭店应遵守国家的法律、政策、规定，以正常的经营手段取得经济效益，依法向国家缴纳税金。饭店内部的经济责任制是按照责、权、利相结合的原则，把饭店的经营目标加以分解，层层落实到部门、班组、个人。饭店内部经济责任制是以责任为中心、权责相结合的管理方式，其基本特点是：确定指标、保证上缴、超收多留、歉收自补。通过严格、准确、公平的考核，将各部门及个人的责、权、利真正结合起来，使经济责任制在饭店管理过程中真正发挥作用。

2. 岗位责任制

岗位责任制是饭店在管理中按照工作岗位具体规定各岗位及人员的职责、作业标准、权限、工作量等的责任制度。饭店岗位责任制是一套完整的体系，包括：饭店总经理岗位责任制；各部门主管和技术人员的岗位责任制；各生产线、服务人员的岗位责任制。饭店服务人员的岗位责任制是责任制的基础，也是岗位责任制的主要形式。

饭店岗位责任制可以用岗位责任说明书的形式来明确。岗位责任说明书与饭店经济责任不同，岗位责任说明书仅对岗位工作内容进行描述、记录，但不含有奖惩的内容，而经济责任制则突出权、责、利相结合以及劳动所得与成果相结合。

3. 工作制度

为了建立和完善饭店组织，使其协调有效地运转，必须将组织的有关原则、各职位的权限及其相互关系、沟通联络渠道、业务工作程序等有关事项加以条文化、制度化。工作制度的主要内容包括前台部门的服务规程和后台部门的操作规范。具体内容包括质量检查制度、财务制度、经济核算制度、领料制度、考勤制度、组织运转制度等。工作制度是执行饭店控制职能的具体保证，也是实施经济责任制、饭店组织运行的基本保证。

（三）员工手册

员工手册是规定饭店全体员工共同拥有的权利和义务、共同遵守的行为规范的条文文件，是饭店内最具普遍意义、运用最为广泛的规章制度，是饭店的“根本大法”。员工手册没有固定的格式，通常是各家饭店企业根据自身的实际情况以及管理需求而制订的，或详细或简约，最终目的是帮助企业管理人员优化管理环境、提高管理效力。

员工手册既是饭店人事制度的汇编，也是饭店员工培训的教材，反映的是饭店形象、饭店文化，是饭店所有员工的行为准则，是饭店管理的有力“武器”。员工手册的框架一般包括以下几部分：

前言部分：饭店的历史、简介、饭店精神、经营宗旨、经营目标、管理总则等，以及饭店经营理念、饭店组织结构等。

正文部分：人事管理制度，如招聘与录用制度、考勤制度、行为准则及奖惩制度；薪酬与福利制度；教育培训制度；晋升与降级制度；员工辞退与离职制度；申诉程序及争议处理制度以及其他相关内容等。

附则部分：一些未尽事宜的处理原则及可以作为手册附件的相关文件或规定。

例如，某五星级饭店员工手册目录：

总经理致辞

第一章　饭店概况介绍

第二章　饭店管理及组织机构

第三章　招聘及录用
第四章　工作时间、薪资及假期制度
第五章　员工福利及设施
第六章　培训与发展
第七章　道德行为准则
第八章　违纪行为及处罚措施
第九章　食品卫生知识
第十章　附则与修改

建立合理、有效的饭店制度，必须有认识—实践—修改这样不断反复的过程，但饭店制度整体应保持相对稳定，切不可朝令夕改，影响制度的权威性。

★案例分析

新形势下度假饭店如何坚守与转变

近几年，国内游客的旅游方式正从“走马观花式”的观光游逐渐向注重深度体验的品质游转变，品质度假旅游日益大众化。度假饭店如何清醒地认识这一趋势并及时调整自身的经营策略，值得探讨和研究。三亚君澜度假饭店作为一家高端度假饭店，早在2012年下半年就敏锐地洞察到了市场变化的趋势，果断围绕“品质度假”的市场定位对客源结构和经营策略进行调整，经营收入和GOP（Gross Operating Profit，总营业利润）均在2013年逆市实现同比两位数的增幅。

三亚君澜度假饭店的发展策略坚持的原则是：市场无论如何变化，饭店的核心理念始终坚守不变，转变的是对市场的认识，从而制定出适合市场的策略，打磨竞争优势。

第一，认清形势，找准定位。三亚君澜度假饭店将自身品牌定位于“顶级休闲度假饭店”，这个品牌的标签是：相对稀缺的自然或人文资源；独特的建筑风格；原创性的室内设计及鲜明的文化主题；相对排他性的特色产品；高品位的休闲设施及带有江南气息的细腻亲切的个性服务。

在这一品牌定位基础上，三亚君澜度假饭店进一步将品牌理念阐释为：“不以豪华材料装饰取胜，以文化内涵取胜”“不以硬件设施自豪，以软件、优秀员工自豪”“不以常规服务自信，以差异个性服务自信”。饭店希望为顾客营造拥有如俱乐部一般的时尚氛围、如博物馆一般的文化艺术氛围、如家一般的温馨氛围的舒适居住空间并提供期望的服务，为业主创造最佳的效益，为员工搭建最好的职业舞台。

围绕以上定位，三亚君澜进行了相应的产品设计。首先，选址面朝大海，紧邻2万平方米的沙滩，园区内有蜿蜒水系、六大泳池、拱桥吊桥、椰林沙滩、绿茵小径等景观。在细节设计方面，饭店利用当地船木制作家具，利用棉麻竹藤进行装饰，设计宽阔的阳台和浴缸，引进德国鲜酿啤酒，为顾客生活起居的每个细节都点缀上度假的惬意。

第二，倡导品质，强化理念。2012年，三亚君澜度假饭店对三亚的饭店市场进行了调研，结果显示，2012年5月，三亚饭店客房出租率为42.5%，同比、环比分别下降11.5个和15个百分点。饭店市场呈现散客多、度假客多、停留3~7天的游客多和新增游客多的特点，饭店市场正逐步由卖方市场转为买方市场。

综合分析各方面因素之后，三亚君澜度假饭店自2012年8月开始转变市场观念，挖掘大众化市场，积极开拓会议和婚庆市场以及家庭度假市场；摸清市场脉搏，确定适宜的市场价格，确保经营收益最大化。

在市场推广方面，三亚君澜度假饭店以“品质度假”为核心进行市场推广，发布“真正的度假在君澜”的产品定位，升级开发了“爱尚君澜”“唯美君澜”“君澜Q宝贝”等度假产品。饭店转变以往“高大上”的形象，力求亲民，倡导回归宁静、回归自然、回归山水、回归家庭的品质度假理念。在环境方面，饭店突出一线海景、私享沙滩、园林泳池、鲜酿啤酒和清新空气等特色。在服务方面，饭店增加了“儿童天使”岗位，开发针对儿童的亲子活动；编制家庭度假服务指南；引进SPA服务项目。顾客可以免费使用饭店的泳池、海滨泳场、水上滑梯、儿童滑梯、儿童沙滩、儿童乐园，可免费使用儿童沙滩玩具、泳圈、沙滩排球、足球、水上篮球等。另外，儿童顾客可以免费体验陶艺。在交通方面，饭店设立了免费穿梭巴士，与外包车队合作，充分满足顾客的出行需要。在特色服务方面，饭店利用300种热带园林植物开展科普活动，还计划开展网球、养生、绘画、手工艺、拉丁舞等培训课程。在餐饮方面，饭店推出私人定制服务，增加海南本土菜、养生菜、山野菜等产品。饭店还与集团旗下的海南保亭七仙岭君澜度假饭店和陵水香水湾君澜度假饭店开展产品组合营销，满足顾客对温泉雨林度假和蜜月度假的需求，全面延长顾客在饭店的居停时间，延长内部消费链。

第三，精打细算，严格管理。近几年，饭店业发展出现了一些新形势，如人力资源供给不足、成本上升、饭店数量持续增多、市场竞争加剧等。鉴于此，三亚君澜度假饭店转变运营观念，围绕“品质度假”开展了多项实质性工作：

一是安全保障。安全是品质度假的根本。三亚君澜度假饭店对新入职人员全部进行背景调查，对新员工设置安全教育课程；坚持定期消防演习，例行检测检查设施设备；严格执行食品原料索证制度；要求水上运动项目人员均持证上岗。此外，为了推进安全管理工作，饭店还专门组织编制了《安全管理手册》，严格执行23时以后访客登记制度等。

二是精细化管理。近几年，饭店业员工流动率较高，给饭店的服务质量带来了一定的影响。如何使员工得到有效的培训并合格上岗，是饭店的紧要任务。三亚君澜度假饭店建立和推行了“关键绩效指标考核法”（Key Performance Indicator，KPI）奖励考核机制，有效地解决了员工有效培训和服务提升的问题。该机制能使员工快速掌握工作要点，设置的细化的加分奖励机制提升了员工的工作主动性。

三是开源节流与绿色环保。如今，三亚君澜度假饭店的成本控制和节能降耗工作已渗透到了饭店各系统环节中，电、天然气、水等各项能耗费用均小于国家控制指标。这得益于饭店对能耗的严格控制，如空调温度实时调整、公共照明动态调控、应用变频器、使用LED节能照明、一次性垃圾袋更换成为循环使用的编织袋等。

第四，主动出击，抢夺客源。过去，在三亚的饭店市场，营销人员不必费太大力气便能接到订单；如今，形势转变，“等客上门”的营销手段已经无法完成和以前相同的订单量。因此，三亚君澜度假饭店采取了“走出去”的营销策略。

在产品设计方面，饭店计划开展亲子教育课程、文化论坛与讲座、体育运动项目与文艺项目培训，开设读书吧等，将文化与市场结合、旅游与文化融合，把健康向上的文化活动和体育运动融入饭店产品中。

在当下网络营销日益升温的趋势下，三亚君澜度假饭店专门增设了网络营销人员，专职协调和维护 OTA（Online Travel Agent，在线旅行社）等渠道，收集网络渠道顾客意见，适时调整市场价格，确保饭店收益最大化。网络营销人员还兼做微博和微信营销，提升官方网站的功能，策划专项的网络营销活动等。饭店在网络营销方面还计划与本地的海岛、餐饮、景区、高尔夫、游艇等旅游资源互动，实现客源共享。

第五，强化服务，突出特色。饭店的设施设备终有一天会陈旧老化，但服务特色和品质却不会因时间而褪色。为了提升服务品质，三亚君澜度假饭店在 2013 年推出了“感动服务”计划，顾客通过书面感谢信或网络渠道反馈以及集团转发来的表扬信共计 164 件，三亚君澜度假饭店在携程网的住客评价中，对服务的好评率超过了对环境的好评率，好评率达 60% 以上。

案例讨论题

1. 结合案例回答，什么是饭店产品？饭店产品具有哪些特征？
2. 饭店产品的定位原则有哪些？
3. 结合案例，谈谈君澜度假饭店是如何进行市场定位的。

思考与练习

1. 什么是饭店企业文化，它具有哪些特征？
2. 饭店企业文化由哪几个方面构成？
3. 什么是饭店产品？它由哪些内容构成？请结合实例说明。
4. 画图说明饭店组织机构设置的基本形式，并且阐述其优缺点。
5. 结合实例说明饭店的部门机构设置及其功能。

第六章

饭店集团化经营

★教学目标

1. 掌握饭店集团的概念及主要类型。
2. 掌握饭店集团化经营的优势及国外成功经营对我国饭店集团发展的经验借鉴。
3. 了解我国饭店集团发展的问题和制约因素。
4. 了解我国饭店集团化的路径依赖及相对优势。

★重要概念

饭店集团　饭店管理公司　业态拓展　市场壁垒　新技术

第一节　饭店集团化概述

一、饭店集团化的概念界定

饭店集团是在饭店业高度发展的基础上形成的一种以饭店企业母公司为主体，通过资本融合和经营协作等方式组成的经济联合体。集团化经营在规模经营、市场占有、企业形象等各方面的独特优势，使其在世界饭店业经营中逐渐成为主导模式。我国饭店集团较国际饭店集团起步晚，也缺乏相关的理论基础研究。因此，通过分析和借鉴国外饭店集团化的案例和模式，探究其成功之道，对我国饭店集团化的发展具有重要意义。

（一）饭店集团的概念

饭店集团作为企业集团的一种，既具有企业集团的一般性质，也有不同于其他企业集团的特殊性质。

企业集团在不同的国家有不同的称谓。“企业集团”在我国是个外来词，是指在社会生产力发展的过程中衍生的一种企业经营管理方式，是市场经济条件下生产集中和资本积聚到一定程度和规模后产生的必然现象。企业集团这个称谓最先出现在19世纪的日本。在日本，企业集团主要有两种形式：一种是以某一实力雄厚的大企业为核心，由诸多控股、参股、持股的关联公司和企业构成的企业总体，这种形式的企业集团称为单核心企业集团；另一种是由若干个核心企业及其企业系列构成的大企业结合体，也可以看作是由若干个核心企业集团组成的横向联合，这种形式的企业集团称为多核心企业集团。无论哪种形式的企业集团都有以实力雄厚的大企业为核心，多企业为外围的多层次组织结构，成员企业以资产、技术等为联结纽带，集权和分权相结合的领导体制下的大规模、多角化经营等共同特点，是有着共同利益目标和共同经营战略的多级法人结构经济联合体。

饭店集团作为企业集团中的一员，是在饭店业高度发展的基础上形成的一种以母公司为主体，通过资本关系和经营协作关系等方式，由众多的饭店组织共同组成的联合体。而所谓的饭店集团公司，从实质上来说是一种横向的经济联合体，但较之其他的企业集团，在生产经营等方面有其独特之处。面对日益激烈的市场竞争，创造和凸显饭店的核心竞争力就显得尤其重要，核心竞争力则来源于对以管理模式为中心的各要素进行整合。综观世界著名饭店集团经营管理方面的共同点可以发现，各饭店集团都有其独特的管理模式，重视人力资源的开发与管理，拥有先进的全球网络化预订系统和其他高新技术，拥有强大的市场营销能力和完善的服务系统。

（二）饭店集团的主要类型

根据资本和管理的分离程度可将饭店集团大致分为三种类型：

1. 资本运作的饭店集团

这种类型的饭店集团是完全以资本为纽带而形成的，它虽然拥有一定数量的饭店产权或股权，但是不一定自己直接经营这些饭店。这种情况下，集团通常会把饭店交给专业的饭店管理公司进行管理，集团则通过抽取成员饭店的部分经营利润来实现收益。

2. 资本+“知本”运作的饭店集团

这种类型的饭店集团是以资本和专业的管理机构为纽带而形成的，这种饭店集团不仅拥有一定数量的饭店产权或股权，而且拥有自己的“知本”，即饭店管理公司，集团通过利用自己的饭店管理公司来管理所属的饭店，是一个自给自足的系统。

3.“知本”运作的饭店集团

这种类型的饭店集团与资本运作的饭店集团截然不同的是，它只输出管理而不是资本。它以连锁品牌为纽带形成饭店集团，这种集团虽然不一定拥有饭店资产，但它拥有成熟的、知名的饭店品牌，可吸引其他饭店加入其品牌中，集团则为成员饭店提供管理服务。

二、饭店集团化经营的必然性

饭店与其他行业一样，都要经历从分散到集中、从单体到联合的过程，因此饭店集团化经营是饭店业发展的必然趋势。20世纪以来，国际饭店管理就呈现出了集团化趋势，全世界200多家大型的饭店集团凭借其在品牌、市场、管理方面特有的优势，主宰了整个国际饭店业。而各饭店之所以会走上集团化发展之路，主要受以下几方面因素的影响：

（一）外部经济环境变化的影响

外部经济环境的变化对饭店业具有巨大的影响。以提供住宿和餐饮为主的饭店行业与旅游业有着密切的联系。以我国入境的外国游客人数来看，从旅游统计年鉴可知，2000 年我国入境的外国游客总计 1 015.73 万人次，其中来自亚洲的为 622.47 万人次，来自欧洲的为 236.74 万人次，来自美洲的为 121.71 万人次，来自大洋洲的为 28.24 万人次，来自非洲的为 6.57 万人次。随着旅游业的发展，这一数据逐年增加，截至 2012 年，我国入境的外国游客已经达到了 2 718.97 万人次，其中来自亚洲的为 1 664.88 万人次，来自欧洲的为 592.16 万人次，来自美洲的为 317.95 万人次，来自大洋洲的为 91.49 万人次，来自非洲的为 52.49 万人次。十多年间我国的入境游客就增加了 1 000 多万，游客的增加对饭店的需求产生了巨大的影响，而拥有国际预订网络系统和标准化管理服务的饭店具有吸引外国游客的巨大优势。

此外，产业的发展、饭店企业间兼并和收购的出现使得饭店集团化、国际化的程度越来越高；全球经济一体化则促进了资本在世界范围内的流通，为饭店集团化的运作提供了条件；网络技术的发展和人才的输出也使得饭店集团及其成员在信息交流、人员管理、客源分享等方面突破了地理位置的限制。这些外部条件的变化都深深地影响了饭店的集团化发展。

（二）饭店自身内部扩张的要求

饭店企业自身发展的内部扩张动机促进了饭店集团化经营的发展，也就是说，饭店企业实行集团化经营是其自身发育成熟的一种自然选择。饭店集团在其自身成长过程中，最初的发展形式是在异地投资兴建饭店，其后，当品牌、管理模式等无形资产建立起来后，便开始利用自己的非资本要素优势迅速扩张。

戴斌曾提出：饭店在一定情况下存在着管理规范化倾向；饭店会在市场规模变动时以联号形式扩大自己的企业规模来响应市场潜在的获利机会；只要饭店的产权是排他的和可以转让的，为使自己的利润或效用最大化，饭店市场就一定会出现饭店集团。而我国饭店目前面临的状况是：在竞争压力方面，入世以来我国饭店在投资市场、营销市场、资本运营、人力资源等方面的压力剧增，饭店或饭店集团之间资产重组、强强联合，甚至弱弱联合都是增强竞争力的有效途径。在饭店业发展潮流方面，饭店集团化已成为国际饭店业发展的主流，出现了越来越多的饭店集团和一大批实力雄厚的饭店集团“大佬”；我国饭店集团与国际饭店集团在规模和实力等方面有着巨大差距，进一步实现国内饭店集团化是缩小这些差距的重要途径。面对目前形势，饭店企业要扩展市场空间，寻求更大的发展，扩大规模效益以实现自身内部的扩张，集团化是必由之路。

三、饭店集团化经营的优势

（一）获得规模经济优势

独立经营的饭店由于规模较小，不仅在面对激烈的市场竞争时难以形成有效的竞争，且即使面对良好的市场需求状况也受其规模限制难以使销售实现同步增长。饭店的客源市场是其赖以生存和发展的前提条件，无法扩展客源及接待规模的饭店便无法长久地生存发展下去。饭店的集团化经营要求所有的成员饭店都使用统一的标志和名称、统一的预订系统，这样不仅便利高效，也有利于控制客源，使得客源定向地在集团内部各成员饭店之间流动，从而实现客源共享。

（二）降低营业成本优势

由于单体饭店的各项支出都由自己承担，因此经营成本和管理费用必然居高不下，而饭店集团则可以将各项成本分摊给各成员饭店，使各成员饭店的成本下降。饭店集团向厂商按统一的标准和规格进货，使饭店设施和用品都标准化、规格化，不仅便于更换和补给，也能通过统一采购的方式批量进货，增强饭店企业讨价还价的能力，获得更为优惠的价格，从而降低购置成本和营业成本，提高经济效益。

（三）提高消费者信任优势

饭店集团利用集中的力量和资金进行统一的宣传促销，建立起公共形象，其广告宣传、公关努力及其所拥有的品牌信誉都能降低消费者在进行饭店选择时对其产品的不信任感和不确定性，并更有可能为消费者提供保护和兑现消费者权利，从而使消费者增强对集团的认同感。此外，集团中各成员饭店统一的形象、统一的设施配备、标准的服务程序、便利的预订系统和完善的管理系统都能给消费者带来有保障的、专业的感受，从而使消费者对饭店产生好感，提高其信任度。

（四）人力资源优势

饭店行业作为一种劳动密集型、技术密集型的服务行业，其提供的服务产品的质量保证必须依赖正确先进的服务理念及高超的服务技巧，而饭店服务与管理的竞争实质上是专业人才的竞争。因此，各大饭店集团都高度重视人力资源的开发和管理，它们采取与院校合作或者是设立自己的管理学院和培训系统等方式培养人才，通过升职、奖励等方式留住人才，使集团的人力资本质量始终处于高水平状态。世界著名的饭店集团都拥有一套科学、系统、有效的管理模式和一支职业化、训练有素、经验丰富的人才队伍。

（五）品牌优势

饭店集团化最大的特点之一就是品牌优势，集团内所有饭店作为一个群体，不仅拥有统一的名称、标志，还具有统一的经营管理模式和规范化的服务体系，这样便于在市场上建立良好的品牌形象。随着成员饭店的不断增加，饭店品牌知名度越来越大，品牌的附加值也随之增高。

第二节　国际饭店集团化

一、国际饭店集团化发展历程

随着世界贸易和旅游的发展，从20世纪50年代起，世界联号饭店迅速发展起来，出于寻找新的市场和经济增长点、通过新市场的开辟来提高效益、向国外分散投资经营以减少投资风险等目的，同时由于交通运输业的快速发展，在以美国为代表的一些西方国家，许多著名的饭店联号开始逐步向海外市场扩张，形成了竞争力较强的跨国饭店企业集团。国际饭店集团主要经历了以下几个阶段：

（一）区域发展阶段

第二次世界大战后，在世界范围内出现了社会稳定和经济繁荣的局面，交通运输业迅速发展，私人汽车和商用客机进入人们的日常生活并日渐普及。交通的便利促进了各国的经济交往和出境旅游的发展，以美国斯塔特勒饭店为代表的直接投资的扩张方式已无法跟上时代步伐。

为满足市场的需求，同时获取更大的经济效益，一大批在某一地区或某一国家中实力雄厚的现代饭店集团应运而生。例如，美国的希尔顿集团根据国内商务旅游市场的需求，逐步由得州扩展到美国西部的大都市洛杉矶和东部的纽约，并于20世纪50年代末发展成为美国最大的以委托管理为主的饭店集团；而在1952年，假日集团的创始人凯蒙斯·威尔逊和华莱士·约翰逊将特许经营制引入饭店，开创了饭店业的特许经营时期，其高效的扩张方式使经营者加快了饭店投资速度，饭店规模进一步扩大。这些饭店集团的出现与发展不仅使饭店的管理和服务走向标准化和规范化，同时也为饭店集团走向世界奠定了坚实的基础。

（二）跨洲发展阶段

20世纪60年代前后，民航业在欧美发达资本主义国家发展迅速并进入鼎盛时期，而民航业的发展使得跨国、跨洲的空中旅行进入寻常百姓家，再也不是特权阶层的专利。于是，不少饭店集团纷纷将其扩展的目标转向了国际市场。20世纪70年代以后，为占领全球市场，欧美许多饭店集团开始进军亚太地区市场，并通过饭店业内部的相互兼并、与其他行业之间的相互兼并，进行横向、纵向、混合的各种兼并，走上了大型的、复合的发展之路，并通过集团共享，使集团在资本、技术、成本、组织机构等各方面都具备了强大实力。

（三）多元化的国际经营阶段

频繁的国际交往，巨大的人口流动量给饭店业提供了广阔的市场空间，受潜在利益的诱惑，许多国际著名的航空、电信公司和其他行业纷纷投资、加入或兼并一些饭店集团，实行跨地区、跨行业的多元化经营，以更大限度、更大范围地获取经济效益。而那些尚未与其他行业的跨国公司进行联合的饭店集团，也纷纷根据自身的发展需要走上了多元化发展之路。例如，美国的假日集团，自1970年起便规定要将其公司“从餐饮、住宿公司发展成为与旅游、交通相关联的集团”，并先后买下了大陆之旅汽车旅行公司和三角洲轮渡公司。

同时，饭店集团以直接投资、特许经营转让、管理模式输出等为主要形式进行跨国经营。1947年洲际饭店集团和1949年希尔顿国际饭店公司在拉丁美洲的跨国经营活动拉开了饭店集团国际化经营的序幕。

从另一角度来概括饭店集团化的发展历程则可分为连锁经营时期、特许经营时期、饭店兼并时期、饭店集团的国际化经营时期。无论从什么角度来划分，各个阶段、时期之间的界限都不是泾渭分明的，而是相互交叉、互为补充的。在饭店集团化发展的过程中，饭店的品牌、管理模式等无形资产都是其发展的基础与动力，起到了极其重要的作用。

二、国际饭店集团化的主要形式及借鉴启示

（一）国际饭店集团化的主要形式

1. 直接经营（Chain-owned Chain Managed）

直接经营的前提是拥有饭店的所有权，所以它最大的特点是饭店集团既是各饭店的经营者，又是各饭店的拥有者。直接经营形式也可称为集团所有、集团经营形式，饭店集团或饭店联号自己投资建造饭店，或购买、兼并饭店，或参股饭店并控股，获得所有权后直接经营管理饭店。经营权与所有权合二为一不仅有利于集团赚取管理费，而且业主方与管理方不会产生矛盾，便于做出重大决策，提高经营效率。在国际饭店业发展的初期，这是一种主要的经营形式。

2. 租赁经营（Leases）

租赁经营是指饭店集团从饭店所有者手中将饭店租赁过来，对饭店进行经营的方式。饭店集团与业主签订租约，租赁业主的饭店、土地、建筑物或家具、设施等，饭店集团向业主交付一定的租金后直接经营管理。

对于业主来说，虽然没有对饭店进行经营管理的能力，但仍可投资饭店，只要找到合适的饭店集团或饭店管理公司，有较好的经营效益，就能保障其投资回报率。对于饭店集团来说，虽然饭店集团要承担较大的经营风险，要定期支付租金和各种费用，且在合同终止时会失去对饭店的经营管理权，但是饭店集团可以用少量的投资扩大集团规模，增加集团收益，享受对饭店的独家经营管理权。

3. 合作联营（Referral）

合作联营亦可称为战略联盟，是指两个或两个以上的饭店企业为求得生存和发展，提高市场竞争力，按某种共同属性自愿联合起来，通过资源共享而达成的合作关系。合作联营起源于生产制造业，从20世纪80年代开始发展，但并未引起充分的关注，直到90年代末期才受到普遍的重视。饭店业的合作联营是饭店企业之间的一种合作经营形式，它们使用统一的标志，推行统一的质量标准，实行订房系统联网，联合从事市场拓展和广告宣传，建立共同的市场营销网络。但合作联营并不要求所有联营企业具有一致性，而只重视相互之间在某些方面的一致性。这是一种较为松散的组织形式，各成员饭店在经营管理上和财务上是保持相对独立的。

4. 合同经营（Management Contracts）

合同经营又称为委托经营，即饭店集团或饭店管理公司与饭店业主之间签订管理合同，明确各自的责任、权利和利益分配。采用合同经营的方式，饭店集团不必自己筹建饭店或投资饭店，而只需负责饭店日常的经营管理事务，承担饭店的经营管理责任。在管理合同有效期内，饭店有权使用饭店集团的名称、标志、品牌和利用饭店集团的客服预订网络以及市场营销渠道。

合同经营对于饭店业主来说，虽然失去了对饭店的经营管理权，但仍可期待通过经营者的专业管理获得理想的投资回报。对于饭店集团来说，不仅不必投资就能取得饭店的经营管理权，增加旗下的饭店数量，且在有稳定的管理费收入的同时不必向业主支付费用，也不必支付饭店的折旧、维修保养等费用。

5. 特许经营（Franchised Operations）

特许经营又称为协助管理，饭店的拥有者无须出让饭店的所有权或经营权，只需向饭店集团缴纳一定的费用以购买集团的特许经营权。在特许经营前提下，饭店集团允许购买者加入集团的预订网络和营销系统，并允许使用集团具有知识产权性质的饭店品牌、名称、标志和管理技术以及操作程序。国际饭店业最早使用特许经营转让的是凯撒·里兹，他于1907年允许纽约、蒙特利尔、波士顿、里斯本、巴塞罗那的豪华饭店使用其饭店品牌。

特许经营权转让根据出让方对受让方的控制程度可分为产品特许经营权转让、商标特许经营权转让、经营模式特许权转让三种类型。根据受让者扩大经营的权利则可分为单一特许经营权转让、多单位特许经营权转让、总体特许经营权转让三种类型。

（二）国际饭店集团化对我国饭店集团化发展的借鉴启示

根据和泰智业对全国饭店经营数据的统计分析可知，在2015年3月我国的饭店客房平均出租率为55.75%，其中自行管理的饭店平均出租率为53.89%，国内公司管理的饭店平均出租率为59.38%，国际公司管理的饭店平均出租率为60.71%。虽然以上数据截取的面非常小，只有一个参考指标，但也足以说明饭店集团与独立经营或直接经营的饭店相比，具有一定的优势，能够争取到更多的客源和更高的入住率；同时也说明我国的饭店管理公司或饭店集团与国际饭店管理公司或饭店集团相比，仍存在一定的差距，需要借鉴国际饭店集团的经验，找出其成功的关键。

世界著名的饭店集团之所以拥有较强的市场竞争力和众多的忠诚客户，得益于其集团化经营的优势。

1. 先进的管理体系

饭店集团之所以拥有强大的市场营销能力和集团优势价格以及完善的服务系统，是因为集团有能力积聚巨资在全球范围内进行细致的市场调查研究、制订完善的促销计划、统一进行促销，使集团品牌能够长期地在公众中保持特色形象。而要做到这些，就必须拥有一系列的支持性服务，主要包括计算机系统开发、管理人员培训、统一集团化采购、经营咨询等。通过这些支持性服务不仅可以使饭店的管理和服务水平保持较高水准，而且可使整个系统的运营成本降到最低。

2. 横向和纵向的业态拓展

传统的星级划分以及后来出现的豪华饭店、经济型饭店、中端饭店等都是对饭店进行纵向划分，把饭店划分为不同的等级，这属于对饭店业态的一种纵向认识。而近年来，由于饭店业态的不断创新，出现了度假饭店、主题饭店、精品饭店、公寓式饭店、生活方式饭店以及养生养老饭店等各具特色的饭店类型。为形成产品差异，满足不同消费群体的需要，国外大型饭店集团一般在多个细分市场进行竞争，实行多品牌战略，注重品牌的创新和延伸。例如，马里奥特集团在我国大陆运用了其强大的品牌优势，首推万豪品牌，之后又陆续推出高档的兹卡尔顿、JW万豪、万丽和中高档的万怡、新世纪、华美达国际等，在我国推出的7个品牌中，每一品牌都体现了不同的风格。因此，注重饭店业态的横向和纵向拓展，走多品牌扩张之路是饭店集团发展的必然选择。

3. 独具特色的饭店服务体系

不同的国家和地区在生活方式、价值观念和思维方式等方面存在巨大的差异，为使双方能相互沟通和理解，越来越多的饭店集团选择在统一的饭店管理体制下，选拔和培养当地的饭店管理人才，并放手让其运作，增进饭店与当地文化的衔接与兼容。在中国市场上，许多国际饭店集团纷纷推出了针对中国顾客的服务项目，如希尔顿的“欢迎”计划、凯悦的“您好”计划、万豪的“礼遇”计划等。对于本土的饭店集团来说，不仅可以借鉴国际饭店集团的思路，而且具有更加了解中国的传统文化和现代文化、消费者偏好、消费能力等天然优势。利用这些优势可打造出一套融汇中国文化元素和服务理念的独具中国特色的“中国服务”体系，这便是我们区别于国际饭店集团的核心竞争力。

4. 全球化的预订系统和其他高科技应用

拥有庞大的销售网络和强大的销售能力是国际饭店集团成功的关键因素。拥有完善的全球预订网络和中心预订系统，并通过免费预订电话、网上预订服务和成员饭店间相互代办预订，使顾客能在全球范围内方便快捷地完成预订。而全球信息交流、数据共享、电子商务业务等高科技应用也大大降低了由于信息不对称导致的高额信息成本和交易费用。例如，假日饭店开发建设的 Holidex 系列的电脑预订系统就为其了解市场动态、稳定和控制客源市场、提高整体盈利起到了重要作用。运用全球化的预订系统和其他高科技应用，不断扩展网络涵盖的范围，扩大客源市场，是信息化时代集团规模扩大的一条捷径。

第三节　国内饭店集团化

一、国内饭店集团化的发展历程及特点

中国饭店集团化管理历程起步于 20 世纪 70 年代末、80 年代初。在国家旅游局颁布的关于发展国营饭店管理公司的 1988〔17〕号文件、国务院于 1988 年 4 月发布的《国务院办公厅转发国家旅游局关于建立饭店管理公司及有关政策问题请示的通知》等优惠政策的支持鼓励下，我国本土的饭店管理公司或饭店集团应运而生。

（一）国内饭店集团的发展历程

1. 第一阶段：认识尝试阶段

1982—1988 年，我国的饭店在国外饭店集团和饭店管理公司的刺激与带动下开始了饭店集团化的尝试。改革开放后，中国市场被打开，中国饭店业也随之迎来了发展的春天；1982 年，香港半岛饭店集团接管了中外合资的北京建国饭店，拉开了中国饭店集团化的序幕。从此国际著名的饭店集团纷纷入驻中国，给我国的饭店业注入了新鲜血液，国内饭店开始了集团化的尝试：1984 年 3 月上海锦江（集团）联营公司、1985 年 3 月上海新亚（集团）联营公司、1987 年 1 月中国饭店联谊集团、1988 年 5 月北京饭店集团等本土的饭店集团纷纷成立。但这一时期建立的饭店集团只是结构松散的饭店联合体，不以市场为导向，而是以行政力量为导向，因此并不能形成集团优势，也不是严格意义上的饭店集团。

2. 第二阶段：探索建设阶段

20 世纪 80 年代后期至 1997 年，随着改革开放的深化、旅游业的发展以及市场和政府的推动，越来越多的外国饭店集团进入中国市场，我国本土的饭店公司、饭店集团也开始了更加积极的探索和建设。1988 年 4 月 6 日，国务院办公厅转发的《国家旅游局关于建立饭

店管理公司及有关政策问题请示的通知》，以及同年 8 月 22 日国务院批准的《中华人民共和国旅游涉外饭店星级标准和评定星级的规定》等政策，给我国的饭店和饭店集团的建设提供了政策性的标准和依据。1990 年 2 月 28 日，上海锦江（集团）联营公司正式接管北京国际饭店，由此，中国饭店集团的发展进入了跨地域发展的新阶段。1992 年，锦江集团国际管理公司（现为锦江国际饭店管理公司）成立，成为我国一家最大的饭店管理公司，至 1999 年，锦江集团已位列世界饭店集团 300 强中的第 51 位。

3. 第三阶段：成长拓展阶段

进入 21 世纪以来，国内饭店集团无论在数量上还是规模上都有了巨大的发展，而这个时期，国际饭店集团也走上了兼并组合的道路。在政府和市场的双导向作用下，本着政企分开的原则，我国的饭店集团开始了“二次集团化”，使我国本土饭店集团的发展有了明显的进步，在较短的时间里建立了一些初具规模的旅游饭店集团，实现了饭店集团从少到多，从小到大的转变、跨越。例如，2003 年 6 月 9 日，锦江（集团）有限公司和上海新亚（集团）有限公司国有资产重组后，成立了新的锦江国际集团；2004 年，首旅集团、新燕莎集团、全聚德集团合并重组后，成为中国最大的旅游企业集团之一，并逐渐整合成了若干子专业公司；2008 年美国 *HOTEL* 杂志 300 强排名中，中国有 15 家上榜，其中上海锦江国际饭店集团排在第 17 位，而在 2009 年的排名中，上海锦江国际饭店集团比 2008 年又前进了 4 位，排在第 13 位。随着中国饭店集团的成长与拓展，在 2013 年最新的 300 强排名中，上海锦江国际饭店集团与如家双双挤进前 10，这说明我国饭店集团的发展无论是在数量还是在质量上都取得了可喜的成果。

（二）国内集团的特点

我国的饭店集团化起步较晚，但发展速度相对较快，在我国特殊的市场条件和国情下，国内的饭店集团化过程有其独特之处。

首先，自 20 世纪 80 年代初我国引进外资兴建饭店以来，国外的饭店集团就进入了中国市场，并不断扩大市场份额。自 1982 年国际酒店集团进入我国饭店业市场以来，目前虽然并未形成全面覆盖中国市场的格局，但是中国大陆饭店业的高端市场大部分控制在国际饭店集团的手中。截至 2016 年 1 月 1 日，我国有限服务饭店总数已达到 21 481 家，同比增加了 5 106 家，客房总数为 1 969 145 间，同比增加了 443 674 间，增长幅度为 29.08%。其中中端饭店 1 749 家，增长幅度为 86.86%；经济型饭店 19 732 家，增长幅度为 27.81%；国际饭店品牌占比 58%，且随着中国本土饭店的发展，国内外饭店品牌联合成为发展的趋势。

其次，在我国的饭店业中占主导地位的是国有饭店集团或国有控股集团，特别是锦江、首旅两大国有巨头在资源和规模上的压倒性优势，使具有国有成分的饭店集团对中国饭店集团化进程有举足轻重的影响。而国有饭店由于一般都受政府的约束，缺乏内部的产权约束和外部的市场约束，资本配置体制亟须改革。

最后，在面对国外饭店集团建立起高端市场壁垒的情况下，我国针对中低层次市场需求的经济型饭店在中国饭店集团发展中发挥了重要的作用。根据盈蝶咨询 2014 年 7 月发布的数据，我国目前的经济型饭店总数为 12 078 家，客房 1 138 394 间，品牌数 514 个。经济型饭店在满足大众住宿需求的过程中得以高速增长，取得了令人瞩目的商业成就，有力地推动了我国服务业的发展。

★知识链接

首旅酒店（集团）与南苑控股集团重大资产重组

经双方董事会通过及北京市国资委核准，北京首旅集团旗下上市公司首旅酒店（集团）与浙江南苑控股集团就宁波南苑集团股份有限公司资产重组的相关协议签署仪式于2014年12月8日在北京饭店举行。根据双方签订的协议，首旅酒店（集团）授让浙江南苑控股集团持有的宁波南苑集团70%的股权，涉及南苑7家自有酒店及管理酒店近20亿资产，双方重组宁波南苑集团股份有限公司。

此次资产重组贯彻落实党的十八届三中全会精神，实现了多方共赢，是发展混合所有制经济的大胆尝试。首旅集团具有国资背景，是目前国内综合实力最强的旅游服务业企业集团，中国企业500强之一。通过资产重组把国企强大的资源整合、谋划全局能力与民企机制活、市场反应快的优势结合起来，实现优势互补，合作共赢。

二、国内饭店集团化的市场壁垒及经营中的问题

（一）国内饭店集团化的市场壁垒

1. 壁垒类型

从市场壁垒的形成来源看，我国饭店业存在的市场壁垒主要有以下四种类型：

（1）技术性壁垒。这是指饭店企业在进入或退出以及在位期间，妨碍其自由地从要素市场获取或放弃资金、技术、设备、人力资源等生产要素的障碍，也称为生产要素壁垒。资金市场上信用制度的缺位、所有制与企业规模歧视、资产沉淀导致的退出成本过高等各种原因，都会构成饭店企业在市场上的技术性壁垒。

（2）结构性壁垒。结构性壁垒又可称为在位厂商行为壁垒，是指除生产要素壁垒以外，由饭店市场上的在位厂商自觉或不自觉对某一特定饭店企业的经营管理实施的遏制战略。而由市场结构造成的不自觉的壁垒则主要源于规模经济、绝对成本优势、品牌优势和资本要求四个因素。

（3）制度性壁垒。这一壁垒主要是由政府的行为与不行为以及制度环境导致的，也可称为政府行为壁垒。地区保护主义通过政府行为限制外地饭店集团的进入，政府计划部门和行业主管部门的产业政策设置较高的准入标准，执法和行政人员在饭店市场的寻租活动等，都会构成显性或隐性的市场壁垒。

（4）文化性壁垒。不同国家、地区有不同的历史文化背景和社会生活习惯、行为习惯，文化性壁垒就是以此为基础的。那些主要致力于跨区域、跨国境发展的饭店集团以及饭店管理公司在发展过程中难免会与当地的管理者、员工、消费者、政府部门，甚至是媒体和相关的团体、公众，因文化差异和不同的价值取向产生摩擦，导致内外关系紧张，进而形成市场壁垒。

2. 壁垒现状

与市场经济发达的国家相比，我国的饭店行业由于生产要素市场发育不完善、相关法律缺乏、地方保护主义等原因，导致当前的市场壁垒呈现出典型的经济体制转轨与旅游市场完

善过程中的非常规性壁垒结构，在资金、技术、管理模式、人力资源等生产要素的获取性、效率性和退出等方面存在大量的技术性壁垒、结构性壁垒、制度性壁垒、文化性壁垒等，导致我国饭店业的发展以及集团化的步伐面临更多的挑战和困境。

3. *壁垒趋势*

综合考虑我国对外开放的深入进行、不可逆转的市场化进程和相关的市场环境及制度环境，我国饭店业面临的市场壁垒可能会呈现以下几个趋势：

（1）技术性壁垒逐渐降低，结构性壁垒凸显并日渐增强。随着社会主义市场经济的建立和发展，饭店企业在进入、经营、发展等方面所需的资金、技术、人才、信息等能够更容易地从市场上自由取得，因此技术性壁垒将逐渐降低。但随着饭店产业集中程度的不断提高，饭店行业必然会在市场的推动下出现并购与重组，形成若干规模大、实力强、占市场份额高的全国性饭店集团，并通过在位厂商自觉或不自觉的行为对市场上其他饭店企业构成结构性壁垒。

（2）制度性壁垒依旧会长期存在并起作用，但其作用将从以微观规制为主转为以宏观调控为主。随着我国社会主义市场经济体制的确立和政府的经济管理职能的转变，饭店行业协会所制定的行业标准、商业惯例等将会在饭店业的发展过程中发挥更大的作用。

（3）进入与退出壁垒将下降，竞争壁垒越来越高。技术的向前发展、饭店产品的创新以及市场的不断拓宽，特别是当我们把饭店业的概念从旅游饭店业向住宿接待业及相关产业放大的时候，那些需要转型或转变饭店用途的饭店的“资产专用性”便会降低，能更容易地转变成其他形态的业务，因此进入与退出壁垒会随之下降。同时，随着我国饭店市场上全国性品牌的形成与发展壮大，以及产业集中程度的提高，竞争壁垒的作用将会越来越明显。

（4）文化性壁垒将由从属性转向制约性。文化的地区差异是国际饭店集团走进来与我国饭店集团走出去都必须面临的问题。这种文化性的壁垒对饭店市场的制约是全方位的，对于饭店企业的职业经理人和企业家来说，跨文化沟通与管理是其知识体系中不可缺少的模块。

（二）国内饭店集团化经营中的问题

从专业人才角度看，我国饭店集团缺少专业的管理人才。任何事情的完成都需要有人去做，饭店集团的经营管理与发展壮大都需要专业人才的推动。而我国饭店集团管理人员大部分是企业管理、工商管理或是行政管理出身，缺少饭店管理专业或旅游管理专业出身的专业人才。这一方面是由我国的教育现状所决定的，另一方面则是由饭店集团本身造成的，如不重视对人才的培养和开发、没有系统的人才培训与开发机制、缺乏合理的薪酬福利制度等。

从集团模式来看，我国的饭店集团大多是在政府的主导下形成的，如锦江、首旅等集团，存在行政手段过多、干预过强以及严重的地方保护主义等问题，以至于影响了饭店集团跨地区、跨行业发展。饭店集团的市场行为与政府的行政干预之间应是良性的互动，饭店可以通过政府来实现集团化，通过集团内部公司与市场机制来提高其治理水平和综合能力，在市场和计划的双重机制下健康发展，要避免“政企不分”“政府主导”的现象发生。

从网络化程度来看，我国的饭店集团尚缺乏强大的网络化营销系统。网络化指两方面，一方面是指我国的饭店业仍停留在单体经营各自为政的状态。市场上有很大一部分的饭店是单体饭店，整体上呈现出“散、小、弱、差”的特点，而集团化、网络化是饭店业国际性的趋势。我国饭店业的网络化已经开始，但仍与国际著名的饭店集团在经济实力、技术实力及规模上存在一定的差距。另一方面指的是利用先进的信息技术和网络系统为集团实现全球性网络营销的能力。我国对这一方面的认识还处于较低水平，很大一部分饭店对信息技术和网络的使用还停留在简单的收银、文字处理、财务核算等内部管理工作方面。但也有饭店已经开始了尝试，并取得了成功，如布丁饭店把 18 ~ 35 岁的年轻白领、商务人士及追求个性化体验的人群作为其目标客户主体，而“85 后”与“90 后”都是互联网的主体用户，布丁饭店充分利用互联网为其提供先进、个性化的体验与服务，其创新成果引领了多个行业第一：第一家免费高速 Wi-Fi 全覆盖的经济型连锁饭店；第一家使用 NFC 技术自助 Check-in；第一家与微信合作，提供微信订房功能；第一家上线百度、高德地图直线预订；第一家上线支付宝钱包公众账号；第一家上线小米超级电视进行饭店预订等。

（三）国内饭店集团化经营制约因素

我国饭店集团化经营制约因素主要有以下几个：

1. 理念障碍

社会的变化发展日新月异，新技术、新观点、新理念层出不穷，但我国许多饭店，尤其是单体饭店还处于各自为战的状态，经营管理理念比较落后，仍停留在为顾客提供传统的标准化服务阶段。各饭店仅凭一己之力很难在竞争愈发激烈的市场上生存下去，集团化发展是饭店行业发展的必然趋势，各饭店应转变经营管理理念，顺应时代潮流，改革创新，集大家之力共同将饭店经营得更好。

2. 产权障碍

明晰的产权关系是每个饭店存在的先决条件，也是饭店集团产生、运行、发展的首要条件。我国饭店集团产权障碍主要体现在国有饭店的终极所有者与其在位代理者之间的定位不明、体制不顺，由此而来的产权流通渠道不畅，导致无法形成跨区域、跨行业、跨所有制的饭店集团。

3. 市场障碍

我国饭店集团的市场障碍主要来自国际饭店集团在中国市场上的先发优势，及其对高端市场的近乎垄断。国外饭店集团在中国市场上的优势地位使得中国本土的饭店集团在国内成长受到挤压，在一定程度上造成了我国饭店集团发展的市场障碍。从地域上看，国外饭店集团已经完成了在沿海大型城市的布局，并开始向中型城市渗透；从饭店业市场的等级来看，国外饭店集团已经在高端商务市场占据了稳固的领导地位。

4. 资本障碍

饭店集团规模的发展壮大实质上就是以市场为导向的资本集聚、资本扩张的过程，而有效的资本运营在企业集团运行中意义重大。我国饭店产业的资本障碍在于未能形成一套行之有效的产业资本和金融资本融合机制，使得饭店集团融资困难、发展艰难。

5. 管理障碍

管理障碍一方面来自人力资源的障碍，即缺乏专业的饭店管理人才和职业经理人。饭店从业人员的整体素质偏低、服务水平欠佳等问题，也是饭店持续发展、集团化、国际化必须解决的问题。管理障碍的另一方面来自信息技术和管理制度的跟进程度不高，随着企业规模和布局空间的扩大，集团要得到可持续的技术保障，需要不断跟进集团运用的信息技术及管理制度。强有力的销售网络是国际饭店集团的优势所在，也是我国饭店集团发展受到制约的关键因素。

三、国内饭店集团化发展的战略构想

饭店集团化作为世界饭店业发展的主导模式，也是我国饭店增强综合实力、参与世界市场竞争的重要途径。然而，由于我国饭店集团化起步较晚，以及处在我国特殊的国情下，与其他国家在政治、经济等方面存在较大的差异。因此，我国在饭店集团化的过程中须充分分析我国饭店业的发展现状，并借鉴国外的先进经验，探求适合我国饭店集团发展的战略构想及路径。

（一）国内饭店集团化发展的外部环境

1. 政府为我国饭店集团发展提供保障措施

由于饭店业的进入门槛低，退出门槛高，故国内大多数银行不愿向饭店企业贷款，这就需要政府为饭店集团搭建融资平台以弥补其自身融资水平的不足。一方面，适度放宽银行对饭店业贷款的标准并出台扶持性政策；另一方面，由政府出面引入项目进行兼并或收购，为饭店集团的海外融资提供机会，并为其提供信息、法律援助、资金支持等。

2. 旅游市场的发展给饭店行业带来广阔的发展空间

近些年蓬勃发展的旅游业为饭店行业带来了众多的客源及广阔的发展空间，也为饭店集团的规模扩张创造了很好的市场需求。据统计，2013 年我国出境旅游人数为 9 800 万人次，由此可见我国出境旅游市场之大。此外，国际旅游市场、国内旅游市场仍在迅猛发展，我国的饭店集团只要具备长远的眼光和战略头脑，就能够在练好内功的同时实现集团的迅速成长，进而逐步形成全国范围甚至是国际化经营的饭店集团。

3. 中国饭店“走出去”的时机已经到来

根据发展中国家的投资发展周期理论，我国 2012 年人均 GDP 已达到 5 000 美元，进入了对外投资快速增长的第三阶段，我国饭店的“走出去”战略出现新的机遇。

从国家宏观层面看，“走出去”是我国“十二五”规划的重要战略部署之一，国家政策的鼓励与支持，以及我国庞大的外汇储备都为我国饭店业“走出去”提供了有力的支撑；从行业层面看，我国部分大型的饭店集团已具备了参与国际竞争的基本条件，而饭店集团“走出去”将倒逼企业品牌塑造和核心竞争力的提升，有利于企业的转型升级和发展拓展；从国际层面来看，一方面，近年来各国普遍对外资的饭店投资表示欢迎；另一方面，人民币持续升值，且境外很多优良的饭店资产估值偏低，这给我国饭店集团对外投资创造了机会并降低了成本。

2013 年，海航集团与开元旅业集团先后成功收购 NH 饭店集团 20% 的股权以及德国奥芬巴赫市的郁金香饭店，这是我国饭店集团“走出去”的成功案例。

4. 信息技术带来新机遇

从第一台计算机的诞生到互联网进入千家万户，再到智能机的全面普及，信息技术的飞速发展使饭店业的智能化时代悄然来临。而今智能化技术已经覆盖到饭店业的方方面面。

在订房阶段，通过三维地理信息系统的可视化技术，顾客可根据获取的信息直接选择客房并预订，也可在到达某一城市后通过智能手机或谷歌眼镜等终端方便地进行饭店预订；在入住阶段，智能化的交互展示、三维可视化的查看房间、手机虚拟钥匙等都让入住变得更加简捷智能；在体验阶段，饭店客房的智能化控制技术能够让顾客通过手机、iPad 等各种移动终端对房间内的各种设施进行调控，让顾客轻松享受“私人定制”服务。

除此之外，饭店智能化技术还可广泛地应用于饭店的日常管理、教育培训、节能环保等方面，全面提升饭店的服务品质与运营效率。对于饭店集团的各成员饭店来说，也更易于进行沟通、交流与分享。

（二）国内饭店集团化发展的路径依赖

1. 饭店业态创新

如今的饭店业已进入丛林时代，目前行业内已具规模的住宿机构有 6.5 万家左右，不仅有类似于乔木、灌木、草本植物的旅游饭店、一般旅馆及其他住宿服务机构，还有大量的类似地衣苔藓的城市及乡村家庭旅馆等住宿设施。市场需求的多元化、消费结构的升级、新技术的应用、企业家的创新精神等各方面的综合作用正推动着饭店业的汰旧立新，因此饭店集团的长远、持续发展必须依赖业态创新。精品主题饭店、公寓式饭店、健康养生饭店、设计师饭店等新型的、差异化的饭店类型是饭店集团发展的可选之路。

2. 饭店商业模式创新

饭店业的商业模式创新是其保持活力的重要因素之一。饭店集团拥有的核心资源：资本、品牌、管理，正日益分离，新的商业模式正不断形成。

像万豪、最佳西方等以品牌为核心的饭店管理公司，虽然集团只拥有少量甚至完全不拥有成员饭店的所有权，但其通过品牌号召力吸引单体饭店寻求合作，并通过品牌输出和特许经营的方式，便可收取稳定且持续的品牌加盟费或管理费，从而低成本、低负债、高收益、高现金流、高安全度地快速发展。此外，许多以资本为核心要素的饭店集团，如美国的不动产信托投资公司豪斯特饭店集团；以管理能力为核心要素的饭店集团，如州逸饭店集团等，都通过不断地探索和创新其商业模式取得了成功。

3. 饭店品牌建设

面对跨国饭店集团的冲击，本土饭店集团只有创建和发展具有本土特色的知名饭店品牌，才能在激烈的市场竞争中制胜。而针对我国饭店集团品牌单一、知名度不高等问题，本土的饭店集团必须认识到培育品牌、加强品牌管理、实行多品牌发展战略的重要性。以目前国内规模最大的中档饭店集团维也纳饭店集团的品牌拓展为例，从其第一个饭店品牌——维也纳饭店创建至今，已在中档饭店市场上拥有相当的知名度与影响力，在 2015 年中国连锁饭店中端品牌规模排名中，维也纳饭店集团以客房数 29 712 间、门店数 178 间的规模稳居第一。而在品牌建设上，维也纳饭店集团遵循从单品牌到多品牌拓展的原则，目前已有“维也纳国际饭店”“维也纳饭店”“维也纳三好饭店”“维纳斯饭店”等不同定位的品牌。

4. 新技术应用

如今饭店也已开启了智能化时代，无论在设计、预订、入住体验等环节，还是饭店内各种设施设备，都彰显着高科技的元素。科技带来的智能化不仅可以给顾客带来与众不同的住宿体验，也能提高员工的工作效率，有效控制饭店的运营成本，并提升饭店品牌的知名度。因此，积极应用新技术，拥抱智能化是饭店的必然选择。饭店集团也应充分利用互联网与顾客沟通，了解其需求；利用新技术进行饭店产品营销；给顾客提供个性化的服务和别样的入住体验，进而培养更多的忠诚客户。

（三）国内饭店集团化发展的相对优势

1. 市场空间巨大

据统计，2013 年我国旅客运输量达 401. 9 亿人次，国内旅游人数达 32. 62 亿人次，出境旅游人数达 9 800 万人次。根据世界旅游组织的调查报告，我国在 2020 年将成为世界第一旅游接待大国，届时在我国境内旅游的外国顾客将超过 37 亿人次。

我国经济发展水平与国民收入水平的不断提高、加入 WTO 后我国出境旅游市场的迅速发展、政府对发展旅游的政策扶持等，都大大拓宽了我国国内及出境旅游市场。国际市场、国内市场、出境旅游市场三大市场形成的巨大市场空间将为我国饭店集团和饭店管理公司的扩张带来历史性的机遇。

2. 经济型饭店经营优势

国际饭店集团在我国高端饭店市场上占据主导地位，我国本土的饭店集团在高端市场上的发展受到挤压，但近年来，我国经济型饭店的持续高速发展引起了市场、政府和社会的广泛关注，产生了很大的影响。经济型饭店所取得的巨大成就使其成为住宿业态创新的引领者和旅游经济重要的支撑主体，不仅在满足大众住宿需求的同时发展了自身，也有力地推动了我国服务业的发展。如如家、7 天、汉庭、锦江之星、格林豪泰、城市便捷、尚客优、99 旅馆连锁、布丁饭店等经济型连锁饭店品牌在我国市场上已具规模，有一定的知名度。而经济型饭店作为我国旅游业的最大容器，不仅提升了国民旅游的幸福度和满意度，也成为业态创新的引领者，故我国饭店集团的发展在这方面具有明显的优势。

3. 文化优势

中方饭店管理集团的文化优势主要体现为相容性强、沟通性强。由于根植于我国本土的饭店管理公司与中方饭店在文化上一脉相承，因此更容易与接管饭店相容。而外方饭店集团及管理公司由于与中方饭店存在较大的文化冲突，我国员工一般较难理解其文化内涵与管理方式，外方的管理人员与我国员工一般较难沟通，因此本土的饭店集团在这点上具有天然的优势。当然，若我国的饭店集团与管理公司要走向国际，文化差异也是其必须面临、必须解决的问题。

4. 政策优势

国家的财政、金融、投资、产业、技术、教育等方面的政策对饭店集团化的成长和发展的影响作用是巨大的。在市场经济规律的基础上，要以法律为依据，利用政策导向间接引导饭店的集团化发展，形成良好的法律框架和诚信的商业氛围。自党中央、国务院和中央军委于近年做出政企脱钩和军企脱钩的决策之后，一大批曾经隶属于各党政机关或军警系统的饭店、宾馆、度假村等旅游休闲场所被同时推向饭店市场，也正在经历着其他旅游饭店在改革开放初期曾经经历过的重要变革。这些饭店、宾馆及度假村的出现为中国饭店业的集团化管理提供了空前的市场需求，也为中国饭店集团的横向发展提供了新机遇。

★案例分析 6-1

维也纳饭店集团

自创建以来，维也纳饭店集团便树立了“创世界品牌，立百年伟业”的宏伟愿景，以塑造属于中国的世界顶级饭店民族品牌为己任，全力打造一个以快速成长和锐意创新为导向的全球化精品商务连锁饭店集团。截至 2014 年，维也纳饭店集团拥有超过 30 000 间客房、超过 2 000 万名注册会员，已开和拟开的分店网络遍布全国 80 个大中城市，在全国拥有 300 多家分店，并以每年新开 60 ~ 80 家分店的速度发展。

为更好地迎合顾客需求，提供更完美的饭店服务与入住体验，维也纳饭店集团推出了六大关键服务价值：

1. 十大助眠系统

维也纳饭店独创全球助眠度第一品牌，在保健助眠，舒适床垫、枕头，音乐助眠，按摩仪器助眠，有机饮品助眠，精油助眠，灯光助眠，助眠食谱，隔声系统等各方面，全方位打造全球无与伦比的顶尖睡眠体验。

2. 早餐及顶尖美食系统

在自助早餐、健康美食、养生美食三方面，维也纳饭店集团携手世界顶级厨师与资深营养师，遵循传统的养生之道，利用绿色健康食材为顾客打造顶级的美食系统。

3. 国际卫浴系统

维也纳饭店独家配置了 3 秒速热沐浴系统、24 小时恒定的供水系统以及浴室内独特设计的花洒、自洁的硅胶出水孔等国际先进的卫浴系统。

4. 极速无线 Wi-Fi 系统

免费无线 Wi-Fi 系统全覆盖，无论顾客身在饭店的哪个角落，都能随时实现极速网络冲浪，畅享沟通无界的网络平台。

5. 23 年零安全事故系统

全方位的电子监控、24 小时的保安巡逻及每位员工积极的危机防御、突发事件预警与处理意识，使得维也纳饭店创造了 23 年零安全事故的纪录。

6. 10 分钟满意服务系统

零押金入住、零停留退房、任何意见都能够在第一时间受理，并在 10 分钟以内给出满意的答复，这就是维也纳饭店的 10 分钟满意服务系统。

除了以上六大关键服务价值，维也纳饭店集团更有涵盖各档次的品牌体系，见表 6-1。

表 6-1　维也纳饭店集团品牌体系

维也纳饭店集团	高星级豪华饭店	豪华商务饭店	维纳斯皇家饭店
		豪华会议饭店	维纳斯度假村饭店
	中高端商务饭店	中高端商务饭店	维也纳国际饭店
		非标中端商务饭店	维也纳智好饭店
	精品饭店	睡眠文化主题饭店	维也纳三好饭店
	经济型饭店	环保经济型饭店	维也纳洁好饭店

其中，维也纳国际饭店锁定的是中高端商务饭店市场，这是集团的核心业务，它秉持着健康美食、经典艺术、智能化的产品设计理念，为顾客提供超值、健康、艺术、环保、安全的入住体验；维也纳智好饭店是集团的重点业务，它强调以经典、高品质非标为产品理念，以“五星体验，二星消费”为价值主张，致力于为顾客提供高品质的饭店产品和周到服务，让顾客深感物超所值。

除品牌优势外，维也纳饭店集团在管理上也有其优势：专业化、规范化、标准化、高效的流程体系；严谨的安全管理流程；标准化品牌连锁支持体系。技术上利用先进的IT网络管理平台；会员网络管理系统；中央预订系统；采购配送系统；客户资源管理系统；中央财务管控。服务上具有统一性、规范性的服务标准；标准化品质监管流程；会员个性化服务等。

案例讨论题

1. 阐述维也纳饭店集团品牌体系的特点及其优势所在。
2. 讨论维也纳饭店集团的发展模式值得我国饭店集团化的借鉴之处。

★案例分析6-2

2013 年美国 Hotel Mag 评选出的世界饭店集团前 10 名，见表 6-2。

表 6-2　2013 年美国 Hotel Mag 评选出的世界饭店集团前 10 名

排名	公司名称	位　置	客户数/间	饭店数/家
1	IHG（InterContinental Hotels Group）	Denham，England	679 050	4 653
2	Hilton Worldwide	McLean，Virginia	678 639	4 115
3	Marriott International	Bethesda，Maryland	675 623	3 916
4	Wyndham Hotel Group	Parsippany，New Jersey	645 423	7 485
5	Choice Hotels International	Rockville，Maryland	506 058	6 340
6	Accor	Courcouronnes，France	461 719	3 576
7	Starwood Hotels & Resorts Worldwide	Stamford，Connecticut	346 819	1 175
8	Best Western International	Phoenix，Arizona	317 838	4 097
9	Home Inns & Hotels Management	Shanghai，China	262 321	2 241
10	Shanghai Jin Jiang International Hotel Group Co.	Shanghai，China	235 461	1 566

根据表 6-2 可知，在 2013 年的排名中，像洲际、希尔顿、万豪、温德姆、雅高、喜达屋等大家耳熟能详的国际饭店管理集团依旧雄踞世界排名前列，其集团规模巨大、客房和门店数量众多、拥有较强的竞争能力。但同时也可欣喜地发现，我国如家快捷、锦江饭店集团也出现在前 10 的名单之中，分别居于第 9 位、第 10 位。

案例讨论题

1. 为什么洲际、希尔顿、万豪等饭店集团能够一直处于世界的前列？
2. 这些实力雄厚的饭店集团有哪些经验值得我国的饭店集团借鉴？

思考与练习

1. 什么是饭店集团？饭店集团的主要类型有哪些？
2. 结合实际，谈谈饭店集团化经营的优势。
3. 国际饭店集团的发展对我国饭店集团化的发展有哪些借鉴启示？
4. 国内饭店集团化发展主要依赖哪些路径？

第七章

经济型饭店

★教学目标

1. 重点掌握经济型饭店的概念及发展历程。
2. 掌握经济型饭店的类型及特征。
3. 了解我国经济型饭店的发展状况。
4. 掌握经济型饭店的经营模式。
5. 掌握我国经济型饭店的竞争优势与劣势。
6. 掌握我国经济型饭店未来的发展对策。

★重要概念

经济型饭店　特许经营　品牌延伸　兼并与收购

第一节　经济型饭店及其发展历程

随着大众旅游的兴起和商务旅游的蓬勃发展，近十年来是经济型饭店蓬勃发展的时期，其以满足大众消费需求为宗旨的特点，吸引了大批投资者。研究经济型饭店的基本内涵、发展历程及发展现状对我国经济型饭店的发展具有重要作用。

一、经济型饭店的内涵

经济型饭店的概念产生于20世纪80年代的美国，在欧美及日本等发达国家，经济型饭店是一种发展得非常成熟且成功的饭店经营模式。随着不同历史阶段经济型饭店形式和内涵的发展，其定义也一直在发展。目前，学术界对经济型饭店还没有形成一个公认的定义，经济型饭店只是一个动态、均衡的相对概念。总结国内外专家学者的相关论述，对经济型饭店的定义做以下介绍。

国外对经济型饭店的划分主要以价格为标准，如美国的L & H在20世纪90年代给经济型饭店下过这样一个定义："经济型饭店就是平均房价在40美元以下的饭店。"由于通货膨胀，这个价格标准会过时，但由此可以看出经济型饭店是跟价格有关的。

国内的专家学者对经济型饭店做了详细分析，并从广义、狭义角度对经济型饭店进行了如下定义：从广义上讲，经济型饭店可以泛指那些介于高星级饭店与卫生条件较差的个体招待所和旅社之间，软硬件达到或接近一星级、二星级饭店水平的饭店，包括已评定星级和未评定星级的宾馆、旅馆、饭店、招待所及度假村等；从狭义上讲，经济型饭店是指投资不大、规模不大、租金低廉但又具备一定服务水准的较低档的饭店，其以低廉的房价和优质服务为最大卖点。

国内出版的《WTO现代酒店及餐饮业管理百科全书》对经济型饭店的定义是：经济型饭店一般为廉价饭店，该类型的饭店通常只经营客房，饭店没有餐饮管理设施或仅有十分有限的餐饮服务，价格低廉。

综上所述，可以这样定义经济型饭店：经济型饭店就是投入较少，成本较低，只为住宿者提供最基本的设施服务，如客房加早餐或只提供客房服务的饭店，即相对于传统的全服务饭店（Full Service Hotel）而言的有限服务饭店（Budget Hotel或Economy Hotel）。经济型饭店的房价相对于高星级饭店而言较低廉，目前在我国，一般最高不超过每晚300元。经济型饭店最大的特点是功能简化，将服务功能集中在住宿上，力求在该服务上精益求精，而把餐饮、购物、娱乐等功能大大压缩、简化，甚至取消，这使得饭店投入的运营成本大幅降低。

我国经济型饭店自主品牌出现较晚，1997年，上海锦江集团下属的锦江之星作为中国第一个经济型饭店品牌问世，此后，经济型饭店以其方便、快捷、价廉、舒适的优势占据饭店业细分市场，开辟了饭店业经营的"蓝海"。

二、经济型饭店的类型

对经济型饭店的分类一般从两个角度入手：一是从供给角度，主要涉及饭店设施、功能、物品、服务项目的配置规模、数量和档次等感官形态因素，以及投资总额和单项指标平均额的资金财务指标；二是从需求和市场角度，主要涉及进入饭店的消费者的经济支付水平和消费满意度的主观评价，而饭店的客房价格是最重要的衡量指标。

（一）国外经济型饭店的分类

国外经济型饭店的分类呈现多元化，体现了饭店市场定位的差异性。例如，美国采用的是美国汽车协会在1907年颁发的钻石评级法，将旅馆业分为公寓、大陆式计价旅馆、别墅、乡村客舍、酒店、旅舍、汽车旅馆及度假村。经济型饭店则是抓住客房这一饭店最基本、最重要的项目作为生存与发展的支点，提供清洁、安全并且维护良好的客房服务，AAA中的大陆式计价旅馆、乡村客舍等属于经济类型的饭店。美国另一个分类系统是国家商业部调查局用于统计报告的系统，住宿企业被分为四类：全套服务型、经济型、全套房型、旅游胜地型。其中，经济型住宿企业为顾客提供整洁、标准规模的带家具的现代式房间。法国雅高饭店集团旗下的经济型饭店品牌也各有分工，Ibis定位于商务型；Formule定位于私人出游，设有停车场，价位更低；Mercure则是公寓品牌，设有小型厨房；Studio 6是雅高旗下的经济型常住品牌。

由此可见，国外经济型饭店主要面向商务旅游者、家庭旅游者、价格导向的休闲度假者、年长的旅游者、自驾车旅游者等客源市场，一般分为三种类型，包括有限服务饭店、经济饭店和廉价饭店，分别属于高、中、低三个档次。这种分类的饭店房价相差较大，其硬件设施的差距也较大，有限服务饭店的客房硬件设施不亚于四星级、五星级饭店，而一些廉价的饭店则在削减成本的思想指导下，尽量简化设备，客房设施比较简陋。

（二）我国经济型饭店的分类

我国部分学者认为，经济型饭店市场庞大，并且市场需求呈现多样化态势，因此决定了经济型饭店有多种经济层面和类型。从目标市场看可分为商务型经济饭店、观光型经济饭店、社区型经济饭店；从消费者的经济背景看可分为高端型经济饭店、中端型经济饭店、低端型经济饭店。

（1）城市商务经济型饭店。该类型饭店一般布设在大中城市的繁华地段、商业娱乐中心或交通枢纽，满足商务旅行者、公差旅行者等的需求，服务高效，商务基本设施齐全（如免费上网端口），交通便利。这是目前国内经济型饭店发展的主流。

（2）旅游经济型饭店。该类型饭店主要包括青年旅馆、汽车旅馆和乡村旅馆或景区旅馆。

青年旅馆一般布设在开发较为成熟的旅游景点或大型文教区、高新技术区。主要针对青年群体，特别是学生背包一族、新创业青年一族。

汽车旅馆一般布设在大中城市边缘和旅游景点的入口处、交通主干道两边、汽车站、飞机场、码头等交通枢纽附近，其主要特点是有一个较大规模的停车场。其主要消费群体为长途货运或客运司机及其需要中转的乘客、自驾车旅游的家庭或中小型企业公务旅游者、消费水平较低的普通旅游者、消费水平不高的旅游团队。

乡村旅馆或景区旅馆客房设施简单，客源仅限于度假者，具有当地的特色，根据顾客需要提供餐饮。例如，在景区提供便宜而有特色的露宿设施或宿营地。

（3）社区经济型饭店。该类型饭店包括公寓旅馆、常住型旅馆、家庭旅馆等。

公寓旅馆和常住型旅馆为顾客提供一间或多间卧室、一间设备齐全的厨房。这个市场的消费者往往住 10 天甚至更长的时间，主要消费群体包括商业培训者、公司临时委派人员、长期项目审计人员、冗长案件的律师以及建设工程的工程师等。家庭旅馆通常较小，突出经营者和顾客之间的亲密关系，使顾客产生一种在家的感觉，根据顾客需要提供家庭餐。在国外提供住宿和早餐的家庭旅馆被称为 B & B（Bed and Breakfast）旅馆。

三、经济型饭店的基本特征

经济型饭店作为近几年兴起的饭店业态，与星级饭店相比，具有以下几点显著特征：

（一）价格特征

经济型饭店的市场规模大，需求稳定，加之前期的固定资产投资额低，运营中的资金需求量少，所以在确保适当服务水准的前提下其房价是相对低廉的，产品的性价比也是比较高的，这是经济型饭店的一个标志性特征。经济型饭店的消费目标主要定位于对价格敏感的普通消费大众，主要为中产阶级消费者，包括不断增加的大众旅游者、商务出行者等，经济型饭店以大众可以支付得起的价格提供专业化服务，所以是非常受欢迎的。目前，国内经济型饭店的标准间价格一般不超过300元，如深圳国贸附近的7天连锁饭店的一间大床房的价格为267元，如家快捷北京永定路店一间双人房的报价为218元，如果成为会员还可享受更为优惠的价格，这样的价格仅为硬件设备相同的二星级、三星级饭店的1/2左右，因此，深受人们的欢迎。

（二）服务特征

经济型饭店提供的是相对于中高档饭店的全套服务的有限服务。有限服务，顾名思义，是指经济型饭店不提供娱乐、健身、购物等服务，只提供社会化与专业化的有限服务，其以优质住宿服务为出发点，力求在核心服务上精益求精，简化功能，突出“小而专”，强调清洁、舒适、实惠、方便、安全的理念。经济型饭店紧扣其核心价值——住宿，以客房产品为灵魂，去除了其他非必需的服务。一般来说，经济型饭店只提供客房和早餐，一些有限服务饭店还提供简单的餐饮、健身和会议设施，从而大幅度削减了成本，保证核心产品的竞争优势，这是经济型饭店与其他类型饭店的本质区别。

（三）组织特征

经济型饭店的组织结构扁平，机构设置简单，人员配备少，实行“一人多岗制”，这是经济型饭店的组织特征，这种组织结构的优点是信息传递快、效率高，降低了管理费用。一般来说，中高档饭店的人员组织结构划分五个层级，由“总经理→部门经理→主管→领班→员工”构成，但是经济型饭店的人员组织结构通常只有三个层级，由“总经理→主管→员工”构成，这样省略两个层级，大大简化了组织结构，一般中高档饭店的人力成本占总收入的30%左右，经济型饭店只占7%左右，人力成本大大降低。

（四）经营特征

经济型饭店一般采取品牌连锁的方式经营，通过连锁经营达到规模经济，提高品牌价值，这是经济型饭店区别于星级饭店和其他社会旅馆的一个明显特征。品牌连锁是指在某个城市或某些城市，至少有3家经济型饭店同时使用同一品牌，这些经济型饭店必须由专业的管理公司统一管理，装修标准、服务设施、服务规范相对统一。采取品牌连锁的方式经营，一方面可以通过对各连锁饭店实行标准化管理向顾客提供标准化服务，另一方面可以根据市场细分来确立自己独特的品牌特征。

★知识链接

锦江之星创始人徐祖荣在美国期间看到了与中国市场完全不同的美国饭店市场——汽车旅馆。当年，美国的高速公路已经相当发达，家庭搬迁频繁，汽车旅馆应运而生，这种简洁低价的饭店是中国从未有过的。回国后，他揣着1 000万元，与五六个同事挤在一间不足20平方米的办公室里，开始打造中国第一家经济型饭店样板房。1997年，锦江之星首店在锦江乐园附近开业。饭店内最重要的设施是床和卫浴，其他设施则“简而化之”，如衣橱改为衣架，但床品则可以媲美高端饭店，并且24小时供应热水等，为顾客提供方便、快捷、价廉、舒适的服务。三个月后，锦江之星入住率达到了90%，而当时的星级饭店入住率还不及45%。锦江之星一举成名，中国第一个完全意义上的经济型饭店品牌问世。

四、经济型饭店的发展

（一）世界经济型饭店的发展历程

经济型饭店在全球的发展经历了四个阶段：萌芽与发展初期、蓬勃发展时期、品牌调整时期、重新发展时期。

1. 萌芽与发展初期

20 世纪 30 年代末至 50 年代末是经济型饭店的萌芽与发展初期。这一阶段经济型饭店的典型代表是汽车旅馆。20 世纪 30 年代，随着美国大众消费的兴起以及公路网的发展，汽车旅馆开始出现，为大众出游提供廉价的住宿服务。1952 年成立的假日汽车旅馆在吸收了过去汽车旅馆发展经验的基础上改善了服务质量，并且第一次尝试采取标准化方式复制产品和服务，在短短的十年时间里迅速发展。

2. 蓬勃发展时期

从 20 世纪 60 年代初到 80 年代末，经济型饭店进入蓬勃发展时期。这一阶段的主要特点是饭店数量迅速增长，产品形态呈现丰富的层次性，开始朝着多元化方向发展。连锁经营开始取代传统的分散经营模式，单体饭店开拓出快速发展的扩张途径，一些发展得比较成熟的经济型饭店开始并购整合单体饭店。同时，经济型饭店开始了国际化发展，从美国传播到加拿大、大洋洲、南美洲以及欧洲。这种扩张同时刺激了本土经济型饭店的兴起，尤其是欧洲的经济型饭店开始快速发展。到 20 世纪 80 年代末期经济型饭店已经成为欧美发达国家成熟的饭店业态。

3. 品牌调整时期

从 20 世纪 80 年代末到 90 年代末，经济型饭店行业开始进行品牌调整。经过长期的快速发展，经济型饭店进入了市场成熟期，高速增长和大规模扩张的动力逐渐减弱。大型饭店集团的多元化战略和投资政策促使饭店集团更加倾向于通过资本运作来购买和整合原有行业内的品牌，而不是自主创新的品牌。市场竞争淘汰了一些管理力量薄弱、资金运营不畅的品牌，一些大而强的品牌则因资本实力和管理实力雄厚变得越发强大。竞争的加剧迫使经济型饭店转向服务质量管理和品牌建设，品牌建设、质量管理、市场细分、产品多元化等在经济型饭店内部管理中得到前所未有的重视。

4. 重新发展时期

进入 21 世纪，经济型饭店进入新一轮快速发展时期。这主要表现在经济型饭店在发展中国家的市场开拓和本土品牌的发展方面。在中国、东南亚等地区，经济型饭店的扩张非常迅速。世界著名的经济型饭店品牌陆续进入，如雅高集团的宜必思、方程式 1、圣达特集团的速 8、天天客栈、洲际集团的假日快捷等，都纷纷瞄准了亚洲市场。同时，一些亚洲本土的经济型饭店品牌也开始发力，如中国的锦江之星和如家快捷等。

（二）我国经济型饭店的发展原因及发展状况

作为我国新的饭店业态类型，经济型饭店在我国广阔的市场中能够生存下来，并且迅速成长、壮大是有其原因的。

1. 促进我国经济型饭店发展的原因

（1）旅游业的发展。一方面，经济活动直接带来商务活动的增加；另一方面，人们生活水平提高和观念转变，外出旅游活动更加频繁，刺激了旅游业的发展。旅游业的发展直接带动了住宿饭店的需求，我国住宿业在2003—2008年取得了9.5%的复合增长率。与之相对应的我国经济型品牌连锁饭店门店数量和房间数同期取得了100%和98%的复合增长率。

（2）居民人均可支配收入的增加。研究发现，我国居民可支配收入与出游率的相关数据呈正相关关系。当人均居民可支配收入达到7 500元以上时，年人均出游率均在1次以上。国家统计局的数据显示，我国居民可支配收入逐年提高，城镇居民人均可支配收入达1.7万元，处于活跃的出游状态；农村居民人均可支配收入也达到5 153元，正处于出游率提高最快的阶段。所以未来几年我国居民旅游人数还将保持快速增长。旅游人数的增长，特别是低收入旅游者的增加，将继续刺激中国经济型饭店的快速发展。

（3）亲民的价格。经济型饭店已经成为旅游住宿业的主流趋势，其面向的消费者主要是商务人士、商旅人士、自助游人士、学生等中产或低产阶级的群体，这类消费者的特点是追求理性消费，对客房价格极其敏感，并且对饭店的设施及服务有一定要求。经济型饭店正是以顾客的基本需求为导向，为其提供“价廉、方便、卫生、安全”的饭店产品，在满足顾客住宿基本需求的前提下，着眼于从投资上降低造价、运营上降低成本，最终以较低的、符合我国目前消费者的消费收支水平的价格赢得市场。

综合以上几点促进我国经济型饭店发展的因素可以看出，经济型饭店有着巨大的发展空间。在整体经济社会环境平稳的状态下，我国经济型饭店还将在相当长的一段时期内保持快速增长的势头。

2. 我国经济型饭店的发展状况

经济型饭店从20世纪90年代开始进入我国，1996年上海锦江集团旗下的锦江之星作为我国第一个经济型饭店品牌问世。进入21世纪，各种经济型饭店品牌迅速发展起来。除规模最大、历史最久的锦江之星外，首旅饭店集团和携程网于2002年共同投资设立的如家快捷也得到了迅速的成长，美林阁于2003年推出“莫泰168”品牌，2004年徐曙光创立格林豪泰品牌，以及拥有强大网络平台支持的布丁饭店、以个性化设计著称的桔子酒店、将主要视线集中在二、三线城市的尚客优等，也都发展得相当快。除此之外，美国的速8、法国雅高集团的宜必思也相继进入中国，从沿海到内地，市场份额逐渐扩大。一些区域性的经济型饭店品牌也在短短几年内在部分地区得到迅速的扩张，并积极向全国性品牌的方向努力。截至2013年9月，我国主要经济型饭店的门店数已经达到了相当大的规模。2006—2013年我国经济型饭店门店数增长情况见表7-1。

表7-1　2006—2013年我国经济型饭店门店数增长情况

间

品牌 年份	如家快捷	7天	汉庭	锦江之星	格林豪泰	尚客优	速8
2006	134	25	34	118	21	—	42
2007	201	71	74	148	34	—	51
2008	381	223	180	238	202	—	117

续表

年份＼品牌	如家快捷	7 天	汉庭	锦江之星	格林豪泰	尚客优	速 8
2009	621	337	238	325	171	58	129
2010	674	619	294	358	232	105	167
2011	1 098	963	631	553	415	126	314
2012	1 716	1 379	960	616	791	466	437
2013	2 051	1 617	1 315	969	958	744	502

我国经济的不断腾飞与人民生活水平的提高为经济型饭店的发展提供了广阔的空间。从表 7-1 中可以看到，锦江之星作为我国第一家经济型饭店品牌，其前期的发展是非常快的，并一直保持稳健的发展步伐，虽然在 1997 年开业到 2000 年只发展了 23 家门店，但是到 2006 年，短短的六年时间，锦江之星就已经在全国发展到了 118 家门店，相对于当时其他经济型饭店品牌而言，其占据市场份额是最大的。锦江之星发展至 2013 年，其门店数扩张到了 969 家，基本实现了“千店梦”。

但如今，锦江之星的行业领头羊的位置已被比其足足晚了五年才出现的如家快捷取代，并且已被拉开了明显距离。在 2002 年刚进入市场的如家快捷以惊人的速度赶超了锦江之星，截至 2006 年，如家快捷经过短短四年的发展，门店数就已经达到 134 家，超过同期锦江之星 16 家。十年后，如家快捷达到门店数 2 051 家，稳坐经济型饭店的头把交椅，也成为各经济型饭店投资者竞相模仿的对象，在我国经济型饭店的发展史上书写了浓墨重彩的一笔。

主要以二、三线城市为市场的尚客优在近几年也取得了令人瞩目的发展成果。尚客优成立于 2009 年，虽然起步时间较晚，但其在短短四年的发展时间里已经拥有 744 家店面，而且每年仍以 70% 的速度扩张，是经济型饭店发展中后来居上的典型代表。此外，还有桔子、布丁、速 8、格林豪泰等经济型饭店也取得了可喜的成绩。

虽然有如此多的经济型饭店入驻市场，但并没有影响经济型饭店整体的入住率，经济型饭店入住率仍维持在较高的水平。据调查显示，目前经济型饭店行业中的如家快捷、7 天、汉庭近三年的入住率都维持在 85% 以上的水平，锦江之星的入住率也维持在 80% 以上的水平。

总体来说，目前我国经济型饭店已初具规模，经济型饭店行业在声势浩大的扩张之中，远没有达到饱和状态。要想在浩瀚的经济型饭店市场的海洋中畅游，经济型饭店需要做的不是“享受安乐”，而是要具备“生于忧患，死于安乐”的意识，不断提升自己的发展空间，在更经济的前提下，不失“小而专”的特色，满足消费者追求舒适、安全、快捷的要求。

2015 年我国经济型连锁酒店品牌规模 10 强排行榜见表 7-2。

表 7-2　2015 年我国经济型连锁酒店品牌规模 10 强排行榜

排名	品牌名称	所属集团	门店数/家	客房数/间
1	如家快捷	如家酒店集团	2 135	233 518
2	7 天	铂涛酒店集团	2 085	193 529

续表

排名	品牌名称	所属集团	门店数/家	客房数/间
3	汉庭	华住酒店集团	1 648	172 341
4	锦江之星	锦江国际酒店集团	815	102 136
5	格林豪泰	格林豪泰酒店集团	1 087	96 759
6	莫泰	如家酒店集团	402	53 699
7	城市便捷	东呈酒店集团	256	23 835
8	尚客优	尚客优酒店	412	22 791
9	99 旅馆连锁	玖玖旅馆	387	22 287
10	布丁	杭州住友酒店	306	21 126

数据来源：根据上市公司财报和盈蝶咨询数据整理，统一以2015 年1 月1 日开业酒店的客房数为标准，不含筹建数。

但在经济型饭店快速扩张的背后也出现了一系列问题，如盲目投资造成的市场混乱、人才短缺、卫生质量下降、经营成本增加等，这些都制约了经济型饭店的进一步发展。经过十年的迅速发展，经济型饭店已逐渐进入“瓶颈期”，这对经济型饭店未来的经营管理提出了更高的要求。

★知识链接

青岛尚客优饭店管理有限公司成立于2009 年，是我国第一家将市场开辟在二、三线城市的经济型饭店，并独创了有别于其他一线城市经济型饭店的经营理念和产品理念，经过短短三年的发展，已成为中国经济型饭店行业二、三线城市饭店第一品牌。截至2011 年11 月，尚客优已成为我国连锁饭店十大品牌之一。尚客优通过提供连锁化管理，为众多投资者提供专业、规范化管理服务，节约投资者成本，逐步提高我国二、三线城市服务业的服务水准，促使二、三线城市大众消费观念转变，以期达到我国二、三线城市乃至乡镇服务业全品牌化，为改变中小城市服务业消费者体验做出贡献。

第二节　我国经济型饭店的经营模式分析

一、我国经济型饭店主要经营模式

经营模式是企业根据自身的经营宗旨，为实现企业的价值定位所采取的某一类方式方法的总称。经营模式是企业对市场做出反应的一种范式，这种范式在特定的环境下是有效的。随着我国经济的不断发展和国民消费水平的不断提高，以及国内旅游市场的迅速崛起，我国经济型饭店的经营模式主要有单体自营、承包租赁、委托管理和连锁经营。

（一）单体自营

单体自营是指饭店利用自有资金建设，自我经营饭店，以单体为主，各自为政。无论是国有体制的经济型饭店，还是新型的民营经济型饭店，大多采用这种所有权和经营权两权合一的经营模式。单体自营的优点是：经营管理成本较低，不存在代理问题，对于规模较小的经济型饭店或家庭旅馆形式的经济型饭店，从投入产出的角度考虑，确实是经济合理的经营模式。其缺点是：随着经济型饭店规模的扩大，其投入与产出的比例会失衡，此外，这种经营模式会造成饭店的管理技术与管理人员的缺乏，导致管理效率低下，功能配置不科学，饭店产品质量参差不齐。

（二）承包租赁

承包租赁是将所有权与经营权分开的一种经营模式，这种经营模式曾经使中国饭店业摆脱了计划经济时期的种种束缚，极大地刺激了饭店经营者的积极性。这种经营模式在高星级的饭店中，由于缺乏专业人士的管理，已经比较少见，但是在经济型饭店中仍然大量存在。在承包租赁过程中非专业的经营管理使这种模式的代理问题十分突出，承包租赁者的短期经营行为，往往对饭店的长期发展造成致命的打击。饭店的一致形象无法维持，设备无法持续维护，对于人力资源也缺乏长期的规划。该模式应渐渐退出经济型饭店的经营领域。

（三）委托管理

委托管理作为我国饭店业发展壮大的重要模式，通过合同形式把业主与专业饭店管理公司联系起来，明确各自的责任和义务，迅速提高了我国饭店业的经营水平。与承包租赁经营模式正好相反，委托管理模式在高星级的饭店中十分普遍，尤其被国际饭店管理集团公司重视。但是几乎没有经济型饭店采用此模式，因为委托国际管理公司的管理费用较高，而委托国内管理公司，其管理信用和社会信誉度又无法令人满意。

（四）连锁经营

连锁经营是一种商业组织形式和经营制度，就饭店而言，一般是指若干个饭店企业，以一定的形式组成一个联合体，通过饭店形象的标准化、经营活动的专业化、管理方式的规范化以及管理手段的现代化，使复杂的商业活动在职能分工的基础上实现相对的简单化，同时通过统一标准化的经营方式进一步降低成本，实现规模效益。在饭店业又通常称之为“联号”，目前国际各大饭店集团多以此形式扩张市场。

由于经济型饭店受到其销售价格的限制，在同样的市场环境下，利润空间极为有限。只有通过连锁形成数量规模，靠规模效益才能获得成本大幅度降低、客源的网络化互通、人力资源的普遍化培训、品牌的超地区共享等一系列优势。通过合理的价格空间，满足价格敏感型的顾客群，同时获得自身利润与生存机会。

例如，如家快捷由2002年创业之初的28家门店发展至2015年，短短十三年间已经扩展到2 500多家门店，其中52%的门店都是加盟连锁店，最大的一个加盟商自己已经开了15家连锁店，其一年的流水达到上亿元。所以未来的经济型饭店的发展趋势是社会化、协同化，一定要具备资源共享的意识，走连锁化道路，才能在世界经济型饭店之林立于不败之地。

二、经济型饭店的连锁经营模式具体剖析

从经济型饭店所处的社会环境、市场环境等多重因素综合考虑，经济型饭店最应该也最适合连锁经营模式，由于经济型饭店规模相对较小，投资者的财力有限，发展连锁经营可以

使饭店有品牌、客源、管理质量的保证，但又不必长期积累经验，也无须支付太多费用，所以备受投资者青睐。国际经济型饭店集团主要采取三种典型的连锁经营方式：特许经营，主要代表为圣达特公司；品牌延伸，主要代表为假日集团；兼并与收购，主要代表为雅高集团。当然，一个饭店集团也可以有多种经营模式，如雅高集团以兼并收购经营形成自由饭店、租赁饭店、管理合同饭店、特许经营饭店等。

（一）特许经营

特许经营作为“20 世纪最为成功的营销理念”，对我国经济型饭店的发展有重大的现实意义。特许经营是指特许权拥有者授予特许权经营者一种获得许可的特权以从事经营行为，获得许可的特权包括品牌、操作系统、管理服务等。对于经济型饭店的特许方来说，无须投入大量的人力、物力，只要将成熟的、规模化的管理方式以及独具特色的经营技术和经营理念通过转让与受让，就可以使已经品牌化的品牌产品占领新的市场，特许经营是一种安全而又迅速地扩大知名度、拓展市场份额的经营方式。对于加盟者而言，无须具备一定的技术和经验，只要支付一定数额的加盟费就可以直接套用特许方的成功经验和技术，得到特许方的长期指导和服务，大大省去了探索和学习的时间，降低了投资风险。特许经营因其具有其他连锁经营模式所无法比拟的优越性成为国际上最流行的连锁经营模式。

一般来说，实施特许经营应具备以下几个条件：首先，特许方应具有较高的知名度，否则也不会有加盟商慕名而来；其次，特许方要形成自己的经营特色，拥有自己的特殊经营技能，只有具备了这样的“闪光点”，才能吸引加盟者；再次，特许方要维持良好的经营业绩，这是特许经营成功的根本；最后，对于经济型饭店而言，建立一套高效的信息物流系统，形成良好的预订、采购集团培训体系，从而真正实现连续的规模经营，是特许经营的优势所在。

（二）品牌延伸

品牌延伸是指企业将某一知名品牌或某一具有市场影响力的成功品牌扩展到与成名产品或原产品不尽相同的产品上，凭借现有成功品牌推出新产品的过程。品牌延伸并非只是简单借用表面上已经存在的品牌名称，而是对整个品牌资产的策略性使用。品牌延伸的根本目的是获得由知名度和美誉度的光环所带来的“晕轮效应”。成功的经济型饭店品牌延伸不但能有效地降低饭店的成本，大大提高新产品导入市场的成功率，而且能够强化核心品牌。例如，汉庭于 2005 年推出汉庭商务饭店，其目标消费者为中档商务顾客。在快速的扩张和发展中，汉庭将发展目标锁定在了品牌延伸上，并于 2007 年 2 月推出了汉庭快捷，客房的平均定价在 200 元左右；时隔一年，汉庭又于 2008 年 7 月推出了汉庭客栈，客房价格均在 99 元以下。汉庭以中档商务饭店为切入点，继而将品牌延伸到适合中、低消费群体的市场中，如今已经成为国内发展最快的多品牌经济型饭店集团。

然而，如果某一经济型饭店品牌的知名度并不大，根基尚未稳定，就迫不及待地将品牌向外延伸，会分散其人力、物力、财力，削弱市场竞争力和抵御风险的能力。

（三）兼并与收购

兼并是指通过产权的有偿转让，把其他企业并入本企业或企业集团中，使被兼并的企业失去法人资格或改变法人实体的经济行为。收购是一个商业公司管理学的术语，是指一个企业以购买全部或部分股票（或称为股份收购）的方式购买另一企业的全部或部分所有权，或者以购买全部或部分资产（或称为资产收购）的方式购买另一企业的全部或部分所有权，是通过取得控制性股权而成为一个公司的大股东的过程。

大多数的经济型饭店在一开始都是单一品牌、单一细分市场类型的饭店，是大型饭店集团兼并和收购的重要对象。许多高星级饭店集团为了进入经济型饭店市场，就会有选择地对一些经济型饭店联号进行收购。例如，法国雅高集团的兼并收购并不局限于对某一家经济型饭店的收购，而是表现为对经济型饭店联号的彻底收购，雅高对红顶假日和莫泰的收购就是为了完善其经济型饭店的产品和品牌系列及扩大饭店规模而进行的。

一般情况下，经济型饭店的兼并与收购主要采用横向并购和纵向并购与联合两种方式。横向并购是指在经济型饭店及其并购对象之间实现跨地区、跨所有制或同地区经济型饭店之间的并购，可以实现规模经营，增强经济型饭店集团的市场竞争力；纵向并购与联合是指经济型饭店与提供互补产品的企业，如旅行社、旅游交通企业、旅游商业企业、旅游景点等之间的并购与联合行为。我国经济型饭店正处于兼并收购的初期阶段，由于资金及规模的限制，兼并收购的事件寥寥无几，即使有，也是发生在行业内部，目前还没有跨行业的并购。随着品牌越来越强大，兼并与收购必将成为我国经济型饭店未来的发展趋势。

（四）租赁

饭店集团租赁业主的饭店经营，支付给业主固定的租金（可以是一个收入总额的百分比或租金额或二者之和），具有完全独立的经营权。租赁的范围主要包括业主的饭店、建筑物、设备家具以及土地等，如果业主不愿意让经营者分享所有权，经营者就有可能会签订租赁合同，独家经营管理赢利潜力较大的饭店，而业主在契约安排下则放弃其他管理形式固有的得失，换取相对保险、有限的经济收入。

三、我国经济型饭店经营模式存在的主要问题

经济型饭店的扩张模式以自营为主，因此国内经济型饭店发展的过程中还存在许多问题。首先，从宏观来看，经济型饭店尚未形成统一的行业体制和宏观管理规范，饭店实施涉外管理制度形成两套基本隔离的饭店行业管理体制，致使国内饭店业结构不合理，经济型饭店发展不规范。其次，从微观来看，大部分饭店尚未形成市场化运作机制，产权不清，管理落后，员工素质比较低，更多经济型饭店以低价格作为参与市场竞争的主要手段，缺乏鲜明的市场定位和特色经营意识。最后，在经营模式上，单体化经营导致大多数经济饭店处于小、弱、散、差的状况，缺乏规范的、符合国际水准的经济型饭店。

第三节　我国经济型饭店的竞争优势与劣势

我国的经济型饭店最早始于国外的 Motel，即汽车旅馆，传入我国后，我国广阔的市场、廉价的劳动力、先进的技术等优越的先天条件使经济型饭店迅速成长起来。当然，在其成长过程中存在竞争优势的同时也存在竞争劣势。分析我国经济型饭店的竞争优势及劣势，对我国经济型饭店未来的发展具有重大意义。

一、我国经济型饭店的竞争优势

竞争优势是经济型饭店蓬勃发展的基础，通常是指饭店拥有超过一般竞争者的资源或能力，这种资源或能力只有被一家或少数饭店拥有，并与饭店业的关键要素相吻合时才能形成竞争优势。随着饭店业的不断发展，关键要素的变化，竞争优势也需要相应地发展。竞争优势对饭店的战略行为会产生显著影响，饭店在市场上的不同表现实质上反映了竞争优势上的差异，拥有不同竞争优势的饭店有不同的战略取向，有更大的战略选择余地。我国经济型饭店的竞争优势主要体现在以下几方面。

（一）产品优势

产品优势是经济型饭店最基本的竞争优势，其主要反映在服务质量和服务产品等方面。构造产品优势必须深入研究服务对象——顾客，了解和掌握顾客需求，包括共同需求与特殊需求、现实需求与潜在需求等，以提高顾客的满意度。经济型饭店的目标顾客不崇尚奢华，不需要在饭店中体现高贵身份，他们的核心需求很简单，一是卫生条件和睡眠质量要达到基本要求，二是支付的价格要比星级饭店低。所以经济型饭店在设计产品时，一定要将自身的定位和星级饭店的定位严格区分开，无论在硬件产品、功能配置，还是服务方式上都应该与星级饭店有显著不同。经济型饭店只有实行产品价值创新，才能满足目标顾客的需求，赢得竞争优势。

（二）成本优势

由于经济型饭店主要瞄准20%低端市场的价格敏感者，其经营首先要体现在“经济”上，不仅价格要经济，成本也要经济，可以说，没有经济的成本，就不会有经济的价格，因此控制成本成为首要任务。既然旅游者的消费变得越来越成熟，提供高质量的产品自然也是必要的，而高质量是需要高成本来维持的，经济型饭店要想实现物美价廉的目标，只能通过不断创新，避免出现顾客被迫为其不必要的多余功能付费的情形。如在经济型饭店的卫生间里配置豪华大浴缸，房费由原来的178元上升为278元，而消费者并没有时间去享受饭店为其提供的浴缸，那么浴缸不仅耗费了购买成本、清洁成本以及维修成本，还会使消费者降低对住店的价值判断，如“不划算”“性价比低”“不值得”。既然价格敏感者对经济型饭店的核心利益追求是获得“一夜好睡眠”，那么饭店最应提供的就是舒适的床、具有良好隔声效果的墙体和门窗，餐饮、娱乐等建构性元素和建筑外形美观程度及大堂气派程度等充实性元素则应尽量简化，这样才能使经济型饭店拥有更大的定价选择空间，形成竞争优势。

（三）可持续发展能力优势

经济型饭店是中国饭店业中年轻的增长群体，具有强大的可持续增长潜力。一方面，经济型饭店对外在经济变化状况不敏感。一般情况下，高端饭店由于市场定位较高，一旦出现外界环境的重大变革，就很难保持正常的营业利润水平，而且需要较长时间才能从受影响的情况下恢复过来。而经济型饭店一般不易受到社会和经济环境的干扰，如美国的旅游业在“9·11”事件中受到了毁灭性的打击，但经济型饭店一直保持上升的态势，经济型饭店的投资回报和经营利润的相对稳定性是在美国所有类型饭店中是最高的。这一点在我国

“非典”时期也有明显的体现。以锦江之星为例，2003 年“非典”时期，其客房平均出租率达到55%，“非典”过后仅半个月就有明显反弹，营业额与2002 年相比还有所增加，这使经济型饭店的经营者更加相信在未来经济型饭店的营业额能够平稳上升。另一方面，经济型饭店的消费对象多为白领，这类消费群体的特点是一旦在消费初期形成了消费依赖，就比较容易在后期形成对该品牌的满意度和忠诚度，这为经济型饭店维系较高的市场信誉以及较大的市场份额打下了坚实的、可持续发展的基础。当然，消费者在消费的同时也对经济型饭店提出了较高的质量要求，这也是经济型饭店不断前进的动力之一。

二、我国经济型饭店的竞争劣势

经济型饭店从20 世纪90 年代开始进入我国市场，并伴随着政治、经济、社会环境提供的各种竞争优势，以惊人的速度发展起来。但在其迅速扩张的过程中也存在着劣势，主要表现为以下几点：

（一）千店一律

我国经济型饭店在疯狂的“跑马圈地”后，已经有大大小小的经济型饭店品牌200余个，整个市场局面出现供过于求、千店一律、产品同质化严重的现象。其中的千店一律不仅指同品牌的饭店之间毫无差异和特色，也指不同品牌的经济型饭店之间相互学习、复制、模仿导致的极其相似的情况。差异化竞争和品牌提升将是经济型饭店下一步发展的两大方向，关键是找到自己的差异化定位，避开不同的竞争市场，在细分市场中做文章。

（二）人才短缺

目前，饭店业的员工流失仍然是制约饭店发展的重要因素，经济型饭店也不例外。员工是饭店宝贵的人力资源财富，特别是对于劳动密集型的经济型饭店来说更是如此，员工的不断流失无疑影响着饭店的正常发展。相对于国外的经济型饭店而言，我国经济型饭店的专业化人才格外短缺。在我国，大部分饭店专业的毕业生毕业后都跻身于星级饭店，即使不去星级饭店，也会选择改行，很少有人愿意去经济型饭店工作；即使有饭店专业的毕业生选择经济型饭店，也往往是在参加饭店培训后，掌握了一定的技术技能和服务意识便跳槽。这就造成饭店整体经营结构失衡，不利于内部平衡稳定发展。

（三）市场混乱

在经济型饭店迅速发展的大潮中，有很多服务质量不高、卫生条件差、管理不规范的饭店，它们打出“经济型饭店”的旗号，混入正规标准的经济型饭店队伍。这使得不成熟的消费者误将经济型饭店同脏、乱、差的旅馆、招待所等同起来。这些饭店虽然在个别方面具备了经济型饭店的特征，貌似“经济”，但实际上是鱼目混珠、以次充好，这对经济型饭店市场秩序的维护无疑有很大影响。

（四）盲目投资成风

由于经济型饭店对选址和硬件设施要求不是很高，而这种条件在全国各大城市乃至二、三线城市很容易具备，很多投资者都垂涎于此。所以经济型饭店的扩展速度之快，市场占有率之高，足以让世人瞩目。虽然市场空间广阔，但随着投资者的大量涌入，整个经济型饭店行业的投资门槛被逐步抬高，各方面的竞争也不断加剧，由此导致成本的增加，导致并不是每个进入经济型饭店领域的投资者都能赚到钱。另外，房地产升温带来的成本增加对经济型连锁饭店的威胁也非常大。

总之，我国经济型饭店在发展过程中显现的竞争优势使经济型饭店市场更加和谐、稳定，但是其劣势也不容忽视，经济型饭店的管理者必须扬长避短，才能在市场中站稳脚跟。

第四节　我国经济型饭店发展的分析

随着市场竞争的加剧，我国经济型饭店必须认真分析当前的发展现状，找出问题，发挥自身优势，抓住市场机遇，积极探索今后的发展道路，应对挑战，从而提升经济型饭店的竞争力和在国际市场中的地位。

一、我国经济型饭店目前存在的问题

从我国经济型饭店的竞争劣势分析中，已经得出中国经济型饭店市场存在千店一律 、人才短缺、市场混乱、盲目投资成风等问题。随着经济型饭店大量涌现，一系列新的问题也随即出现，如价格秩序混乱、转型困难、缺少自主创新品牌、缺乏抵御产业危机的能力等。导致经济型饭店出现诸多问题的原因，归结起来有以下几点：

（一）制度观念落后，产权不清

我国旅游住宿业过去一直按涉外和非涉外分类，由旅游和商业两个政府部门分别管理。在行业管理的实际操作中，旅游行业管理的重点是高档饭店，商业行业管理又没有资格和能力去管理普通旅游以外的经济型饭店。这种体制分割使得旅游和商业行政主管部门都无权管理经济型饭店。

（二）行业规范性不够

经济型饭店业缺乏规范的行业运作标准，一是价格混乱，同一品牌的客房价格在不同地区差别很大，最高价差可达近 200 元，不同品牌的同一类型客房的价格也是千差万别，没有一个统一的价格体系；二是标准混乱，我国大多数经济型饭店都处于单体状态，没有统一采购系统、订房系统和品牌的支援，没有形成统一的、标准的行业规范，这就造成整个经济型饭店市场的混乱。

（三）专业人才缺失

经济型饭店在人力资源的数量、质量和结构方面与发展要求之间存在的差距很大，主要表现在：经营者受教育程度低，缺乏现代经营管理理念和管理方法；专业人员包括工程技术人员、财务管理人员、市场营销人员和信息管理人员等很少受过系统培训，专业水平低；普通员工的培训不足、人员流动频繁等，造成服务技能差、操作不规范、服务质量低等问题。

（四）管理系统不完善

经济型饭店的主要特点是物美价廉，这就要求其经营者必须寻求服务质量和成本控制

的最佳结合点，从而有效地提高服务效率，降低管理成本。但是目前的管理系统都是针对高星级饭店的，经济型饭店的管理体系仍然处于摸索阶段。

（五）卫生质量下降

经济型饭店是大多数商旅顾客出行的首选，良好的卫生环境是放心住宿的重要因素。但人们熟知的如家快捷、汉庭等经济型饭店在迅速扩张的同时，卫生问题不断被曝光，其卫生状况令顾客瞠目结舌。饭店客房看似整齐舒适的背后，有很多顾客无法看见的卫生隐患。例如，有的饭店竟然把床单送到专门为医院清洗床单的洗衣房清洗，还有令大众无法接受的“毛巾门”事件，保洁员直接用擦过马桶的抹布擦漱口杯等，都对经济型饭店的品牌形象和社会声誉造成了严重影响。

★知识链接

孙坚，1964 年生于上海，1987 年毕业于上海医科大学，1989 年赴澳大利亚学习市场营销课程并一直从事零售商业工作，1997 年回国后加入泰国正大集团旗下易初莲花超市有限公司，任市场部总经理，2000 年加入英国翠丰集团下属的 B & Q 百安居（中国）连锁超市管理系统有限公司，任市场副总裁，2004 年升任营运副总裁兼华东地区总裁。2005 年 1 月，任如家快捷酒店 CEO。2006 年 10 月，孙坚带领如家快捷在美国纳斯达克成功上市，如家快捷连锁酒店因此成为中国饭店服务行业在海外上市的第一股。作为如家快捷的 CEO，他领导企业始终以让顾客满意为宗旨，向全世界展示着中华民族宾至如归的“家”文化服务理念和民族品牌形象。

作为国际品牌领导者的孙坚，他以自己的个人魅力感染了很多人。无论与谁交谈，他始终流露着微笑的眼神，并认真倾听，“是”与“对”是从他的口中不断流出的词，他总是在认真地倾听、积极地认同，或许这正是一个服务行业领导者需要具备的特质之一。

孙坚凭借卓越的经营管理能力以及非凡的个人魅力，荣获“中国改革开放三十年社会服务业十大领军人物”“中国饭店产业十大风云人物”“中国品牌建设十大杰出企业家”“中国连锁业风云人物”等众多荣誉称号。

二、我国经济型饭店的发展对策

据调查，我国经济型饭店占全国饭店企业数量的 80% 以上，数量不小，但并没有形成足够的规模。面对蓬勃发展的国内旅游和入境旅游市场，我国经济型饭店的未来发展必须有所准备，发现和摒弃不符合市场经济运行规律的各种要素，冷静分析当前经济型饭店的形势，既不能过于紧张，也不能盲目乐观，要看准机遇，通过加强与国际饭店集团的合作，保持一致性和个性化的动态平衡，利用丰富的社会资源系统，完善预订系统及服务网络，注重人才培养，引入绿色技术，进军二、三线城市，加强卫生、安全管理等对策，促进中国经济型饭店的持续发展。

（一）加强与国际饭店集团的合作

自 20 世纪 80 年代以来，国际众多饭店集团纷纷进入我国，成为我国饭店业飞速发展的重要因素。然而随着世界经济发展速度的放缓，一直钟情于高星级饭店管理的国际饭店集团开始进军经济型饭店市场。加强与国际饭店集团的合作，利用全球共享网络系统，可以使经济型饭店有品牌、客源、管理质量的保证，集中整合相关资源，形成规模经济和资本的最大效应，既能实现有限资源的效率最大化，又有利于经济型饭店的快速扩张，增强自身的市场生命力。

目前，法国雅高集团的宜必思品牌已经入驻天津；美国马里奥特集团中的华美达品牌勾勒出大中华区战略规划，在我国沿海、长江沿岸和丝绸之路地区，在中小城市和经济型饭店市场以每年开 10 ~ 20 家新店的速度推进；上海锦江集团与马里奥特集团积极接触，预计将达成合作计划，共同开发我国的经济型饭店市场。

（二）保持一致性和个性化的动态平衡

世界著名的餐饮连锁机构麦当劳、肯德基得以在全球所向披靡，其绝对一致的形象是成功的关键。我国经济型饭店要想树立自己的品牌，就必须保持其形象的一致性。这种形象的一致性不仅是饭店外观、客房布置的一致性，更应该是服务的一致性，只有树立起顾客对一致性服务的信心，经济型饭店才有不断扩张的基础。经济型饭店要努力做到消费者无论何时走进全国任何一家某品牌经济型饭店后，感受不到与之前消费的同品牌其他连锁店的区别，在饭店文化、服务方式、服务质量等方面都保持高度的一致性，只有这样，才能让消费者有宾至如归的感觉。

但是，一致性并不等同于抹杀个性化。经济型饭店个体的小规模经营，正是发挥个性化的最好领域，对于特色化的家庭旅馆，更是可以将浓郁的人情味作为市场成功的关键。因此，如何保持一致性和个性化的动态平衡将是我国经济型饭店的重要课题。

（三）利用丰富的社会资源系统

经济型饭店的利润空间有限，寻求边际成本的最小化是其不断努力的目标。而城市功能分工不断专业化，社会资源系统不断丰富，为经济型饭店的发展提供了必要的条件。经济型饭店可以借助于城市功能，将自己的一些设施、服务转给社会，使饭店自身建设、运营费用降低，如将餐饮、客房清理的服务外包给社会机构，重点关注住宿和必需的早餐，使顾客基本的出行需要得到满足，真正感到物有所值或物超所值。

（四）完善预订系统及服务网络

国外经济型饭店集团非常注重运用“顾客印象占有率—顾客市场占有率—顾客心灵占有率”的顾客创造规律，编织起强大的营销网络，积累大量忠诚客户。经济型饭店的连锁发展，本质上反映的是客源流、物流、信息流、资金流在各分店之间的运行，以及建立长期合作关系而获得交易效率上的经营优势。因此，无论是品牌延伸还是特许经营，在电子商务时代，经济型饭店的连锁化设计首先应该在一个信息化的平台上发展，充分利用连锁系统的网络优势形成一个经济型饭店的信息中心，在连锁系统内部共享信息资源。建立预订销售网络是品牌资产的物化载体，是成熟的饭店集团的标志，也是跨国饭店集团以特许经营方式经营饭店成功的主要原因。通过免费预订电话、网上预订服务和成员饭店互相代办预订，可以实现全国甚至全球范围内的方便、快捷的预订业务。强大的网络预订系统可降低销售成本、稳定分销渠道，为饭店带来更多、更稳定的客源，此外，还起到控制客源、宣传饭店、延伸品牌的作用。

（五）注重人才培养

经济型饭店要想持续地发展，就要提倡以人为本，把员工视为宝贵资源，不断为员工提供学习的机会，为员工的职业生涯提供有用的经验。经济型饭店不但要从观念上重视人才，更重要的是将重视人才、培养人才的理念落到实处。“没有满意的员工，就没有满意的服务”，所以培养员工对饭店的认同度和忠诚度，增强员工的满意度对于饭店的生存是至关重要的。

首先，选择和培养店长。所谓店长就是连锁饭店的一店之长，是整个团队的领头羊。只有店长选好了，才会带领整个团队做出更好的业绩。店长的选拔，可以通过社会招聘有相关工作经验的人才，也可以从总部调配；定时定期安排店长进修学习，为饭店与时俱进的发展提供人才保障。其次，培养店长助理，为今后新开张的连锁店做人才储备和训练。最后，招聘和培训员工。特别要注意培养员工一专多能，培养员工对饭店的忠诚度，在抓好员工技能培训的同时，更要重视员工的综合素质的提高；要定时给员工充电，为员工发展创造更多的机会等。另外，根据人力资源可不断反复开发的特征，对在某一岗位不称职的员工一般也不宜采取劝退的方法，而是根据其性格和特点安排到适合其工作的部门，继续发挥工作热情和服务专长。

（六）引入绿色技术

绿色技术是当今饭店业发展的一种趋势，是指技术的使用达到降低污染、保护生态、减少浪费、循环使用、节能减耗的要求，且符合环保和生态平衡的要求，同时可以有效地降低饭店的运营成本。前期的绿色投资会对经济型饭店的经营造成一定压力，但是绿色技术的引入对其后期运作的效果是长远的，可以增强市场竞争力，赢得更多的客源。绿色技术是现代经济型饭店走可持续道路的时代趋势。在我国，已经有很多经济型饭店树立起绿色意识，并对绿色活动、绿色营销付诸实践，如格林豪泰饭店，其饭店的标志是一棵绿色的橡树，绿色代表健康、自然、环保，橡树代表旺盛的生命力、强大的凝聚力，从其字面意思和标志的象征就可以看出其作为经济型饭店的绿色实践的决心。

经济型饭店要引入绿色技术，首先，要转变思想观念，树立绿色理念。这是从本质上向经济型饭店注入“绿色血液”。其次，要加强绿色宣传，树立绿色形象。经济型饭店可以参与多种形式的绿色活动，也可以利用自己的力量在小范围内做些绿色公益活动，以此来宣传自己的绿色意识，树立良好的绿色形象。最后，要提供绿色服务，引导“绿色”消费。经济型饭店的核心功能是客房，要对客房进行“绿色”配置，在建设装修中使用对人体无害的“绿色”油漆和涂料，配备节能冰箱、空调、灯具，床上用品均选用纯棉的纺织品等。

（七）进军二、三线城市

目前我国经济型饭店主要分布在长三角、珠三角和环渤海等经济发达地区，在分布数量排名前 10 的城市中，除武汉和成都外，其余 8 个城市都是东部沿海的发达城市，而中西部二、三线城市的经济型饭店市场很多还处于基本未开发的状态。由于二、三线城市消费者对住宿提出了更高的要求，传统的单体小宾馆、小饭店已经不能适应市场的需求，加上新型城镇化正在如火如荼地开展，二、三线城市旅游市场持续升温，许多二、三线城市迎来了加盟连锁饭店的热潮。经济型饭店市场在一线城市已近于饱和状态，二、三线城市经济型饭店市场蕴藏着巨大的发展潜力。

在我国经济型饭店市场大变革和大转型时期，专门定位于二、三线城市的尚客优迎来了其发展的春天。在其创立初期短短的四年里，门店数量已突破700家，成为中国二、三线城市连锁饭店第一品牌、中国十大连锁饭店品牌，门店规模排名全国第六。

（八）加强卫生安全管理

为杜绝经济型饭店卫生不合格的问题，提高经济型饭店的卫生质量，保障广大消费者的卫生安全，提高饭店的市场竞争力，经济型饭店可以采取加盟的经营方式，提高经济型饭店的直营店比例，从而加强管理，保障经济型饭店的品牌价值；另外，加强对加盟店的管理力度，除要求质检部、值班经理等内部检查“关卡”实现定期监管、定期检查外，还要多聘请暗访公司、“神秘顾客”进行检查，要做到持续关注经济型饭店的卫生管理工作，杜绝卫生安全隐患。总之，经济型饭店要处理好快速扩张与质量稳定之间的关系，加强标准化、品牌化建设，使其能够在既保持速度，又不失质量的前提下前进。

★案例分析7-1

把星级服务植入有限服务饭店

2005年4月，南苑e家成立了南苑商务旅店管理公司，致力于打造中国最优秀的提供有限服务的经济型饭店。除了提供精致的硬件设施外，南苑e家为每一位顾客提供有限的生活服务是其近年来的重点。就早餐而言，请来星级饭店的厨师为顾客提供早餐服务，已经成为南苑e家自开业以来必不可少的内容，南苑e家就是要在提供有限服务上下足功夫，让追求生活品质的商务人士享受到经济型饭店所提供的方便、快捷、完善的有限服务。

优质的服务和较有竞争力的价格为南苑e家赢得了良好的市场表现。有调查数据显示，自2005年南苑e家商务连锁饭店成立以来，总体平均入住率高达90%以上，住店顾客的满意率达97%以上，更有47%的顾客对南苑e家商务连锁饭店的评价是“物超所值”。基于此，南苑e家从2007年开始，就以长三角为中心，走品牌扩张之路。至今已经拥有近30家饭店，分布在北京、天津、哈尔滨、上海、杭州等10多个重点城市。

案例讨论题

1. 南苑e家具有经济型饭店的哪些显著特点？
2. 南苑e家为什么会受到顾客如此青睐？

★案例分析7-2

经济型饭店之“卫生门”

人们熟知的如家快捷、汉庭等经济型饭店频频被曝出卫生不合格的丑闻，这些号称“让你有回家的感觉”的饭店，若不能真正做到卫生舒适，又如何让游客宾至如归呢？

从媒体曝光的诸多视频中，这些经济型饭店的卫生状况令人愕然，某饭店保洁员清理卫生间时，直接拿起顾客用过的脏毛巾清洁室内卫生，擦完了马桶之后，完全不清洗，又接着去擦拭洗脸台；洗手间内顾客使用的刷牙玻璃杯，也仅仅是用清水随便冲洗几下就放回原处。整个过程，保洁人员既没有戴手套，也没有使用消毒剂。如此清洁过程，让消费者无所适从。

案例讨论题

1. 经济型饭店为什么会频频出现“卫生门”事件？
2. 经济型饭店应该怎样避免“卫生门”事件的发生？

思考与练习

1. 结合实际，谈谈经济型饭店的特征。
2. 结合国情，谈谈促进我国经济型饭店发展的原因。
3. 浅谈我国经济型饭店发展的竞争优势与劣势。

第八章

精品饭店

★教学目标

1. 掌握精品饭店的概念和内涵。
2. 了解国内外精品饭店的发展概况。
3. 重点掌握精品饭店的特征。
4. 了解我国精品饭店的发展路径及趋势。

★重要概念

精品饭店　精品服务

第一节　精品饭店概述

精品饭店是饭店市场中一类个性特征突出的饭店产品，是一个典型的市场补缺者。

一、精品饭店的概念

精品饭店起源于20世纪80年代，作为一种专业类型的饭店，是在西方发达国家饭店市场中出现的“异类”，是市场需求产生变化所造成的饭店业态变革的结果。“精品饭店”（Boutique Hotel）一词是从开发商兰·施拉德和他的合作伙伴史蒂夫·鲁贝尔在将一个小楼摩根斯（MOREANS）改建成一个高档酒店时得来的。Boutique，以最准确、最全面的《英汉大词典》为参考，其意译为“较小的妇女服饰店、珠宝饰物”，因此Boutique Hotel中Boutique一词的意思可以理解为小、时尚或者是与时尚潮流紧密联系的。美国精品饭店管理界泰斗依艾恩·希拉格一针见血地提出：“精品饭店仅指那种具有一种鲜明的与众不同的文化理念内涵的饭店。”

精品饭店是与大型星级饭店的概念相对应的，精品饭店的经营目的是营造独特的氛围，为顾客提供个性化的服务，给到精品饭店的顾客一次完全新奇的体验。精品饭店最关键的竞争优势体现在文化上，精品饭店有其独特而明确的主题、独特而不受拘束的服务以及整个酒店统一的氛围。

综上所述，精品饭店是为顾客提供新奇和精致体验的高品质饭店，也可以称作设计师饭店，主张提供给顾客个性化的服务，并通过独特而时尚的设计吸引那些追求品位、奢华、个性化的休闲或商务旅行者。

二、精品饭店的内涵

精品饭店是饭店行业的一支新的生力军，已经成为饭店业发展的新趋势。精品饭店最初是指起源于北美洲的具有私密、豪华或离奇环境的饭店，以提供独特、个性化的住宿和服务作为自己与大型连锁饭店的区别。目前，精品饭店尚无一个完整准确的定义，但在业者心目中对精品饭店内涵的理解还是存在以下共识的：硬件精良、软件到位、产品独特、服务精致、非凡体验、全新感受、令人印象深刻等。这些关键词成为业内同人对精品饭店描述的标签。精品饭店的内涵可以从文化、设计、服务与营销四个方面来理解。

（一）文化

精品饭店的存在需要深厚的文化底蕴和足够的非本土文化的休闲、旅游顾客，其强调深层次的共鸣和持续性的吸引力。文化是精品饭店比时尚饭店更高一层的识别标志，更是其灵魂的核心。要被顾客承认和接受，必须有某些让顾客感到兴奋、无法忘却、印象极深的主题或文化。精品饭店都是有故事的饭店，而故事所蕴含的知识性等特性使它成为精品饭店文化的载体。例如，开在北京颐和园边上的北京安缦颐和园，在设计上宛若皇家园林。该饭店共有 51 间客房和套房，套房还分三个等级，其中最大的一套为皇家套房。皇家套房是一个独立的四合院，其客房具有明代风格的家具，空气中弥漫着檀木的香味，桌椅均镌刻盖精美的古典图案；入住期间可看到穿着大长衫或旗袍的饭店服务员穿行其间，古朴的宫灯高高悬挂。这些元素无不体现了中国传统文化，令每位入住的顾客都沉浸在醇厚的京都历史文化氛围之中。

（二）设计

精心设计是精品饭店的形。精品饭店所提供的产品必须进行全新设计，将传统饭店产品结合主题文化进行重新编排、组织和包装，打造精品饭店产品的独特性和唯一性。精品饭店在设计上通常比较精致，追求沉稳、典雅而富有内涵，把空间当作艺术模式去伸展，符合饭店的总体定位和当地的人文特色，从大堂、电梯、餐厅到客房每一件陈列品都精心搭配。例如，云南丽江悦榕庄酒店紧扣地域文化主题，为新人设计出了具有纳西族色彩的婚礼仪式以及度蜜月的情侣度假套餐，让顾客在独特的风土人情与自然风光中享受专属的浪漫，留下人生旅途抹不去的美好记忆。

（三）服务

如果精心设计是打造精品饭店的“形”，那么精致的服务则是体验精品饭店的“魂”。相对于传统饭店，精品饭店应当给顾客提供更加细心和贴心的服务。差异化的产品和个性化的服务，会带给顾客独一无二的体验，这是精品饭店核心竞争力的重要体现。精致的服务必须通过以下两方面的措施来达到：一是以提供全程个性化管家式服务作为精致服务的形态；二是以宣导某种生活方式作为精致服务的载体。两者充分结合，才能相得益彰地为顾客带来独一无二的消费体验和尊贵享受。

1. 以全程个性化管家式服务为形态

传统星级饭店只为 VIP 或是住商务楼层的顾客提供管家式服务，而精品饭店必须将每位顾客都看作 VIP，而且要做到全程的、个性化的服务，这才符合自己的市场定位，才能与高消费的房价相匹配。例如，在极负盛名的安缦度假村，每一位顾客都会被三个以上员工照顾。不多的客房数量和并不因此而减少的员工数，让员工与顾客之间的互动性更强。贴身管家们则可以陪顾客聊天，甚至可以带顾客去领略当地的风土人情。

2. 以宣导某种生活方式为载体

精品饭店作为市场再细分、满足顾客高品位生活和极具个性需求的产物，必然引领着某种健康、时尚的生活方式，而这种生活方式成了精致服务的必要载体。例如，美伦山庄酒店宣导的是宁静且慢的生活方式，通过训练有素的管家服务，带给顾客一次慢生活品鉴之旅。在总台，顾客一边品尝着饭店特制的欢迎茶，一边享受着快捷便利的入住服务；进入客房，听到的是舒缓的五行养生乐，顿时能让因舟车劳顿而产生的烦躁之心得到安宁；入夜，或卧床看书，或窗前赏月，周边是那样的宁静；清晨，虫鸣鸟叫唤醒了安享一夜的顾客，懒懒拉开窗帘，一抹温馨的朝阳照向床榻，推窗望海，水天一色。

（四）营销

精品饭店属于比较新型的饭店业态，需要开拓全新的市场。精品饭店顾客关系拓展主要依靠顾客的口碑宣传，营销目标以建立品牌形象为主。因此，营销工作不可盲目空泛地进行，必须做准做精。

1. 精确的市场定位

先要对目标市场进行细分，然后再选择适合市场竞争要求和本饭店经营条件的那一部分目标客源。精品饭店必须对自身产品进行梳理、调整，推出新的能够满足目标市场所需要的核心产品。

2. 精细的信息资料

要做到精准定位于网络目标群体客户和为顾客提供高质量服务，需要有精细的信息资料做基础。这些资料包括市场调研情况、目标群体购买能力数据、顾客投诉记录，还包括详细记录顾客年龄、性别、喜好忌讳、教育背景、职业特点、家庭状况、收入水平、消费习惯、联系方法，以及以往在本店的消费等信息的顾客档案。这些资料都将为精品饭店提供个性化服务发挥重要的参考作用。

3. 精致的促销手段

根据不同产品项目、不同销售对象和渠道、不同季节时间等因素采用或组合不同的促销手段制订细致的促销计划，认真细致地执行，才能耗费最少、效果最好。现在越来越多精品饭店利用新媒体技术，通过微信、微博发布本店信息，利用客户微信圈、微博圈在目标群体中免费为饭店做宣传，摒弃了传统的粗放式的广告宣传手段，做到有的放矢，取得了事半功倍的促销效果。

三、精品饭店的特征

（一）高端的市场定位

精品饭店所提供的服务和资源稀缺的特点决定了选择精品饭店意味着高端和价格昂贵，精品饭店面向高端消费者的事实就摆在眼前，只有具有相对雄厚的经济基础的游客才能享受这种个性化的服务。相对于星级饭店来说，数量极少的精品饭店创造的利润率相当可观，这不仅证明了精品饭店面向高端市场的特点，也正好体现了精品饭店在饭店投资方面的高赢利能力。

（二）设计风格独特

对于人们越来越追求个性、越来越追求独特的需求来说，当前的精品饭店追求并创造着自己的独特个性，精品饭店不论在整体设计还是局部装饰上都给人以惊喜。大部分精品饭店通过独特或特定的风格来吸引顾客，并在装饰细节上追求完美，很多顾客来到精品饭店有时只是为了享受自己所喜欢的建筑和装饰风格。个性化从设计理念开始，体现在整个饭店建筑的设计、室内设计、环境布置和客用品设计等方面。当前精品饭店的个性化设计主要体现在年轻、不受压抑和拘束、时尚以及别致上，形成各自独特的设计风格。

（三）“小而精”的规模

精品饭店规模一般较小，客房资源比较有限，大多在百间客房以下，并不追求凸显华贵气质的宽敞气派的大堂。饭店的附加设施较为简单，主要以经营客房、餐饮和会议设施为主，充分利用有限的经营面积，在服务方式和服务内容上精雕细琢，注重每一个细节，以独特雅致的装饰和细腻温馨的服务创造出名副其实的精品。由于规模精致，接待流量有限，因而服务和消费的私密性强。精品饭店这一特点，是许多社会名流显贵选择入住的重要原因。

（四）精致的服务

精品饭店力求为目标顾客提供定制化、个性化与人性化的服务。为此，精品饭店员工的配备往往比较充足，员工与客房数量的比例会达到3：1，甚至5：1。精品饭店体贴的细微服务起源于英国王室的贴身管家式服务，其最大限度地满足顾客的个性化需求，从而使得顾客满意度最大化。此外，精品饭店在服务中追求个性化和定制化，让顾客能享受到一对一甚至多对一的管家式服务，最大限度地为顾客提供贴身的定制化服务，让顾客得到一种最舒适的享受。

（五）时尚与创新

精品饭店作为定位于高端的服务产品，既迎合了市场由大众化消费向个性化、体验型消费变换的潮流，也引导了一种新的时尚消费方式。正如W酒店自我宣扬的：“W不只是一个酒店品牌，而是一个标志性的生活时尚，为顾客提供前所未有的独特体验。”精品饭店的时尚与创新体现在环境、设施、服务、经营方式等方面。

四、精品饭店的类型

人们对于生活的高标准要求催生出精品饭店，在精品饭店实现发展的基础上又细分出各具特色的饭店类型。

（一）**按主题元素来划分**

（1）历史主题型精品饭店。这类精品饭店主要分布在一些历史文化厚重的城市，结合当地的民风民俗或独特建筑来表现主题。以一定的历史文化为主题，整个饭店的装修设计、装饰及产品、服务都围绕这一主题展开，从而形成独特的文化品位与个性，体现出饭店的历史积淀和文化内涵，满足对文化有独特品位的高端客源的需求。例如，坐落于柬埔寨北部的吴哥宝剑酒店（Preah Khan Hotel），离机场5 000米，周边有柬埔寨文化村，毗邻世界闻名的吴哥神庙。该酒店的诱人之处并不在酒店本身，而是其充分融入了具有千年历史的古老吴哥文化当中，使众多游客流连忘返。

（2）时尚主题型精品饭店。这类精品饭店主要通过建筑装潢来凸显酒店的时尚特性，从家具的选择到空间细节的处理都非常注重材质和色彩的搭配。整个饭店意在突出设计师的全新设计，从而为顾客带来舒适的理念，给顾客带来乐趣的体验。

（二）**按区位来划分**

（1）城市型精品饭店。这类精品饭店多位于引领世界潮流的大都市，如纽约、伦敦、米兰、上海等，这些城市不仅交通便利，而且处于时尚前沿的特殊区位，会经常举办时尚的娱乐、体育等活动。这类饭店有很多，如中国上海的璞邸精品酒店、西班牙的马德里12层精品酒店。

（2）度假型精品饭店。度假型精品饭店是以接待休闲度假游客为主，为其提供住宿、餐饮、娱乐等多种服务功能的精品饭店。与一般的城市精品饭店不同，度假型精品饭店大多建在海滨、山野、林地、峡谷、乡村、湖泊、温泉等自然风景区附近，集私密与奢华于一身。在建筑设计上充分结合当地特色，在内部环境与服务方面讲究舒适与奢华。例如，马尔代夫的芙花芬岛酒店，周围是美丽的大礁湖和白色的沙滩，整个酒店被茂盛的植物所环抱，酒店内外位置的转变往往让人产生恍若隔世的错觉。

（3）地域型精品饭店。饭店所属的地域文化也是精品饭店的特色之一，是精品饭店选址时所体现出来的文化意境，不同的地域有不同的体现。

（三）**按设计风格来划分**

（1）梦境型精品饭店。这类饭店以经验设计手法给顾客带来一种整体的体验：一个世界中的世界、一个现代科技化的空间、一种表演艺术型饭店的文化天堂。设计概念中包括数码科技系统，从渐变的彩色图片到影像的一切信息都投射在墙面上。

（2）时尚饭店或微型都市型精品饭店。这类饭店将都市的活力引入饭店，并将一些新的元素融入大堂。在接待顾客的同时吸引那些不消费但有品位的当地访客来聚集人气，并通过大堂内的夜总会、酒吧甚至发廊来创造室内都市化。

（3）生活方式型精品饭店。这类饭店常被设计成超现实的室内环境，或是产品设计师将他们个人的风格展现成三维景象，应用于该饭店的设计中，利用他们的主流产品向人们推销整体环境。

（4）设计与时尚融合型精品饭店。这类饭店在设计过程中强调向时尚学习，并且每季都在不断更新。

（四）按经营模式来划分

（1）大型饭店集团经营。大型饭店集团经营主要指世界著名饭店集团对其旗下系列品牌中的精品饭店品牌的经营。连锁化、规模化的经营模式不属于纯粹意义上的精品饭店，但作为大型饭店集团市场细分的产物，其产品开发、市场定位、经营理念与精品饭店的特质吻合。例如喜达屋集团的W酒店、洲际集团的Indigo。

（2）精品饭店集团经营。精品饭店集团经营指专门由从事精品饭店产品开发与经营管理的饭店集团进行经营，具有代表性的是新加坡的悦榕度假酒店集团和阿曼集团，它们都是追求特质的精品酒店集团。

（3）独立精品饭店经营。独立精品饭店经营单体独立运营的精品饭店虽然占据的市场份额很小，但其迎合人们追求独特、与众不同的个性体验需求。正是因为极其富有创意和个性色彩才让钟情于此的消费者津津乐道。例如，上海新天地88城市精品酒店、北京的摩登四合院（CtCour）、浙江湖州充满异国风情的哥伦波城堡、杭州的富春山居等，都独具特色。

第二节　国内外精品饭店发展概况

一、世界精品饭店的发展

（一）发展情况

精品饭店（Boutique Hotel）诞生于20世纪80年代。1984年精品饭店教父级人物伊恩·施拉格（Ian Schrager）和他的合伙人史提夫·鲁贝尔（Steve Rubell）在纽约麦迪逊大道开设的摩根斯酒店（Morgans Hotel），被视为颠覆了传统饭店风格，是精品饭店首创。但人们认为在此之前的1981年，位于英国伦敦的安努斯卡·亨佩尔（Anouska Hempel）设计的布力克斯酒店（Blakes Hotel）和比尔·金普顿（Bill Kimpton）设计的洛杉矶联合广场的贝德福酒店（Bedford Hotel）均具有精品饭店之风韵。

精品饭店的发展直到20世纪90年代才开始起步，因此其发展并不十分成熟和完善，而且在全球的分布状况也极不平衡。目前，绝大多数精品饭店都集中在美国和欧洲等发达国家，如曼哈顿德洛维尔酒店、伦敦的大都市酒店、纽约的时代酒店、旧金山商务丰收场酒店，而在其他地区的分布明显低于欧美地区。加拿大、墨西哥和澳大利亚等国家是精品饭店发展的第二军团，亚洲的精品饭店数量极少，非洲几乎没有。

精品饭店的这种分布状况主要是由国家和地区间社会经济发展不平衡造成的。欧美发达国家相对于亚非地区，饭店业发展起步较早、历史悠久，常规类型饭店的服务、机制等方面已经发展得较为完善。随着行业竞争愈演愈烈，饭店管理者利用自身有限的资金资源和客源渠道用一般的方法和连锁饭店竞争已经不可能了，因此饭店管理者必须调整思路，探索新的饭店经营之道。时尚意识较强的游客正在追求艺术品位，需要新奇的东西，需要兴奋感，他们希望环境能带来刺激与新奇，他们希望在艺术氛围较浓的饭店停留，以体现出他们的独特品位，因此精品饭店应运而生并且不断发展。

不可小觑的是，2008年只占美国客房总数量1%的精品酒店，却创造了整个酒店业3%

的收入；入住率为67.1%，而全服务酒店才为65.9%；平均房价为139.69美元，全服务酒店则为113.98美元；每间可供入住客房收入为93.73美元，而全服务酒店为73.64美元。

（二）发展特点

1. 精品饭店类型不断细分

早期出现的精品饭店主要类型是城市精品饭店，其他类型的比较少。但随着精品饭店内涵的不断延伸，其表现形式也更加多样化，不仅在旅游地频频出现，而且更加注重与城市历史、文化等元素的结合，力图打造“博物馆＋酒店”或“设计创意＋酒店”的模式，展现末端历史人文或思想创意的碎片。

2. 经营模式日益呈现集团化和连锁发展

三十多年前，Bill Kimpton突发奇想，推出了一个“可讲故事的酒店”理念，使集团化的经营方式与个性的精品魅力有机地结合起来。如今Kimpton已经成为精品饭店行业最著名的公司，旗下拥有全美38家“可讲故事”的精品饭店，几乎每家都有不同的名字、不同的故事。

3. 主题呈现多元化态势

酒店大鳄和房地产开发商也看重精品饭店这一特殊饭店类型，纷纷抢滩精品饭店市场。这足以预见未来各大饭店在精品饭店领域的竞争将日趋激烈。

4. 客房数量两极分化

目前，在全球精品饭店的客房数量有向两极分化的趋势，酒店巨头的引入引领了单个精品饭店的客房数量增加的趋势。有些精品饭店客房数量达1 000多间，如喜达屋旗下W酒店就是典型。此外，由家庭式旅馆改造而来的精品饭店的客房数量趋向小于20间，“重质不重量”成为这类精品饭店的核心竞争力。

（三）对我国精品饭店发展的启示

1. 运用成功的竞争战略

尽管精品饭店的市场份额很小，但是由于采用了有别于大型饭店集团的策略，因而有其生存的空间。精品饭店采用的是一种目标集聚基础上的差异化战略，它选择的是特定的细分市场，采用硬件、产品和服务等方面的差异化，避开与大型饭店的竞争，从而增加了精品饭店的相对竞争优势。

2. 注重品牌形象的建设

饭店品牌是一种典型的服务品牌，由于没有实体产品作为载体，顾客对服务的理解很大程度上要依靠品牌。精品饭店的品牌作用不仅是为顾客提供产品和服务，更主要的是表达自身独特的个性。

3. 提供完全个性化服务

在精品饭店里，如果顾客能得到特别的关注就会提高顾客对饭店的满意度。个性化服务有两层含义，它不仅要满足顾客的个性化需求，而且要表现服务人员的个性。国外精品饭店对于员工的招募，在筛选和培训上不惜花费大量资源，因此其服务人员能在标准化服务的基础上发挥个人的特殊技能，实现与顾客的高度接触和情感交流，为顾客提供满意加惊喜的服务。

二、我国精品饭店的发展

我国精品饭店产生的时间比欧美地区晚，目前还处于萌芽阶段。近年来，精品饭店在国内已是遍地开花，饭店数量呈几何级数上升。据前瞻产业研究院统计，2013 年国内精品饭店的数量已经达到 200 多家。目前，我国精品饭店分布区域主要集中在上海、北京、深圳等经济发达的城市及丽江、杭州等著名旅游胜地。

（一）我国精品饭店异军突起的背景

中国经济正在走向后工业化时代，制造业占国民经济比例将会被服务业赶超。而一项关于后工业化时代的人类生活空间图式变迁的研究认为：后工业时代的人类生活结构出现了两个明显的重大转向，一个是休闲化，另一个是学习化。

1. 体验经济背景下的消费升级

在体验消费时代，消费者表现出全新的消费观念。在消费结构上，消费者在关注产品和服务质量的同时，对产品和服务情感需求的比重增加。在这一时期，休闲不再为少数人专有，而成为一种普遍的社会现象和生活方式，在这种方式中，浪费、消极和逃避这样的解读将会逐渐被淡化，并在社会休闲化的概念下变成人们的一项基本生活需要和追求。在这一时期，人们的物质需求逐渐得到了满足，工作时间的持续减少和休闲时间的持续增加为人们追求精神生活创造了条件。因此，传统的饭店产品已经不能很好地适应高端客源消费的需求，精品饭店正是在这样的经济背景下顺应市场的产物。

2. 高端饭店的竞争压力

虽然前景看好，但难以否认的是高端饭店在中国的竞争正在变得更加激烈。据有关资料统计，我国现有星级豪华酒店 4 000 多家，大量的四星级、五星级豪华酒店聚集在北京、上海、广州或三亚等一线城市或者一线旅游城市。而随着运营成本的大幅攀升和经营压力的逐步增大，高端饭店正逐渐向二、三线城市扩展。根据中国旅游饭店业协会发布的消息，2014 年第一季度五星级饭店平均出租率为 49. 08%，平均房价为 678. 31 元，平均单房收益为 332. 89 元。如果入住率低于 60%，酒店很难保本。

3. 经济型饭店趋于饱和

相较于高端酒店的竞争压力骤增，经济型饭店的生存状态也不容乐观。据经济型饭店咨询机构盈蝶咨询 2013 年 5 月发布的研究报告显示，截至 2012 年年底，我国已开业经济型饭店总数达 9 924 家，与 2011 年年底相比增加了 2 610 家，增长幅度为 35. 68%。统计中的 9 924 家经济型饭店分属于 488 个连锁品牌，客房总数达到 981 712 间。经济型饭店密度最高的六大城市分别为上海、北京、杭州、深圳、广州和南京，六大城市中已开业饭店总数占全国经济型饭店总数的 29. 18%，达 2 896 家，相比 2011 年年底增长了 20. 96%。经济型饭店最显著的特征就是规模化复制和扩张，只有快速的规模化才能够进一步降低成本获得规模效益。所以，在市场快速扩容的同时，经济型饭店必然出现行业饱和、竞争激烈的格局。

4. 精品饭店创新热潮的出现

面对主流人群消费习惯的变化和全新的行业趋势，饭店业也需要应变、需要转型，应该回归到以客房为核心产品的新型饭店思维当中。与此同时，我国饭店行业正在出现一种主题精品饭店的创新热潮。

精品饭店对于我国消费者来说是一个外来词汇，按照行业对它的定义，它应该是专为新型消费群体定制的具有时尚、个性风格，讲求私密、轻奢体验，提供贴心专属服务的高品位饭店。相较于传统饭店行政间、套间、标间、总统间等人们耳熟能详的标准模式，精品饭店会有一个主题贯穿其中，并在其服务上开拓更符合其主题定位的个性化服务来满足消费者的需求。其竞争优势主要体现在对细节的追求上，细节化的管理贯穿于整个精品饭店的设计、环境布置、人员服务甚至是小型的酒店用品摆设等各个环节；硬件细节的完美和服务的无微不至将随时带给顾客惊喜，满足顾客的潜在需求。

最重要的是，精品饭店是后工业化时代顺应社会休闲化趋势的产物，随着社会休闲化人群逐渐成为主流，旅游休闲已经成为很多人的主要生活方式。由于我国国际知名旅游胜地和景区众多，这也会使我国成为世界上最受欢迎的旅游目的地之一。在这样的趋势下，精品饭店提供的设计主题和人文自然环境以及细节的把控都是其他酒店所难以给予的，从这个角度来看，精品饭店悄然成为饭店行业一个重要的细分市场，出现市场井喷现象就不难理解了。

（二）我国精品饭店的发展现状

目前，我国精品饭店一般分布在经济、文化发达的城市，当地深厚的历史文化底蕴是精品饭店赖以生存的支撑性资源。还有少量精品饭店分布在度假胜地及旅游景区，主要依赖得天独厚的自然环境。

1. 起步晚，发展快

我国的精品饭店以 2000 年出现“长城脚下的公社”开始，2007—2010 年为发展高峰期，精品饭店客房数主要在 100 间以下。2013 年，国内精品饭店的数量已经达到 200 多家。来自携程的数据显示，2011—2014 年国内的精品饭店数量至少增加了 200%。

十年前，精品饭店主要集中于北京、上海，以及杭州、厦门、苏州等度假城市，多为以传统风貌建筑群改造的单体酒店形式。近年来，精品饭店在东部二、三线城市和西部知名旅游目的地城市快速发展，境外品牌的奢华精品饭店集团、国际大型饭店集团的精品饭店品牌在我国快速扩张，形成了新一轮投资高潮。

2. 总体经济效益较好，投资回报期短

根据 UHC 数据库提供的精品饭店相关经营数据显示，传统的五星级饭店投资回报周期为 20 年左右，但精品饭店的回报周期仅需 10 ~ 12 年。去哪儿网专门设置精品饭店栏目，收集了 19 个城市的 50 多家精品饭店。平均房价为 600 ~ 5 000 元/间，并以高房价为主。2014 年典型精品饭店与五星级饭店经营情况对照见表 8-1。

表 8-1　2014 年典型精品饭店与五星级饭店经营情况对照

酒店名称	平均房价 /（元·间晚$^{-1}$）	出租率/%	本地五星级酒店平均房价/（元·间晚$^{-1}$）	本地五星级酒店出租率/%
重庆柏联	4 150	68	541	56
北京瑜舍	2 200	70	828	63
上海首席公馆	1 600	85	953	63
杭州悦榕	1 280	72	674	54

资料来源：UHC 数据库和中国国家旅游局。

3. 中国精品酒店联盟成立

精品饭店的概念和实体进入我国已经有十几年的历史，星级饭店的传统经验已经远远不能满足精品饭店的行业发展与市场需求。同时，业界普遍认为，在保持各自独立性的前提下，形成一个共建共享、互联互通的行业公共平台，是共同推进我国精品饭店业健康持续发展的有效手段。2011 年，在中国旅游研究院等单位指导下，中国精品酒店联盟的概念开始孵化，2014 年 12 月 18 日，中国精品酒店联盟成立大会暨精品酒店媒体沙龙在苏州举行，来自全国近 20 家精品饭店企业作为发起单位，共同宣告联盟成立。

4. 自有品牌的精品饭店业开始形成资本化、立体化的发展格局

自有品牌的精品饭店业开始形成资本化、立体化的发展格局主要表现在：一是一些精品饭店品牌和资本开始进入连锁发展阶段，如书香集团、隐居集团、花间堂集团、北京什刹海文化精品酒店系列、上海东方商旅系列等；二是一些区域性精品饭店更加注重对文化产品、服务内容和赢利模式的延伸，以提高对饭店空间的商业利用率，如天津庆王府山益里精品酒店；三是旅游目的地精品饭店开始形成快速增长态势；四是一些本土资本的中端、经济型饭店开始导入精品的概念；五是一些房地产集团、旅游集团和高星级饭店集团开始“试水”精品饭店投资，并进一步引起了文化、旅游等投资金融机构的关注。

★知识链接

皇家驿栈

皇家驿栈是北京最早开业的精品饭店之一，之所以在刚开业不久就被福布斯看上，关键在于这家精品饭店独特的品位和服务。

比起京城众多的豪华大饭店，皇家驿栈不过是一家小酒店，总共只有 55 间客房，静静地掩藏在故宫旁的一座毫不起眼的三层小楼里。只有进入酒店内，顾客才能发现这个小酒店的精妙之处。来到酒店的顾客虽然看不见宽敞的大堂，但也不需要自己去柜台办理各种入住手续，只需坐在酒店客厅的沙发上，就会有服务生前来办理入住手续。酒店房间没有门牌号，55 间客房以 55 位皇帝的名字命名。在酒店顶层的天台上，顾客可以一边做 SPA，一边眺望故宫。

基于在带给顾客最富特色的中国文化体验的同时，满足顾客舒适而方便的生活需求，提供个性化的高端服务的设计理念，皇家驿栈请来国际顶级的设计师按照五星级酒店的造价标准来设计装修，整个酒店比五星级酒店更加注重个性，突出中国传统文化和时尚生活的完美结合效果。

三、中外精品饭店发展的差异

我国精品饭店起步较晚，其发展与国外有一定的差距。与国外的精品饭店相比，中国精品饭店的差异主要体现在以下几方面：

（一）文化底蕴差异

以欧洲为例，近几年来到欧洲旅游一直备受追捧，我国游客对欧洲精品饭店的兴奋度逐渐升温。在欧洲，稍微有点儿名气的景点，周围一定有好的精品度假饭店，与我国不同的

是，这些景点周边的精品饭店不是连锁大品牌，也不是最有名或者是性价比最高的品牌，而是一些独立的品牌。因为国外的土地所有权是可以继承的，所以很多饭店都分布在上百年的老房子里，饭店品牌更具文化底蕴，从而对消费者的隐形文化的吸引力更强。而在国内，精品饭店市场还是在一些一线城市或者旅游城市周边，交通和土地政策都会影响精品饭店的选址，而且设计上缺乏文化内涵，更多的是契合大众的审美，因此很多国内的精品饭店从一起步就少了国外精品饭店的一种传承基因。

（二）服务差异

我国饭店行业基层服务人员从业水准普遍低下，而国外酒店管理专业是一门很正规的学科，很多知名大学的酒店管理专业全球闻名。在我国，酒店服务行业一直是传统思维里的次等行业，很多学校酒店管理专业也不作为重点学科。国外的传统服务行业发展程度相对较高，第三产业的社会地位相对也比较高，因此高素质的从业人员很多。在国外精品饭店中，经常会有一些员工为一家饭店服务几十年，从一定意义上来说，他们已经成为饭店的灵魂。而在我国，从业人员本身没有摆正位置，功利性决定了基层从业人员从业不精，频繁跳槽，直接影响到消费者对精品饭店服务的感受与评价。

尽管精品饭店发展迅速，但业内对精品饭店的认识仍然有较多不足之处。对此，中国旅游研究院 2015 年年底发布了《精品饭店年鉴》，全面揭示了我国精品饭店的发展现状和发展趋势，为相关机构了解和投资精品饭店提供借鉴。虽然饭店行业近几年的发展遇到瓶颈，但不可否认，饭店行业正在翻开新的一页，精品饭店在我国的发展已经成为一种趋势，未来的发展潜力和空间都是巨大的。

第三节　我国精品饭店发展现存的问题、趋势及路径

一、我国精品饭店发展现存的问题

在宏观政策调整、星级饭店遇冷之时，精品饭店的发展势头尤其迅猛。然而精品饭店"一窝蜂"投资的背后是同质化严重、主题挖掘不深入、客房餐饮不配套以及入住体验打折。因此，在精品饭店如火如荼发展的同时必须冷静思考，直面精品饭店行业发展的问题。

（一）精品饭店行业标准难统一

目前，国内精品饭店参差不齐，滥竽充数者不绝。但是没有一个具有公信力的机构可以给这些精品饭店的服务设定一个统一的标准。人们对于精品饭店的优劣评价仍然只能靠口耳相传，或是依靠在线旅游平台中的游客点评作为推广手段。然而对于什么是精品饭店，经过十几年的发展，饭店行业仍未给出明确的定义。

2010 年版饭店星级标准规定，小型豪华精品饭店可以直接申请评定五星级，在饭店业引起不小的影响。但精品饭店最重要的特点就是个性化，这就导致其规模和服务无法用具体标准来衡量，所以如何评定精品饭店也是一个难题。

（二）精品饭店定位不精准

精准定位是精品饭店的主导战略，政府宏观支持、行业舆论导向、中高端消费升温等因

素让精品饭店风头正劲。目前，饭店业界对精品饭店最权威的解释是："具有设计感、艺术性、为特定客户群体提供个性化服务、充分体现当代文化特色或具有独特历史韵味的小型高端饭店业态。"就精品饭店而言，消费者在乎的是享受艺术氛围、要有新奇的东西和兴奋感。但当前我国精品饭店定位不清晰、设计不专业、追求怪异等现象日益显现，无论是主题精品、时尚精品、地域精品还是家庭精品，对精品的定位仅停留在"新、奇、特"的表层。

（三）盲目投资现象存在

精品饭店的高收益受到了大量投资者的青睐，吸纳了大量的资金，但是一些非理性资本的涌入也造成了许多问题。精品饭店投资具有较大的差异，尤其是在不同的区域、针对不同的目标市场而产生的投资额度和定位的变化。随着市场竞争的日益激烈，饭店选址会越来越难，租金和经营成本也会越来越高。如果不懂得选址、资本控制，没有饭店经营管理方面的专业能力，盲目地进入只会招致失败。

（四）品牌建设相对薄弱

品牌是一种无形的资产，品牌就是知名度，有了知名度就有了凝聚力和扩散力，进而转化为发展的动力。饭店品牌一般是指饭店为了识别其他饭店或产品，并区别于竞争者所用的一种具有显著特征的标记。品牌的外形要素通常由名称、标志和商标组成，而品牌的内涵要素则是饭店经营理念、经营方针、经营方式、服务理念、服务特色、服务质量等方面的有机组合。品牌作为一种差异化的识别，具有个性和特色是品牌的亮点和卖点。

由于精品饭店大多数是品牌知名度较小的单体饭店，从迈点品牌指数 MBI 排行榜来看，精品饭店的发展热度逐渐升高，但在品牌建设方面相对薄弱。自 2014 年 6 月精品榜单发布以来，位居榜首品牌的指数基本上一直在 20 上下浮动，最高不超过 40。与其他榜单相比，精品饭店的品牌指数明显偏低。因此，精品饭店品牌在"品牌定位、塑造高质量形象、品牌推广力度、建立民间权威机构引导本土饭店品牌建设"等方面还需努力。

二、我国精品饭店的发展趋势及路径

（一）从"新常态"看精品饭店发展趋势

从消费需求来看，个性化、多样化的消费逐渐成为主流，精品饭店应运而生。从投资的需求来看，传统产业相对饱和，一些新技术、新产品、新商业模式的投资机会大量出现，精品饭店是未来发展的一个新方向。从市场竞争来看，过去主要是数量扩张和价格竞争，现在正逐步转向个性和差异竞争。精品饭店以品质取胜，注重文化的差异性，不追求规模、快速的扩张。从资源配置上来看，我们既要全面化解产能过剩，还要寻求未来市场发展的方向。从生产能力和产业组织方式来看，新兴产业、服务业、小微企业的作用更加凸显，生产的小型化、智能化、专业化成为新特征是未来精品饭店发展的趋势。精品饭店首先是一个新兴的服务业态，本身讲究的是规模不大的客房设计，小型化、智能化的技术将被充分利用，所以从生产能力和产业组合上都是精品饭店未来的趋势。从生产要素来看，人口老龄化会不断加深，经济的增长将更多地依靠人力资本的质量和技术，那么精品饭店未来的信息化技术、智能技术、资本技术将会提高运营的效率，必须顺应人民群众对良好环境的期待，推崇循环低碳发展的方式。

（二）精品饭店在发展过程中须进行经营管理模式的创新

1. 集团化经营模式

在运营和管理过程、管理的规范和服务标准统一的基础上，每一家饭店都可以是个性化的存在。集团对成员饭店的控制更多的是在投资、财务管理、市场营销和人力资源等方面。而在服务理念、服务规范和服务内容等方面则更注重提高顾客的参与性。精品饭店不仅是一类住宿型企业，也是一类经营历史文化或时尚文化的企业，它的发展还需要精通历史、文化的人才参与。

2. 品牌连锁化趋势

精品饭店中高档单体饭店品牌化、连锁化趋势明显，在经济型饭店领域风行的加盟热将在我国高端精品饭店领域兴起。传统中档饭店曾是我国饭店行业的中坚力量，但随着外资高星级饭店和国内经济型饭店抢夺市场，传统中档型饭店的客源被分流，效益下降，逐步被市场边缘化。不少单体饭店由于知名度低、设施老化、预订困难等原因面临生存困境。可以预见，随着我国市场经济的发展，全球饭店业的品牌整合将在我国重演，品牌连锁化是中高档精品饭店的发展趋势。

3. 软品牌模式

单体饭店、品牌连锁饭店和饭店联盟是精品饭店常见的存在形式。单体饭店和品牌连锁饭店之间的界限很模糊，而软品牌是介于两者之间的一种形式。软品牌也可以称为准品牌（Quasi Brand）或签名品牌（Signature Brand）。近年来，这种形式在国际上开始流行，但在国内精品饭店业仍处于萌芽状态。加盟软品牌，饭店不需要受品牌标准的束缚，不需要统一的标识系统、设施设备、饭店用品、人员配备等。软品牌模式给予业主更大的灵活性，既可以保留饭店名称的独立性和自己的品牌身份，独立经营自主决策，保持饭店的个性特征和魅力；同时，又可以获取连锁化带来的好处，带给消费者更加个性化的体验。精品饭店的软品牌将会成为国内精品饭店发展的一种新模式和新趋势。

4. 创新科技智能化模式

高科技产品一直备受精品饭店消费群体的青睐，具有行业前瞻眼光的饭店经营者已经将智能化生活系统运用到精品酒店的经营管理中。顾客可以远程操控酒店客房的湿度、调节淋浴的温度、挑选自己喜欢的电视节目等。通过这种远程的互动，顾客所需要的服务信息就会随之整合到饭店的顾客管理系统中，从而为顾客提供个性化的服务。

（三）精品饭店靠特色服务赢得竞争

近年来，各地精品饭店的发展如火如荼，竞争也随之加剧。为了保证能在竞争中占有优势，精品饭店必须不断地创新求变，在服务方面也更要出“奇”制胜。

1. 精打文化牌

与传统的星级饭店相比，精品饭店的文化特色更为明显，因此要充分利用好这一独特之处来引起顾客的兴趣。精品饭店可以对服务员进行专门的文化知识培训，以使他们当顾客问起饭店内装修设计以及文化主题来源时能对答如流，从而提升服务质量和顾客体验。

2. 力推私人管家

精品饭店服务创新的另一个方向就是做好私人管家服务。其服务内容是非标准化的，可根据顾客的特点量身定制，私人管家随时待命，满足客户不断变化的需求，做到有针对性、连续性、系统性的服务。但是私人管家并不意味着要增加很多服务项目，有时候要学会做适当的“减法”，及时做好顾客最需要的服务。

（四）中国精品酒店联盟成立众望所归

精品饭店除了一些小集团，大部分都还是单体饭店，在当下的市场环境下，没有任何企业可以依靠单体经营来保持竞争优势。联盟是由两个及两个以上的机构为共同的行动而订立盟约所结成的联合组织，这个共同的行动可以理解为一个组织的联盟发展的宗旨。精品饭店的发展宗旨就是为精品饭店这个联盟服务的，最终为消费者提供高品质的服务和体验。联盟是精品饭店业共同搭建的一个合作平台，这个平台的成功不仅需要成员之间的共同合作，更需要相互信任，进而实现共赢。

（五）精品饭店发展应有具体的标准

市场上现有的精品饭店，由于其特色和主题形形色色，硬性划定统一标准的可能性不大。相对于五星级饭店来说，精品饭店可以有缺项，但要参考四个具体标准：第一，精品饭店应有非常明显的主题和特色；第二，精品饭店房价基本在五星级饭店以上；第三，精品饭店的主题和特色具有不可复制性是最重要的标准；第四，精品饭店的规模应有所控制，客房数量不宜太多。

从表面上看，虽然精品饭店的市场基础是小众的，但是其内在的需求增量是十分可观的。我国的饭店业态不可能只在豪华和经济两端做文章，大量中档的旅游住宿餐饮机构必然面临着存量调整和增量创新的产业压力与市场机遇。因此，对于本土的饭店投资机构和运营商来说，这是一个值得关注的细分市场。由于历史悠久的单体店经营、小规模运作和精耕细作的商业传统，国内大量的中小型规模的旅游住宿机构在开发适合国民旅游的精品饭店业态方面更具有潜在的优势。只要能够把握机会，针对消费需求努力在产品要素组合和运营模式中配置足够的资源，精品饭店的成长空间就是十分巨大的。

★案例分析

悦榕庄：精品饭店大势背后，看它怎么运营

2015 年 6 月 30 日，2014 年度酒店业最具影响力品牌颁奖盛典在北京新世界酒店隆重举行。在本次活动中，2014 年度精品酒店品牌风云榜榜单正式揭晓，悦榕庄荣登榜首，荣膺“2014 年度十大影响力精品酒店品牌”第一名（如图 8-1 所示）。众所周知，悦榕庄是起源于泰国普吉岛的一个酒店，那它是凭借什么获得行业认可的？

1. 立足市场需求，精品饭店强势来袭

如果说中档饭店是 2014 年绕不开的词，那么精品饭店就是不得不提的词，而且今后将持续影响饭店业的发展。据有关数据显示，2014 年北京新开业的饭店有一半定位于特色精品。在大家正谋划着如何开设一家富有特色的精品饭店之时，悦榕庄已经在想如何扩大自己的版图了。目前悦榕庄在全球 28 个国家拥有 36 家酒店及度假村，其中在我国的杭州西溪、丽江、香格里拉、三亚、天津等地均建有悦榕庄酒店。据悉，悦榕庄已成为各国领导人、名流、富豪、影视明星所青睐的度假胜地，更是成为搜索引擎的热词之一。

图 8-1　悦榕庄"2014 年度十大影响力精品酒店品牌"第一名荣誉证书

2. 打好文化牌，讲好自己的故事

悦榕庄发展这么快，其中有个很重要的因素就是摄人心魂的美。这和创始人息息相关，何光平夫妇希望可以制造一份浪漫并创造一种价值，他们为每个悦榕庄酒店铸造了专属的灵魂，选择在最美的地方让建筑和自然合二为一。例如，在悦榕庄丽江酒店的设计过程中，酒店设计团队就将纳西文化非常深刻地融入酒店建设中。悦榕庄的宗旨是融入当地文化后要有后续的提炼和创新，这样才能在当地市场立足。

3. 注重品牌建设，打造影响力

起源于泰国一块盐碱地的一家酒店为何备受业界钟爱呢？这主要得益于其品牌特色。"我们和其他竞争对手之间的区别在于，他们相信品牌是在某些方面取得成功之后随之而来的，也就是说品牌是一种果，是一种奖励；但我们则一开始就认定，建立品牌是企业的生存首务。"悦榕集团创始人、董事长何光平说道。

至今，悦榕集团进入我国已经十多年，对酒店的业务经营、资产经营和资本经营等进行了有效结合，开创了“悦榕庄模式”。悦榕集团借助于全球化和互联网，用自己独特的商业模式和理想主义者的人文情怀一步步将产品推向了“从东南亚到中国、从印度到中东、从南美洲到非洲”的环球品牌化之路。

要真正成为一个精品品牌通常需要具备三个要素：一是文化精粹的传承；二是精工主义精神；三是传播精品的人才。悦榕庄已经具备了前两个要素，但是在传播上仍需要再接再厉。

案例讨论题

1. 悦榕庄酒店有哪些独特之处？
2. 从悦榕集团的发展过程中可以得到哪些启示？

思考与练习

1. 精品饭店的特征是什么？
2. 怎样保持精品饭店的核心竞争力？
3. 为什么精品饭店发展是大势所趋？

第九章

绿色饭店

★教学目标

1. 了解绿色饭店提出的背景。
2. 重点掌握绿色饭店的含义。
3. 掌握绿色饭店的标准及等级划分。
4. 重点掌握创建绿色饭店的意义以及具体举措。

★重要概念

绿色饭店　绿色客房　绿色餐饮　绿色服务

第一节　绿色饭店概述

饭店业作为旅游三大支柱产业之一，其在发展过程中必然要占用、消耗大量自然资源，产生大量的废弃物，以致对人类赖以生存的自然环境造成威胁。传统的不可持续的经济增长方式和消费模式已然不适合当今饭店业发展，因而创建绿色饭店就成为发展现代饭店业的必然趋势和当然选择。

一、绿色饭店提出的背景

（一）生态环境恶化

一直以来，人类社会在追求经济飞速增长、生活水平不断提高的同时，也在掠夺性地使用和消耗自然资源，严重地破坏了生态环境。环境污染问题、不可持续的经济畸增和消费模式以及人口膨胀等问题，已随工业化的不断深入而急剧蔓延和恶化，如发达国家大面积的公害、发展中国家的“贫困型污染”等问题。建立一个可持续发展的社会成为全人类的共同呼声。

1992 年联合国环境与发展委员会提出以“可持续发展”战略作为人类发展的总目标，

转变传统的生产方式和消费方式，明确了企业的社会责任，于是国际环境绿色标志开始启用，社会进入了“绿色浪潮”时代。建立一种经济增长与环境保护协调发展的新模式也成为现代饭店企业的必由之路。

（二）绿色市场需求

一方面，随着人们生活水平的普遍提高、信息化的竞争、契约化的人际关系、快速的生活节奏，环境污染和生存危机等因素激发了消费者的怀旧情绪和返璞归真的愿望及要求。消费者的消费目标不再只是生存，而是健康、安全、舒适及和谐发展。另一方面，消费者还从社会道德和社会责任感的角度出发，自觉地承担起保护生存环境的责任。而一旦消费者的“绿色”潜在需求演化成现实需求时，就形成了巨大的市场动力，形成了一种能带来巨大利益的潜在市场。饭店必须着眼于自身的长远发展和利益，重视饭店企业战略中的环境与资源因素，以此为契机创建环境保护型的绿色饭店，抢占市场先机，获得先期利益和竞争优势。

（三）饭店持续发展的需要

饭店业在有效保护环境和合理利用资源方面的努力直接关系到旅游业的发展状况，所以创建绿色饭店要体现在饭店环境管理的各个重要环节中。要改变现代饭店业粗放经营的状况，必须跳出传统框架，树立起可持续发展理念，真正建立以“绿色文化”为导向的饭店环境管理体系，以此实现饭店的可持续发展。

首先，绿色饭店作为一种环境文化，可以指导和约束企业的经营行为，影响和引导人们采用新的生产和消费方式，达到与自然环境的和谐共处；其次，绿色饭店可以帮助企业找到新的市场机会，通过特色创建和成本领先优势，提高饭店的综合竞争力；最后，饭店与其他行业在环境保护方面有较大的差异，即饭店的环境状况与饭店产品质量有着密切的关系。饭店环境管理要求企业具备社会责任感，在兼顾企业、市场、社会三者利益的基础上还要达到饭店企业质量管理的最高层次。

二、绿色饭店的含义

绿色饭店可以简单地翻译为“Green Hotel”，在国际上又称为“Eco-efficient Hotel”，意思是“生态效益型饭店”；也有的将“绿色饭店”称为“Environmental-friendly Hotel”，即“环境友好型饭店”。《绿色饭店》（GB/T 21084—2007）对绿色饭店的界定为：运用环保健康理念、坚持绿色管理、倡导绿色消费、保护生态和合理使用资源的饭店，其核心是在为顾客提供符合环保、健康要求的绿色客房和绿色餐饮的基础上，在生产、销售的过程中加强对环境的保护和资源的合理利用。

具体而言，绿色饭店的内涵主要包括：第一，绿色饭店不以破坏环境为代价。在生产经营过程中注重环保，减少废料和污染物的生成和排放，促进饭店产品的生产过程、消费过程与环境相容，降低整个饭店对环境危害的风险。第二，注重资源节约。在生产过程中实行节能降耗措施，通过节能、节电、节水，实现资源的合理消耗，减少污染物和废弃物的排放。第三，倡导安全理念。重视食品安全、消费安全、消防安全、治安安全、职业安全等。第四，关注顾客的健康，提供有利于顾客健康的产品。第五，形成绿色的文化氛围，从根本上树立环保、健康、绿色的意识。

三、对绿色饭店认识的误区

随着环保观念日渐深入人心，饭店业作为一个能耗大户，要想在激烈的市场竞争中站稳脚跟，就要力争转型，积极创建绿色饭店。越来越多的饭店逐步开始改变经营策略，迈向绿色饭店的经营之路。但是在创建绿色饭店的同时，也出现了一些对绿色饭店的认识误区，导致绿色饭店发展进程受阻。

（一）来自消费者方面

在绿色饭店管理中，顾客的支持与理解是影响饭店绿色产品和服务质量的重要因素。但从现存的问题来看，消费者对绿色饭店的认识存在着误区，主要表现在以下几点：

1. 绿色饭店等于高价饭店

从前期投资来看，绿色饭店的确会高于普通饭店，因为饭店为节能减排要引进相应的技术、设备，在服务过程中使用的产品的成本要比一般的产品成本高，这会造成绿色饭店的运营压力。但是从长期来看，建设绿色饭店十分必要，前期的投资是完全值得的。只要饭店在经营管理的过程中，坚持绿色生产、绿色营销，其运营成本自然会降低，从长远发展和综合价值来判断，绿色饭店的综合收益反而会比普通饭店高。这就是很多绿色饭店的客房和餐饮的价格会低于同档次的普通饭店的原因。

2. 绿色饭店等于廉价饭店

从消费者的消费意愿上来看，绿色环保与高端奢侈是相冲突的，似乎环保就意味着降低服务质量、降低满意度。所以饭店在考虑到消费者的消费心理后，担心一些环保措施会影响消费者的消费意愿。例如，不少星级饭店考虑到目前大多数消费者有免费使用一次性日用品的习惯，担心客人流失因而不敢贸然停供“六小件”。虽然饭店为了倡导绿色理念，实行绿色管理，在很多设备和原材料上进行改造和替换，但提供给顾客的产品和服务却不能降低标准和质量。绿色饭店不等于廉价饭店，不等于服务质量低劣的饭店。

坐落于美国加利福尼亚州纳帕山谷的 Gaia 环保饭店被人们称作全美最“绿”的饭店。饭店大门外的特殊踏板装置可将鞋底的灰尘留在门外；经过特殊设计的天花板采用的是节能日光灯管，并能最大限度地利用自然光线——白天饭店的大堂从来不开灯，减少了 2/3 的二氧化碳排放量——可这样的环保并不代表便宜，其总投资达 2 000 万美元，比同规模饭店建造成本贵了 12%。多支付的成本都用于添置高科技的环保装置，小到9 000美元的滤尘踏板，大到价值 100 万美元的冷暖气系统。在美国，一般饭店的成本回收在五年左右就可以完成，而 Gaia 收回全部成本大概需要八年时间。虽然建造成本较高，回收成本时间也稍长，但由于饭店高效节能，水电费用支出大大缩减，在成本全部收回之后，其经济收益是普通饭店望尘莫及的。

巨额的投资并没有影响 Gaia 的生存与发展，简化、绿化的产品没有降低 Gaia 的档次，这才是绿色饭店发展的最高境界和最终目的。

（二）来自饭店方面

1. 对绿色饭店认识不足

饭店在系统把握“绿色”内涵的基础上，管理者必须把绿色观念看作一种精神和导向，与饭店的企业文化和日常管理行为相融合，真正体现绿色饭店的社会价值。但是，现在我国饭店企业在“创绿”的过程中，缺乏对“绿”的理念的认识，存在着单纯经济观念，对环境保护的重要性认识不足，一味地追求某一冠名或称号，过分注重形式而忽略了实质建设，制约了绿色饭店的良性发展。

2. 对“绿色”饭店标准的判断有偏差

在我国绿色饭店创建过程中，很多饭店对绿色饭店标准的理解和判断存在着表面化现象和严重偏差。具体表现为：第一，节能降耗与顾客满意度失衡。饭店似乎更多地看到了绿色饭店经济节省的一面，认为绿色饭店的建设就是节能降耗，通过对成本的节约来提高企业的经济效益，忽略了顾客需求和服务质量，降低了服务质量。第二，饭店硬件和软件投入失衡。我国饭店在“创绿”过程中，过分注重硬件的投入和改造，忽略了绿色文化、绿色营销以及环境管理体系等软件建设，缺乏优秀的“绿色员工”队伍，缺乏对顾客消费意识的正确引导，使“创绿”的效果大打折扣。

3. “六小件”的困境

随着我国“创绿”活动的开展，一些地方的饭店纷纷取消或减少了“六小件”以及其他客用消耗品，造成消费者的不满，以致对推广绿色饭店产生误解，许多饭店的绿色服务遭遇尴尬。

★知识链接

作为饭店主要的能耗类型，照明用的总费用占饭店每年总营收的5%～10%。为了响应节约用电的环保理念，近年来许多饭店集团携旗下饭店踊跃参与“地球一小时”的公益活动。喜达屋饭店集团自2010年开始参与“地球一小时”公益活动。活动当天，喜达屋旗下饭店关闭外部指示牌照明；调暗或关闭非必要的室内照明；在适当的公共区域，如餐厅和酒吧，使用蜡烛照明；并通过室内语音邮件和客房内的电视信息向顾客宣传“地球一小时”活动。截至2012年，全球已有152个国家和地区参与了这项应对气候变化的活动。

第二节　绿色饭店的标准及等级划分

一、绿色饭店的标准

国家旅游局于2006年3月23日正式发布的《绿色旅游饭店》（LB/T 007—2006），是我国第一个绿色饭店行业标准，用以指导饭店企业制定、实施本企业的绿色计划和措施。2015年12月23日，国家旅游局发布新的《绿色旅游饭店》（LB/T 007—2015）代替LB/T 007—2006。该行业标准于2016年2月1日起实施。新行业标准中明确了绿色旅游饭店的创建、实施、改进及评定要求，并就标准的使用范围、相关规范性引用文件、相关术语和定义进行了说明。该标准指出，绿色旅游饭店是以可持续发展为理念，坚持清洁生产、维护饭店品质、倡导绿色消费、合理使用资源、保护生态环境、承担社区与环境责任的饭店。绿色饭店的界定标准是建立在一些基本运作原则或理念的具体化上的，最基本的有5G原则：树立绿色意识（Green consciousness）、营造绿色环境（Green environment）、提供绿色产品和绿色服务（Green product service）、实施绿色管理（ Green management）、开展绿色营销（Green marketing）。

另外，作为中国星级旅游饭店的权威标准，《旅游饭店星级的划分与评定》（GB/T 14308—2010）在倡导绿色饭店的过程中扮演着重要的角色。《旅游饭店星级的划分与评定》于2011年1月1日起正式实施，新的星评标准顺应低碳经济发展趋势，突出绿色环保，倡导绿色设计、清洁生产、节能减排、绿色消费的理念，是今后绿色饭店建设的重要方向和重要标尺。

该标准中增加了饭店绿色产品提供及节能减排的标准。例如，要求饭店必须在原有基础上减少20%的污染排放量，并且要制定与本星级相适应的环保减排方案，在饭店的装修设计、客用消耗品、水电气方面都有规定，“六小件”将根据顾客的要求来提供，提倡节能减排、绿色环保。我国对饭店行业标准所做的改革进一步说明了整个饭店业绿色发展的趋势已经在政策上有了支持和保障，因此也可以看出创建绿色饭店，顺应低碳经济倡导的理念，是饭店业今后发展的必然趋势。

二、《绿色旅游饭店》标准的特点

（1）一个标准。《绿色旅游饭店》是我国绿色饭店第一个，也是到目前为止唯一的一个国家行业标准。

（2）两个标识。中国绿色饭店的创建和评定涵盖饭店行业的两种业态：

①饭店（包括住宿、餐饮两种业态的企业）。对达到或超过绿色饭店标准的饭店，将准许使用“中国绿色饭店”标识。

②餐馆（单一的餐饮业态的企业）。对达到或超过绿色饭店除“绿色客房”部分外的标准的餐馆，将准许使用“中国绿色餐馆”标识。

（3）三个理念。“安全、健康、环保”，这三个理念是构成中国绿色饭店的主体内容。

①安全。安全是绿色饭店的一个基本特征。在饭店中，安全主要是指消防安全、治安安全、食品安全、职业安全和消费安全五个因素。

②健康。健康是指为消费者提供有益于健康的服务和享受，即绿色客房和绿色餐饮。因此，在建立绿色饭店的过程中，要将“以人为本”作为出发点；在评审绿色饭店时，应把是否提供健康的服务和产品作为重要的特征和因素进行考虑。

③环保。绿色饭店的环保主要包括三个方面：减少浪费、实现资源利用的最大化；在饭店建设和运行过程中，把对环境的影响和破坏降到最小；将饭店的物资消耗和能源消耗降到最低。

（4）五个等级。根据企业在提供绿色服务、保护环境等方面做出的不同程度的努力，分为A级、AA级、AAA级、AAAA级、AAAAA级共五个等级，分别用具有中国特色的银杏叶作为标志。其中AAAAA级为最高级。

图案外形为C，代表中国（China），C用银杏叶围成，代表“绿色与生命”，H代表饭店（Hotel），R代表餐馆（Restaurant）。绿色饭店标志如图9-1所示。

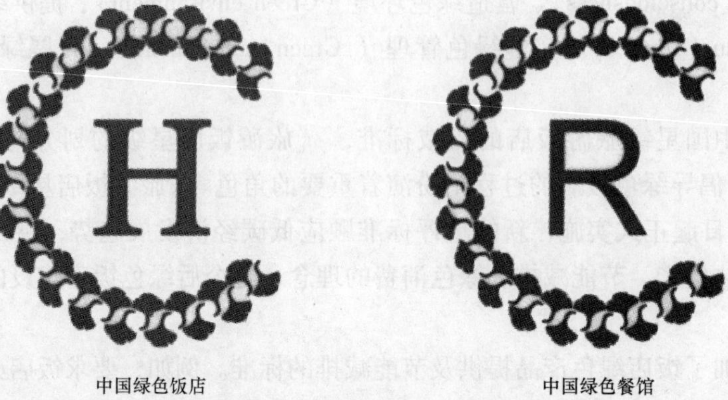

中国绿色饭店　　　　中国绿色餐馆

图 9-1　绿色饭店标志

三、绿色饭店的等级划分

（1）《绿色饭店等级评定规定》（SB/T 10356—2002）中，根据饭店在提供绿色服务和保护环境等方面做出不同程度的努力，将饭店分为 A 级、AA 级、AAA 级、AAAA 级、AAAAA 级，共五个等级。AAAAA 级为最高级。

A 级：表示饭店符合国家环保、卫生、安全等方面的法律法规，并已开始实施一些改善环境的措施，在关键的环境原则方面已作了时间上的承诺。

AA 级：表示饭店在为消费者提供绿色服务、减少企业运营对环境的影响方面已做出了一定的努力，并取得了初步的成效。

AAA 级：表示饭店通过持续不断的实践，在生态效益成果方面取得了卓有成效的进步，在本地区饭店行业处于领先地位。

AAAA 级：表示饭店的服务与设施在提高生态效益的实践中，获得了社会的高度认可，并不断提出新的创举，处于国内饭店行业领先地位。

AAAAA 级：表示饭店的生态效益在世界饭店业处于领先地位，其不断改进的各项举措，为国内外饭店采纳和效仿。

（2）2015 年 12 月 23 日，国家旅游局发布《绿色旅游饭店标准》（LB/T 007—2015），本标准专为创建绿色旅游饭店、实施环境管理提供指导，并对创建绿色旅游饭店、实施环境管理提供切实可行的建议。标准中的等级评定分金叶级和银叶级两个等级（如图 9-2 所示），总分为 300 分，金叶级应达到 240 分以上，银叶级应达到 180 分以上。

四、绿色饭店的基本要求及评定方法

（一）绿色饭店的基本要求

（1）严格遵守国家有关环保、节能、卫生、防疫、食品、消防、规划等法律法规，各项证照齐全合格。

（2）饭店最高管理者必须任命专人（绿色代表）负责本企业创建绿色饭店的任务，饭店有绿色工作计划，明确环境目标和行动措施，健全有关公共安全、食品安全、节能降耗、

图 9-2　绿色旅游饭店等级

环保的规章制度，并且不断更新和发展，饭店管理者定期检查目标的实现情况及规章制度的执行情况。

（3）饭店有关于公共安全、食品安全、环境保护的培训计划，全员参与，提高员工安全和环保意识；分管创建绿色饭店工作的负责人必须参加有关安全、环境问题的培训和教育。

（4）在顾客活动区域以告示、宣传牌等形式鼓励并引导顾客进行绿色消费，使顾客关心绿色行动。饭店被授予“绿色饭店”后，必须把牌匾置于醒目处。

（5）保存创建绿色饭店的相关文件档案。

（二）绿色饭店的评定方法

（1）企业自愿向中国饭店协会及其委派机构报名，并组织相关人员参加培训。

（2）企业参照绿色饭店标准及细则，开展实施活动。根据企业的需要，全国绿色饭店评定机构将委派专家进行具体指导。

（3）企业根据实施结果，填写有关评估材料报全国绿色饭店评定机构。

（4）全国绿色饭店评定机构对评估材料进行书面审核后，委派审核组对现场进行检查评审，出具评审报告并确定等级。

（5）一个企业评定一个等级，如果企业由若干分店组成，应按各店的实际情况分别评定等级。如果是连锁店，可以统一申报，一次评定。

第三节　绿色饭店的创建

一、发展绿色饭店的基本原则

（1）减量化原则（Reducing）：饭店用较少的原料和能源，通过产品体积小型化、质量轻型化、包装简朴化的途径，做到既降低成本，又减少垃圾，从而实现既定的经济效益和环境效益目标。

（2）再使用原则（Reusing）：饭店应贯彻物尽其用的原则，在确保不降低饭店服务标准的前提下，物品要尽可能地重复使用；延长物品的使用期，推迟重置时间，凡能修理的就不要换新的。饭店可将某些用品及其包装当作一种日常生活器具来设计，而不是用完后一扔了之。客房盥洗室尽量采用能够重新灌装的容器，减少一次性用品的用量，如使用印有饭店名字和标识的小包装的肥皂，这样做一举多得：第一，降低成本；第二，减少包装用料，减少垃圾量；第三，顾客使用方便。在瑞士，雅高集团的一家饭店曾在一个通知上写道："每天，饭店洗涤许多毛巾，其中多数毛巾是不必洗的。这使得大量的洗涤剂污染了我们的水系统。你也能够对保护环境做出贡献——不止一次地使用你的毛巾。"

（3）再循环原则（Recycling）：就是在物品完成其使用功能后，将其回收，把它变成可以重新利用的资源——再生物质。饭店应设专人负责物品回收工作，不但要求员工回收物品，而且鼓励顾客参与。饭店设立专门回收容器，放置要得当，上面应标有醒目的回收物品标志和字样，力求做到分类收集，一箱收一物。这样做，既便于人们将纸、塑料、玻璃等物品进行分类投放，也便于实现废物回收处理无害化与资源化。

（4）替代原则（Replacing）：为了节约资源，减少污染，饭店可使用无污染的物品（包括天然的材料）或再生物品作为某些物品的替代物。例如，餐厅使用纸质餐具替代塑料餐具，以减少污染。

二、创建绿色饭店的意义

（一）创建绿色饭店是实现饭店自身可持续发展的重要途径

创建绿色饭店对饭店自身发展的好处在于：第一，饭店的绿色管理与其经济效益直接相关，恰到好处的绿色管理可以降低饭店的经营成本；第二，由于绿色饭店倡导安全、环保、健康的理念，越来越受到消费者的青睐，这有利于饭店在激烈的市场竞争中胜出。

（二）创建绿色饭店是实现旅游业可持续发展的必然选择

旅游业可持续发展的实质是要求旅游与自然、社会、经济、文化协调发展，实现经济效益、社会效益和生态效益的同步发展。饭店业作为旅游业的三大支柱产业之一，对实现旅游业的可持续发展有着不可推卸的责任。创建绿色饭店是实现旅游业可持续发展的必然选择。

（三）创建绿色饭店有利于节约能源

饭店业是能源的消耗大户，据测算，全国1.4万家星级饭店全年用电174亿度，全年用水9.2亿吨。其中，五星级饭店每平方米建筑面积综合能耗平均值为60.87千克标准煤，四星级饭店为47.29千克标准煤，三星级饭店为40.36千克标准煤。据业内统计，能耗费用已占饭店营业额的8%～15%，一家建筑面积在8 000～10 000平方米的星级饭店，全年能量消耗不亚于一个大型的工厂。通过创建绿色饭店可大大节约饭店的能源耗费，实践证明，绿色饭店的创建可以帮助饭店平均节电15%、节水10%。仅以国内现有的10 000多家星级饭店为例，如果都创建绿色饭店，那么每年节约的水相当于近20个杭州西湖的水量，180个中小城市一年的用水量；节约的电相当于目前三峡电站近一个月的发电量，近170个中小城市一年的用电量。所以，创建绿色饭店蕴含着巨大的经济效益和社会效益。

（四）创建绿色饭店有利于环境保护

旅游业是全球最大的产业之一，它推动着全球经济的迅速发展，也推动着饭店业的不断变革。但饭店业在迅速发展壮大的同时，也对环境造成了极其严重的负面影响，如排放污水、废弃物、固体垃圾等。因此，创建绿色饭店是社会进步的要求。在创建绿色饭店的过程中，可采用科学的管理方法和技术，把对环境的污染程度降到最低，从而达到保护环境的目的。2012 年皇冠假日饭店获得住建部颁发的二星级绿色建筑标识证书，这是全国第一家获得饭店行业绿色运营“二星级”的饭店。根据 IPCC（Intergovernmental Panel on Climate Change，政府间气候变化专门委员会）的国际碳排放标准计算，皇冠假日饭店通过绿色管理和技术革新，二氧化碳排放量一年减少了 2 052. 2 吨，相当于植树 2 万棵（30 年树龄的冷杉），在降低对环境污染的同时，也为全球的环境保护贡献了自己的力量。

（五）创建绿色饭店有利于建立饭店良好的社会形象

绿色饭店不仅能够降低自身的运营成本，还可降低整个社会的成本，从而促使消费者增强社会道德和社会责任感，自觉或不自觉地承担起保护环境的责任，赢得消费者的尊重与信赖，从而提升绿色饭店的知名度和公众形象，提高绿色饭店的无形资产和品牌效益，最终增强绿色饭店的核心竞争力。

三、发展绿色饭店面临的问题

在全球“绿色浪潮”的推动下，环境保护意识逐渐融入现代饭店的经营管理中。20 世纪 90 年代中期，国外“绿色饭店”的理念传入中国，在北京、上海、广州等一些大城市的外资、合资饭店和一些国外饭店管理集团管理的饭店开始实施“绿色行动”。1999 年“中国生态环境旅游年”活动的开展，迅速掀起了中国饭店业的“绿色浪潮”，并取得了良好成效。进入 21 世纪，饭店运用新能源引发“绿色变革”。然而，就整体而言，中国饭店业在创建绿色饭店的过程中还存在许多问题和障碍。

（一）成本过高

对饭店而言，创建绿色饭店的最核心的动力是盈利预期，最主要的压力则是成本和风险控制。经济利益是企业追求的目标，创建绿色饭店的行为必须能够满足企业的盈利目标。由于创建绿色饭店初期投资成本较大，如为了实行绿色发展，需要购买节能的设施设备，对饭店进行绿色设计，开发绿色产品，员工培训等都需要一定的资金投入，投资大、成本高，且短期效益不明显，高额的投资成本阻碍着饭店的绿色发展。

（二）绿色管理水平低

能源管理是饭店工程管理中最重要的工作之一，也是饭店经营管理工作中的薄弱环节。专业技术人员的匮乏，设备设施配置的科学性、规划性欠缺，资金的缺乏，节能减排措施、手段和开展节能降耗力度不足等因素，是导致饭店能源管理水平不高的直接原因。目前，我国饭店平均能源耗费（电、煤、油、气、水等）占饭店营业总收入的 20% 左右，大大超过饭店建设可行性研究中能源耗费占营业总收入 6% ~8% 的预测标准，是国际星级饭店平均能耗占营业收入 5. 5% ~6. 6% 的三倍或更多。一般饭店大多采用中央空调系统，而空调的耗电量占总用电量的50%～60%，照明用电总量占总用电量的25%～30%，是一般城市居民住宅用电量的5～15倍；三星级以上饭店平均每间客房日耗水量是城市居民用水量的3～5倍。这说明，饭店业能源管理的水平还很低，节能降耗大有潜力可挖。

（三）“六小件”消耗大

便利消费是现代商业营销和人们消费中流行的价值观，也是饭店营销的重要内容和手段。饭店“六小件”的产生就是极具代表性的一个例证。“六小件”是指饭店为住店顾客提供的牙膏、牙刷、香皂、洗浴液、梳子、拖鞋等易耗客用品。据统计，国内星级饭店每天消耗一次性洗漱用品120万套，光是星级饭店的消耗就高达22亿元，而且一次性用品难以回收，社会还面临着二次处理所带来的浪费。这类便利消费方式，在不经意间消耗了大量的资源，造成浪费。

（四）消费者的绿色消费意识淡薄

消费者的绿色消费意识淡薄的原因：第一，顾客对绿色饭店、绿色产品的认识不够深刻，对创建绿色饭店的意义不是十分了解；第二，顾客习惯计较个人的得失和眼前利益，而对社会责任、人类长远利益不太关心；第三，部分顾客即使有环境保护意识，有限的经济能力也限制了绿色消费行为的实施。因此，在创建绿色饭店的同时，应加强绿色消费的宣传，引导顾客进行绿色消费。在消费者的需求拉动下，将会增加饭店实行绿色发展的积极性。

四、创建绿色饭店的具体举措

（一）政府制定相关法律法规，提供经济上的支持

倡导绿色饭店，推进饭店业发展方式转型是一个长期的过程，这不仅需要饭店的积极行动，也需要政府的大力支持，为绿色饭店的发展创造良好的法制环境。

政府是法律法规的制定者、执行者。政府可以通过创建并维护促进绿色发展的制度环境，运用法律法规等手段推动饭店绿色发展。例如，加大对违法经营导致环境严重破坏的行为的惩处力度，对清洁生产业绩突出的饭店进行奖励并授予相关荣誉称号，提高饭店知名度，为其长期开展绿色营销提供动力；加大对污染排放的管理力度，提高污染排放标准，限制废水、固体废弃物的排放；加强环境监管，加大环境执法力度，实行严格的环保准入制度，严格落实环境保护目标责任制，强化总量控制指标考核，建立环保社会监督机制。例如，强制饭店使用无磷洗衣粉；使用可降解的餐盒；严格限制食品添加剂的使用；强制使用节能设备等。另外，成本是阻碍创建绿色饭店的一个主要因素，因此政府对实施绿色发展的饭店要给予相应的支持。例如，实施“绿色补贴”政策，对实行绿色发展的饭店给予一定的补贴，对绿色经营的饭店在税收上予以适当优惠，扶持其成长。

（二）深化绿色管理理念，创建绿色文化

绿色管理理念是一种注重生态环境，着眼于追求经济效益和环境效益最优化的新型管理理念。绿色文化是企业及其员工在长期的生产经营实践中逐渐形成的为全体员工认同、遵循，具有企业特色的，对企业成长产生重要影响的，对节约资源、保护环境及其与企业成长关系的看法和认识的总和。绿色文化既是绿色管理理念的重要内容，也是饭店实施绿色管理的前提。只有每一位管理者、每一位员工的心中确立了绿色管理的思想和观念，才有可能主动做出各种绿色管理的行为。

饭店要建立起可持续发展与自然环境协调发展的观念，让全体员工都意识到创建绿色饭店的重要性，使饭店的利益和顾客的满意度达成一致。饭店要不断向员工宣传绿色管理理念、生态价值观，鼓励员工的环保行为，加大绿色管理的投入，走生态化发展道路，创建绿色文化，要靠持之以恒的宣传、教育和业务培训等活动进行灌输，增强员工的绿色意识和社会责任感，使企业绿色营销战略转化为员工的自觉行动，并通过员工的相互影响和向外传导，使饭店绿色文化渗透到饭店的一切活动中，形成企业独具魅力的企业文化竞争力，成为推动饭店可持续发展的强大动力。

（三）开发绿色产品，提供绿色服务

饭店业市场的竞争在不断加剧，要想在竞争中立于不败之地，开发绿色产品，保证向消费者提供健康、舒适、安全的产品及服务是饭店的必然之举。饭店要在整个生产和提供服务的过程中强调生态建设和环境保护，妥善处理好经济、资源与环境的关系，依托以信息技术为代表的先进科技，为饭店发展中降低资源消耗、减少环境污染提供强大的技术支撑，使饭店避免走“先污染、后治理”的老路。

具体而言，饭店在开发绿色产品时应做到：在产品设计时，考虑到产品、资源与能源的保护与利用；在生产与服务过程中，采用无废、少废技术和清洁生产工艺；在产品使用后，考虑产品的回收和处置。对饭店来说，绿色产品主要包括绿色客房、绿色餐饮和绿色服务三大类。

首先，开发绿色客房。绿色客房是21世纪人们追求回归自然的必然结果。绿色客房是绿色饭店的重要组成部分，是指饭店客房产品在满足顾客健康要求的前提下，在生产和服务的过程中对环境影响最小和对物资消耗最低的环保型客房。创建绿色客房就要求饭店从设计初始到最终提供产品所涉及的环境行为必须符合环保要求。第一，客房建造和装修的原材料应采用无污染、低能耗的绿色装饰材料和生态装饰材料。第二，要在确保不降低服务水平和服务质量的前提下，尽可能地重复使用客房内用品，降低一次性用品的使用量，以减少不必要的浪费。例如，在卫生间内用大容量、质量上乘的洗漱品代替一次性、无品牌、无商标，且无质量保证的用品；为减少化学洗涤品对环境的污染，可根据需要，适当减少客房内各类毛巾及被单的洗涤次数，这样既可以降低成本，又方便了顾客。第三，布置客房的绿色环境。为减少空气污染，为顾客创造一个清洁、怡人的休憩环境，可设立“无烟客房”，客房内放置精美宣传单，设禁烟标志，宣传吸烟对个人身体和环境造成的危害。另外，为净化环境，提高空气质量，可在客房内放置氧吧等空气净化器和可以吸附有害气体的绿色植物，这样既可以净化空气，又可以美化室内环境，同时还满足了顾客接近自然、保护自然、返璞归真的消费心理。总之，客房内的一切物品和材料要以无污染、无辐射、可再生为最佳。第四，节能、节水是创建绿色客房的又一重要环节。为解决客房高能耗的问题，一是改善系统，二是加强管理，减少不必要的浪费。如为节约能源，客房可采用节能设备，关闭不必要的照明灯，冷暖空调可限时调节，与顾客合作，推出“节能卡”等，这将大大减少饭店的运营成本。

其次，开发绿色餐饮。所谓“绿色餐饮”重点要把握好三个环节：一是食品原料的生产必须符合绿色标准；二是在食品原料的运输、储存、包装等方面必须符合绿色标准；三是绿色食品制作过程必须符合绿色标准。这里需要提到的是，饭店不得提供以珍稀野生动植物为食材的菜品，虽然在中国传统菜肴中很多菜品因珍稀动植物而扬名，如清蒸熊掌、清蒸猴脑等，但是随着社会文明的不断进步，这样的饮食陋习应该被摒弃，这也为饭店提供了开发替代菜品的机会。例如，香格里拉饭店集团在中国区的饭店从2012年开始，所有餐饮部不出售鱼翅。

最后，开发绿色服务。饭店要本着以人为本的原则，为顾客提供人性化的绿色服务，这是饭店可持续发展的根本所在。所谓绿色服务，是指饭店提供的是以保护自然资源、生态环境和人类健康为宗旨的，并能满足消费者绿色需求的产品和服务。绿色服务体现在饭店服务的方方面面。例如，在餐饮服务中，向顾客推荐绿色食品和饮料；在顾客点菜时，饭店服务员可视情况适当提醒顾客，避免顾客点菜太多而造成浪费；餐后可主动为顾客提供打包服务，鼓励顾客实施“光盘行动”，并给予一定的奖励，如打折、送小礼品等。这样既使饭店降低能耗，又可让顾客满意，同时也突出了饭店的周到服务。

（四）开展绿色营销，引导绿色消费

在低碳经济时代，绿色营销成为国际社会普遍推行的现代企业市场营销观念。饭店行业营销方式向低碳绿色营销模式转换，既是顺应时代发展的需要，也是出于外在经济环境压力和产业自身发展诉求的必然结果。绿色营销作为一种新的营销理念，体现了一种可持续发展的思想，代表了饭店生存发展的未来方向。在关注的焦点上，其不仅关心和研究饭店产品的消费者，更关心社会和全人类，以创造消费者效应和企业效应，同时产生社会和生态效益，谋求社会可持续发展。饭店在绿色营销方面需要注意：首先，绿色营销要以消费者的绿色消费意识转化为绿色消费行为为前提，否则，绿色营销只能是一种空洞的说法，难以落到实处；其次，绿色营销因其科研和技术投入而使绿色产品价格偏高，这也需要饭店争取消费者的理解与接受。

饭店应该将顾客视为开展绿色营销的合作伙伴，向顾客宣传饭店的环保计划和创意，营造时尚的绿色消费氛围；通过各种沟通手段，将消费者的消费需求引向绿色产品，促使消费者对生活环境质量的潜在需求转变成实际的推动环境质量改善的行动。通过引导绿色消费，使人们意识到环境恶化对生活质量和生活方式的影响，从而自觉消费无污染产品，在消费中不污染环境，坚决抵制破坏环境和大量浪费资源的商品，逐步形成庞大的绿色消费群体或阶层。

现代城市生活节奏快，工作压力大，人们每天在高楼大厦里办公，很少有时间亲近自然，人们渴望与自然亲密接触，渴望返璞归真。绿色饭店要结合消费者的这个需求愿望，采取有效的绿色营销手段。自2008年开始，法国雅高饭店集团带领旗下4 000家饭店共同参与“造林植树，造福地球：10亿棵树活动”，这项活动是由联合国环境规划署（United Nations Environment Programme，UNEP）在全世界范围内发起的一项创造性的全球森林再造计划，旨在资助植树造林项目。雅高饭店集团旗下饭店的住客只要累计五晚保持使用饭店浴巾，节省的洗涤开支将用于世界范围内的植树活动。到2012年4月，雅高饭店集团已在全球五大洲成功贡献了2 215 990棵树。这不仅让消费者在消费过程中为全球的自然生态环境做出了巨大的贡献，消费者也会因为受到鼓励而更加积极地参与，不失为一种极佳的引导消费者绿色消费的方式。

（五）注重绿色设计，引进绿色技术

绿色设计包括材料选购、设计、生产、使用，以及废弃后的回收、重用及处理等内容，即进行产品的全寿命周期设计，实现从根本上防止污染、节约资源和能源。在设计过程中要考虑到产品及工艺对环境产生的副作用，并将其控制在最小的范围内或最终消除。在建筑饭店时，要考虑饭店的各功能布局设计，在能源使用上要实现集约化，如在建筑的外墙使用隔热板、考虑饭店的朝向，以达到最好的采光和通风效果，避免空调的使用，可以节省电能。饭店的采光，可以设计成中空形封闭式楼顶，采用玻璃等透光材料，这样饭店各个楼层都可以采光，减少照明灯。同时，饭店的屋顶也是一个很好的绿色载体，可以种植花草，实现“绿色屋顶”。此外，饭店员工的工装也可以进行具有创意的绿色设计，尽量采用可水洗面料代替干洗面料，这样就可以节省一大笔干洗费；设计的款式要符合绿色饭店的理念，在服装的颜色方面要与饭店的主题、季节相匹配，不要过于奢华，崇尚简约、大方。当你走进美国任意一家温德姆饭店时，迎面走来的服务员面带笑容，身着整洁笔挺的工作服，设计简洁大方，与饭店风格和谐一体，你可能想不到这工作服是用回收的塑料瓶、废羊毛和工业木屑制成的。

此外，一家充满魅力的饭店，不仅要在饭店建筑上体现美学，更要在技术上体现出高科技。未来饭店企业的竞争，绝对不仅仅是停留在单纯的视觉设计层面上，更趋向于对绿色技术的追求。饭店实现低耗节能和清洁生产离不开先进的设备，因此，饭店要积极引进绿色技术，将绿色技术视为绿色饭店未来发展的重要保障。

亚洲首座低碳主题饭店——圣光万豪饭店的问世为我国饭店业的节能环保做出了表率，它是国内第一个在高星级饭店中采取全生命周期节能减排的饭店，通过自身节能环保设计理念和高科技的绿色体验技术引领更多消费者参与到低碳生活方式中。圣光万豪饭店在设计中一方面利用可再生能源和节能技术，降低其运行能耗，饭店的室外景观设计全部结合绿色生态技术，内部客房更是应用节能型设备和绿色环保材料；另一方面又通过记录“饭店运行碳足迹”和“顾客碳足迹”进行管理和行为节能，从而使饭店温室气体排放量整体降低，达到低碳的效果。圣光万豪饭店采用了九大全面环保体系，不但使其低碳效能显著，还令其室内恒温恒湿，四季如春，让顾客达到最舒适的感觉。圣光万豪饭店还设立了“世界低碳体验中心”，实现“互动体验＋环保教育＋低碳娱乐”，让顾客感受低碳技术的魅力和内涵。

（六）培养员工绿色意识，实施绿色培训

饭店的员工对于绿色饭店的创建具有极其重要的作用。因此，饭店要不断培养员工的绿色意识。在创建绿色饭店的过程中，管理者要树立“没有绿色的员工，也就没有绿色的饭店”的观念。要设立专门的环保管理人员，进行全员环境教育，培养员工的绿色意识，积极宣传绿色意识和具体的操作方法、可持续发展的内容和意义、饭店和环境的关系、饭店对环境的影响、创建绿色饭店的意义、创建绿色饭店的内容、创建绿色饭店的任务、绿色管理的方法等，积极贯彻实施饭店的绿色措施。饭店应采取措施鼓励员工积极参与环保活动。通过培训营造绿色文化，形成绿色营销宣传队伍。要为严格执行绿色计划的员工给予一定的奖励或者晋升机会，激励饭店的全体员工为创建“绿色饭店”而努力。

★案例分析9-1

桔子酒店：很红也很“绿”

哥本哈根世界气候峰会成功地把全世界的注意力引向“全球变暖”“减少碳排放”“绿色环保”等话题。无论是上海世博会所提倡的“零碳”理念，还是全球首个以碳为主题的杭州低碳科技馆，都充分表明面对全球变暖这个世界性的问题，中国对减碳、低碳的探索和实践逐渐深入，各行各业都打出“绿色牌”，推崇环保理念。全球化的“低碳革命”已经到来。从旅游业来看，饭店是整个产业链中的能源消耗大户。对饭店业来讲，积极倡导节能低碳降耗，支持环保事业，不仅是承担企业的社会责任和时代使命，更是为企业构建自身的竞争优势，并有助于改善和提升行业整体形象。

低碳出行时下较为热门，旅途中如何减碳？倡导自然健康、环保节能的低碳出游方式是减少能源浪费的关键一环。在业内享有“炫服务”美誉的个性设计师饭店——桔子酒店，希望通过企业自身的绵薄之力，为全球节能和环境保护贡献一份力量。

桔子酒店的理念是为顾客实现“预算内的小小奢华”。所谓的“预算内”就是希望在合理经济的价格范围内，反对浪费。而“小小奢华”则是指通过富有创意的设计与服务，赋予顾客与众不同的住宿品质和体验。区别于传统高星级饭店千篇一律的奢华用品堆砌，桔子饭店追求的是前卫、艺术和体贴至深的人性关怀。

据了解，桔子酒店在每位顾客入住时赠送免费环保袋，在“六小件”的提供上，桔子酒店采取“渐变”的方法，在倡导环保节约的前提下，为顾客提供方便。为培养顾客“低碳减碳”意识创造客观环境，进而逐步引导顾客养成良好的环保习惯。在桔子酒店，大瓶装的洗发液和淋浴露早已取代了小套装，这样就避免了顾客用不完以及洗涤用品包装所带来的浪费和污染。同时，采用了白色和橘色的牙刷和杯子，拖鞋、浴巾、毛巾也采用了这两种颜色进行区分，以免因为同色易混淆而使顾客被动更换所造成的浪费。

桔子酒店的洗手台旁可见一个绿色提示卡——“亲爱的顾客：您如果需要更换面巾，请将面巾放在面盆内，谢谢配合！”现在，许多连住顾客都不需要每天更换床单，如有需要，床头上同样放有一张更换提示卡。同时，还为顾客准备了免费自行车，提倡顾客以自行车和徒步等传统出游方式代替出租车，希望顾客认同及接受贴近自然生态的环保理念。

桔子酒店不单在产品和服务上下足绿色功夫，还倡议员工“从自身做起，从点滴做起，人人争做绿色主义者”，提高全员的节能低碳意识，让员工时时感受到参与环保的道德优越感和责任心。这样才能把“低碳、环保、时尚”的理念传递给每一位顾客。

桔子酒店定期为员工进行环保节能培训，宿舍内都贴有“请节约用水”“请随手关灯”等提示标语。每年的世界森林日、世界环境保护日、植树节等，该饭店都会组织环保公益活动。

案例讨论题

1. 桔子酒店为什么实行绿色举措？

2. 桔子酒店都实行了哪些具体的绿色举措?
3. 桔子酒店实现绿色举措的现实意义是什么?
4. 对桔子酒店的绿色举措，你还有哪些建议?

★案例分析9-2

例1

三亚洲际度假饭店在设计上充分考虑了其所在的热带环境，尽可能利用自然植物为客房减少能耗。当商务旅客入住“天空花园”区域时，他们常会为大片绿色植物而感到惊奇。这些屋顶的平台全部为精心种植的绿草、鲜花、灌木所覆盖。这样的做法使建筑物得到一层天然屏障，它们不仅能够帮助房屋减少热负荷，又能起到降温作用。最特别的是，这里的行政泳池创新地采用了盐水，而非传统的经过氯处理的水，从而减少了化学品的使用。

例2

开元饭店也进行了绿色改造，在其旗下近150家饭店进行多项高效节能改造措施，包括变频驱动空调系统、余热回收技术、冷站优化控制系统和热泵系统等，部分措施已经在开元饭店中实施。同时推出“还木开元”系列举措，将客房消耗用品全部实现节能和可循环利用。饭店用品采用环保石头纸包装，使用后可在自然环境中裂化分解，也可重新萃取循环使用，不会造成二次污染。而装沐浴液、洗发水、护发素的瓶子从瓶身到瓶盖都使用再生材料；牙刷、梳子、须刨等用品也以植物淀粉为主要原料，替代了传统的塑料原料，实现可生物降解。

例3

拉萨运高国际饭店节能减排效应是高原绿色饭店的典范。拉萨运高国际饭店利用水源热泵供应热水，使能源使用量减少近50%，加之制冷效能以及太阳能热水系统，预计每年可节省柴油75万升，二氧化碳的排放量减少60万千克。另外，由6部越野车、4部轿车组成的对应饭店星级标准的电油混合动力节能减碳型环保车队，每年可减少汽油使用量5 000升、二氧化碳排放量3万千克。

案例讨论题

1. 上述三家饭店分别在创建绿色饭店的过程中实行了哪些绿色举措?
2. 请说明这三家饭店的绿色举措对环境、饭店、社会的可持续发展做出了哪些贡献。

思考与练习

1. 绿色饭店的标准是什么?如何划分等级?
2. 创建绿色饭店的理论背景是什么?
3. 为什么说创建绿色饭店是饭店业发展的必然趋势?

第十章

智慧饭店

★教学目标

1. 了解智慧饭店的概念和特征。
2. 掌握智慧饭店的表现形式。
3. 熟悉我国智慧饭店的行业标准。
4. 重点掌握智慧饭店的产品设计。

★重要概念

智慧饭店　智慧饭店的产品设计　智慧饭店标准体系

第一节　智慧饭店概述

随着科技文化的不断发展，我国旅游业的发展实现了新的跨越腾飞。智慧旅游成为当前旅游业新兴的发展方向，与此同时智慧饭店的发展将成为推动智慧旅游不断发展的主要推动力。在此背景下，如何实现借助于智慧饭店为智慧旅游插上翅膀将成为今后旅游业发展的关键。饭店作为游客的休憩地，是推动旅游业发展的重要支柱之一，智慧饭店在未来的经济活动中扮演着非常重要的角色。因此，应更加重视对智慧饭店的研究。当前我国对智慧饭店的研究已经进入探索阶段，并开始成为饭店领域热门的探索领域，在信息科学技术的推动下，饭店管理服务系统的智能化已经成为饭店行业更新换代的必然趋势。

一、智慧饭店的概念

智慧饭店是伴随智慧旅游出现的，由于出现时间短，学术界对智慧饭店的概念尚无较为权威的定义。和传统的饭店产品相比，智慧饭店具备一套较为完善的现代化、智能化的管理体系，将数字化、智能化和网络化的技术应用到饭店管理和产品设计上，有效实现饭店管理和服务的智能化、信息化。智慧饭店是在提升消费者需求满意度和饭店管理服务品质的前提下，将信息技术与饭店互动相融合的特殊饭店，实现了传统饭店与智能化资源高效融合，及人工智能、物联网、通信、云计算等各大技术的互动支持。

智慧饭店是智慧旅游、智慧城市的重要组成部分。智慧饭店与传统饭店的内在差异不仅在技术方面，还在于智慧饭店发展的出发点是在体验经济时代基于消费者需求提升的前提下引入的“人工智能”服务理念。只有充分认识到智慧饭店的本质内涵，才能将智能化技术应用到位，才能真正创造出智慧的体验性与享受性饭店产品。

目前对智慧饭店较为完整的定义是李臻提出的：智慧饭店是指饭店拥有一套完善的智能化体系，通过数字化与网络化，实现饭店管理和服务的信息化；是基于满足住客的个性化需求，提高饭店管理和服务的品质、效能和满意度，将信息通信技术与饭店管理相融合的高端设计；是实现饭店资源与社会资源共享与有效利用的管理变革，因此是信息技术经过整理后在饭店管理中的应用创新和集成创新。本书将智慧饭店定义为饭店拥有一套完善的智能化体系，通过数字化与网络化等新技术实现饭店管理的智能化，从而为顾客提供高质量的服务。

二、智慧饭店的特征

与传统饭店相比，智慧饭店有以下特征：

（一）智能化

智能化是指以计算机技术、通信技术和宽带交互式多媒体技术为基础建立的信息网络系统。这一系统能为顾客提供安全、舒适、周到、便捷的服务。传统饭店也有一定程度的智能化服务，但是其智能化服务比较低端，适用范围也比较狭窄，主要应用于前台登记和客房的安排等方面。而智慧饭店的智能化是包含在饭店建设的各个方面，包括智能停车场管理系统、自助入住和退房系统、智能电梯系统和智能监控系统等。

（二）个性化

未来饭店业服务的方向应该是个性化、信息化的服务。传统饭店除了在饭店产品设计和服务态度等方面能体现出个性外，在其他方面很难做文章，这是因为传统饭店比较倡导规范化和标准化，而且科技含量不高，改变难度比较大。智慧饭店虽然在一些主要服务上倡导标准化和规范化，但是在个性化上有很多方面也可以尝试。例如，自助入住和退房系统，通过这个系统顾客的退房时间就比较灵活，而传统饭店的退房时间比较固定，超过一定时间就需要加收费用。

（三）信息化

智慧饭店通过智能化、数字化与网络化实现饭店的管理和服务，因此信息化在智慧饭店体现得淋漓尽致。智慧饭店的建设主要靠云计算、物联网、移动通信技术和人工智能等高新技术的支撑。云计算是一项先进的信息化技术，通过它可以实现资源的优化。物联网是云计算技术的载体之一，可以实现人与人、人与物、物与物之间的信息交换。人工智能技术是通过计算机来分析和处理数据的。通过这些技术可以实现饭店的智能化、个性化和信息化。因此，信息化是智慧饭店的一个显著特征。

三、智慧饭店的表现

（一）智慧饭店服务

智慧饭店服务是智慧饭店的核心业务，是驱动智慧饭店前进的关键动力。其主要表现形式是饭店利用智慧化的技术和手段服务游客，更好地满足游客在饭店内的所有需要，在改善饭店服务品质的同时，提升旅游服务的价值。当前智慧饭店服务的重点建设项目主要包括智慧客房项目的开发、多语言国际顾客服务门户、一体化国内顾客服务门户以及虚拟饭店产品体验中心等。

（二）智慧饭店商务

智慧饭店商务是在旅游电子商务和旅游移动商务基础上的进一步发展，是饭店充分利用智慧技术开展商务活动的一种新的商务运作模式。其主要是指综合利用各类智慧化的技术开展包括电子商务、移动商务等在内的各类商务活动，以实现商务活动的智慧化，创造更高的商务价值。从饭店需求来看，智慧饭店商务的重点建设项目主要包括交互式智慧饭店营销平台、智慧饭店产业联盟、饭店电子商务示范工程以及饭店产品的网上营销等。

（三）智慧饭店管理

智慧饭店管理主要是针对饭店的各项管理业务而言的，是指综合利用智慧化的技术对饭店进行智慧化管理，全面提高管理水平，创造管理效益。它是直接影响饭店服务质量和饭店效益的重要因素。利用智慧技术提升饭店管理水平，是饭店行业健康、快速、可持续发展的重要支撑条件。此外，从提高服务质量、提升管理水平的角度出发，结合国际上一些知名饭店集团的发展经验，现阶段智慧饭店管理的重点建设项目主要包括一站式登记入住服务系统、饭店客房智慧管理等。

四、智慧饭店的核心价值体系

在饭店业的竞争角逐中，智慧饭店要在趋势之中赢得优势，可以从以下几大平台打造智慧饭店的核心价值体系。

（一）科技平台

由于智慧饭店在饭店业还是一个比较新颖的概念，从学术层面上来说还没有一个标准统一的概念定义，但是从智慧饭店的内涵层面来说，智慧饭店是配有一套较为完善的智能化、信息化体系，在科学技术、网络数字化的支撑下实现饭店管理的数字化、智能化服务模式。基于智慧饭店的内涵属性，将信息技术与饭店管理配置相结合将会奠定智慧饭店的价值实体，因此加强信息技术在智慧饭店中的集成创新管理可以凸显出智慧饭店的智能化优势。信息技术与智慧饭店的融合创新管理主要需要集成以下几大核心技术：一是云计算的融合。云计算作为先进的信息技术可以为智慧饭店提供一种优胜的服务管理模式，在云计算核心技术基础上构建智慧饭店的“饭店云”，实现饭店各类资源与社会各大领域资源的集成利用，实现资源的优化整合，实现高性能的集成智慧饭店管理。二是物联网的应用。物联网作为新的趋势潮流在智慧饭店管理中为信息技术提供了一个有效的载体，在饭店应用管理中，互联网的引入突破了在线信息交流的局限性，实现了信息、物流线上与线下的无障碍有机融合，更好地适应了智慧饭店与顾客群的动态管理模式。三是移动通信技术在智慧饭店管理中的应用。移动通信技术的引入使得智慧饭店向以人为服务对象的方向不断发展，在很大程度上提高了游客在旅途中的休憩体验的质量，对饭店服务质量的提升以及管理水平的提升有着重要的正面作用。四是人工智能技术在智慧饭店中的应用。运用信息技术将海量的信息采集存储，能够为智慧饭店的智能化管理提供丰富的数据支撑，人工智能可以有效存储处理海量数据，与此同时计算机的高效快捷处理模式为智慧饭店的管理奠定了关键的核心技术。

（二）个性化服务平台

大众旅游的高速发展带来了众多的游客，与此同时游客对饭店的服务质量也带来了多样的需求，如何满足多样化的个性需求成为智慧饭店突破竞争重围的关键课题。智慧饭店显然已经不能用传统的饭店服务模式来应对这一新课题、新挑战，智慧饭店应根据顾客需求发展个性化的服务平台，来满足他们多样化的个性需求。智慧饭店可以结合科学技术平台构建饭店的个性化服务平台，将游客的吃、住、行、玩等信息资源进行有机整合，为旅游消费者提供有针对性的个性化服务系统，以技术优势、信息化平台和个性化服务平台打造智慧饭店的核心价值点，实现饭店在管理质量以及服务理念方面的优化升级。

（三）综合服务平台

智慧饭店作为为旅游消费者提供旅游休憩地的重要产品，所需要升级的服务范畴广泛而复杂，为了满足众多的消费需求，在激烈的饭店竞争领域中赢得生存机会，智慧饭店需要依靠其信息网络技术优势，打造一个实现资源有机统筹、信息融汇的综合服务平台，这个综合服务平台囊括了城市交通体系、医疗服务体系等多重服务子系统，并通过这些综合服务系统为饭店消费者提供高标准、高效率和高智能化的星级服务体验。

总而言之，智慧饭店作为激烈竞争中的新产品，需要通过科学技术平台、个性化服务平台以及综合服务平台打造核心价值体系的亮点，实现饭店产品的深度开发和信息资源的有机整合。

第二节　智慧饭店建设

一、基于顾客体验的智慧饭店产品设计

从本质上来说，体验指的是一种难以忘怀，同时又具有一定价值的经历。顾客体验主要可以分娱乐体验、教育体验、遁世体验和审美体验等类型。但是，从当前我国消费者体验需求的现状来看，其需求层次主要集中在体验的方便性、舒适度、自由和安全性方面，而饭店产品的设计更应该遵从消费者的这些需求现状。因此，应从以下几个层面来进行智慧饭店产品设计。

（一）智慧饭店智能系统的建设

1. 自助入住和退房系统

当顾客入住智慧饭店时，饭店可以通过相应的网站或者饭店建立的自助登记系统允许顾

客进行远程登记服务，顾客进入饭店后，提供相应的证件，经系统审查通过后，就可以自助办理选房和其他的相应付款等服务。退房时，工作人员检查无误后可以在系统里进行设置，然后顾客就可以通过自助刷卡系统进行退房和打印相关的票据等。这样的系统与传统的饭店相比可以节省顾客的时间，还能减少饭店的成本支出。

2. 智能停车服务系统

传统的饭店停车服务需要顾客在相关人员的引导下停车，而且还要办理相关的手续，程序既烦琐，又浪费时间。通过引入的智能停车服务系统，可以显示车库内空闲车位的数量和位置，提供相关的电子化引导设备，同时提供智能卡计时、计费等服务。这种系统以刷顾客的相关证件为凭证，然后把相关信息录入数据库，通过计算机技术的处理和识别，对进出停车场的车辆进行全方位管理。

3. 智能信息服务系统

传统饭店的信息提供基本上是顾客通过前台或者客房相关的纸质资料的阅读或者自己在网上查询相关的信息。智慧饭店通过智慧信息服务系统可以为顾客提供饭店自助点餐、洗衣服、租借物品等服务，饭店所在地天气状况、出行方式等服务，饭店附近餐饮、购物、娱乐、游玩信息等服务，顾客消费明细和物品明细表等服务。顾客可以通过自助终端设备了解到上述信息，这既可以提高饭店为顾客服务的水平，也会提升顾客对饭店的满意度。

（二）智慧饭店的客房产品设计

从本质上来说，饭店是游客出门在外的家。让顾客能够有家的感觉，而且最大限度地满足消费者的个性化需求，将是饭店业竞争的核心点。这些方面的竞争优势可以从智慧饭店的客房产品设计方面来体现。

1. 饭店客房的人性化智慧设计

首先，智慧饭店为顾客提供定制化的房卡，电梯自动升降到顾客所住的楼层，开门后地灯或墙灯会沿着过道不停指引顾客到达所在的房间位置，房门感应到顾客房卡后会自动开门；其次，提供贴心的迎宾服务，在顾客入住客房插卡取电时可以出现欢迎模式，室内灯光以优美的方式出现，欢迎背景音乐徐徐响起，让顾客感到亲切；最后，打造个性化的灯光照明，顾客可以根据自己的偏好选择不同的灯光效果，如自动的暗道、卫生间灯光开启等，提供完美优质的睡眠模式。

2. 智慧饭店的客房设计

首先，每间客房都配置无线紧急按钮，无论顾客发生什么意外都可以及时按下紧急按钮，饭店监控平台随时为顾客提供便捷快速的服务。其次，顾客在入住前可以得到相关密码服务，与智能手机及客房无线红外入侵探测系统相连，及时感应到任何不明物体入侵；还可以通过电话系统与拜访者确认，为顾客提供安全的住宿环境。再次，在客房家具设计中注入智慧理念，如把 iPad 使用到客房中去，将 iPad 与报警系统和客房相连，当出现火警或其他危险时，iPad 会自动指引顾客从安全通道撤离。此外，自动开启窗帘、洗浴水温控制系统以及叫醒服务系统等可以为顾客提供更为便捷体贴的服务。最后，客房中装有专门的学习系统，可供顾客选择相应的学习内容。

3. 舒适的客房产品设计

首先，在客房中配置温度自动控制器和空气净化器，给顾客提供舒适的室温环境，营造自然般的住房环境，让顾客得到放松；其次，在顾客入住登记时，根据顾客的特征和偏好提供个性化的客房服务，让其体验家一样舒适的人性化贴心服务。当前多数智慧饭店都配置了具有电脑功能的电视机，顾客可以根据自己的喜好来查询饭店的详细介绍、航班动态、股市行情、城市景点等，还可以此与前台等各部门联系，及时了解自己的账单明细、访客信息等，当顾客需要休息免打扰时，可通过电视机万能遥控器通知前台，以便饭店能及时了解客房状态。

二、智慧饭店的人才培养要求

在学校教育方面，虽然目前在职业教育、专科及本科层次上已经形成了较大的饭店管理人才培养规模，并取得了一定的成绩，但是在更高层次的人才培养方面还比较薄弱。而随着智慧旅游和智慧饭店的高速发展，对高层次人才的需求日益增加，但相应的教育模式并没有随之调整，存在较大的缺陷。例如，培养目标仍然集中于知识的掌握，忽视或轻视综合素质的培养，缺乏实践能力和创新能力的挖掘。

不少院校所教授的课程不够系统，没有完整的体系。课堂所采用的教学方式也比较落后，不够科学。考核方式则更是单一，几乎全部以理论考试的方式来实现。虽然很多院校奉行“以就业为导向”，但是学生实际的操作能力较弱，一旦进入智慧饭店工作，感到无从下手，很难适应。

从企业层面上来说，饭店普遍采用的是一种较为简单的获取员工的方式，即依靠内部提拔或外部招聘的方法招揽人才，入职后再对员工进行岗位培训，虽然从一定程度上来说，这可以暂时缓解饭店员工流动率较高的情况，但是没有考虑人才长远的后续发展。人力资源部门由于对智慧饭店所需的各岗位技能不熟悉，所以对培训项目只能闭门造车，从而消耗了大量的精力、付出了较高的成本，却没有实现预期的效果。

所以，智慧饭店的基层员工即使通过培训，具备了相关的基本工作技能，也很难保证其能够满足智慧饭店各岗位较高的需求。事实上，由于智慧饭店各岗位所需的技能专业性较强，因此需要专业人才进行培训和指导。

此外，我国的高星级饭店无论自营还是委托管理，管理层多半是聘请海外管理团队，或外籍饭店管理人员以及留学归国的管理人员，其自身对饭店管理人才的培养远远不能够满足我国智慧饭店发展的需求。目前，我国智慧饭店发展迅速，在这种高速发展中，智慧饭店人才培养机制迫切需要进行改革，构建真正能够适应我国智慧饭店管理发展的人才培养机制，为我国高速发展的智慧饭店提供所需人才。

智慧饭店要求所培养的人才不仅能够胜任智慧饭店现阶段的需求，还要能胜任未来工作的变化。也就是说，培养模式需要超前考虑到今后智慧饭店的发展方向，要能够高瞻远瞩地看到今后的发展趋势，只有这样才能在真正意义上建立适应智慧饭店发展需求的人才培养机制。智慧饭店人才的培养不能直接沿用我国以往的饭店人才培养机制，必须独立自主地进行创新，要在以往的培养机制上提炼精华，去其糟粕。同时还需要引进一些国外人才培养的成功经验，并结合我国现有智慧饭店发展状况来形成一套具有自身特色的智慧饭店人才培养机制。

在这种崭新机制下培养出来的智慧饭店人才，能够综合运用饭店管理基础理论知识和实际操作能力，拥有现代科技背景和良好的沟通协调能力，从而最终成为能为住店顾客提供一系列优质个性化服务的综合型人才。

三、智慧饭店人才培养机制

（一）合理设置智慧饭店岗位，加强操作能力培养

随着智慧饭店业的高速发展，饭店的人才标准以及岗位的需求也在发展变化，特别是出现了很多新岗位，对智慧饭店人才培养提出了更高的要求。智慧饭店的人才培养必须先确定智慧饭店的需求，根据岗位的职责与标准来确定人才培养方式，特别要侧重综合实践能力的塑造。我国目前的饭店管理专业人才培养更需要明确培养目标以及合格人才的具体标准。

目前的教育模式主要还是单纯的理论知识学习，相关的实践课程较少，这就导致了学生实践能力的缺乏。因此，学生在校所学的知识，实用性有所欠缺，不能满足智慧饭店的实际需求。无论是各院校还是相关培训机构，或者智慧饭店本身，都要根据智慧饭店的发展需求，对饭店各岗位进行合理的调整，并在教育和培训上进行相应的内容改变，做到理论结合实践来学习，教育方式结合智慧饭店需求来制定。只有这样才能保证我国智慧饭店人才培养始终跟上我国智慧饭店的发展步伐。

（二）科学调整培训内容的设置

要实现我国现有的饭店人才培养方式的改革，真正满足我国智慧饭店对人才的实际需求，就必须对培训内容进行优化。优化培训内容是智慧饭店人才培养的核心问题，培训内容的构架直接关系到智慧饭店人才的培养。

首先，需要结合当今智慧饭店业的发展状况和国际饭店业的发展动态来改变课程内容。增加一些最新的行业态势介绍、重大的科研成果以及先进的理论，以便向国际上发展较为成熟的智慧饭店进行学习，借鉴其先进经验，从而推动智慧饭店的建设。

其次，要注重文化知识的学习，以及计算机信息技术等高科技知识的普及。这样一方面可提升员工的文化素养，使其言谈举止富有底蕴，很好地实现对客交流；另一方面使员工能够熟练使用智慧饭店的各项设备，达到更好地为顾客服务的目的。

外语表达能力也是智慧饭店人才培养的重中之重。我国智慧饭店的发展要和国际接轨，必须加强员工的外语口语及书写能力训练。这样才能在饭店的工作中自如地了解和掌握智慧饭店发展走向，同时和外宾从容地沟通与交流，能够更好地阅读国外的管理学资料等。

（三）优化教学模式，推行智慧教育

所谓的教学模式包括两个方面：一是培训所采用的方法及手段；二是教学所用的设施设备等。在智慧城市以及智慧旅游的推动下，“智慧教育”也应运而生。它是指通过应用新一代信息技术，促进优质教育信息资源共享，提高教育质量和教育水平的教育模式。采取这种新的教学模式，智慧饭店人才的培养完全可以利用现有资源，采用智能化技术系统，根据个人的学习能力、学习时间等情况制订不同的学习计划生成个性化的学习资料，从而实现终身教育的目的。

在智慧饭店的人才培养方法方面，无论是学校教学还是企业培训，都可以集成多种信息资源，使用多种课件和教学软件，使培训更加生动有趣。同时，随着虚拟现实技术和3D技

术的发展，可以利用计算机生成一个虚拟现实的智慧饭店学习环境，使学生更直观地理解智慧饭店的各项工作要求。这对于增强对智慧饭店的认识，提升相关业务技能，改进实践操作能力都有很大的帮助。

（四）进一步加强服务意识的培养

智慧饭店在关系到顾客的每一个环节上都努力实现智慧化，如顾客用餐、入住、会议、休闲等环节，此外还要满足顾客无线传输、信息发布等互动需要等。这在很大程度上提升了饭店的服务和管理水平，降低了人工和能耗成本。

有些人认为智慧饭店可以完全依赖科技，从而忽视了饭店在经营中最为核心的服务。无论怎样，智慧饭店所出售的产品都是一种体验，不是只依赖信息技术就可以实现的，过分强调智慧化、科技化会让顾客的入住体验发生异化。因此，智慧饭店要通过使用高科技的手段，更好地实现员工与顾客的交流与沟通，以顾客的喜好为着重点，挖掘顾客内心的需求，达到饭店智慧化发展与传统的对客服务的和谐并存。

（五）打造智慧饭店专业教师队伍

优秀的智慧饭店人才培养必然离不开优秀的、高质量的教师队伍。无论是院校教师还是饭店培训机构的人员，不仅要具备完善的知识，拥有卓越的教授技能，更要有丰富的智慧饭店工作或培训经验。

饭店可以将现有的培训队伍派驻到高等院校进行技术层面的学习，或者参加一些国外培训机构的学习。在条件允许的情况下，还可以直接聘请较为成功的智慧饭店培训师来获得相关资源，如聘请高级管理人员以及专家来开办讲座。

（六）完善智慧型人才评估体系

智慧饭店培养出的人才必须能够接受实际工作的考验，因此需要建立一套完整的考核评估体系。与一般饭店不同的是，智慧饭店内高科技的运用使得信息的传递更加流畅，智慧饭店可以将员工首先安排到管理岗位上，安排人员带领其实践并适应管理岗位的工作，对饭店的整体架构以及岗位职责等有所了解，一段时间以后再安排其到一线工作岗位，检验其理论水平及所学知识。在所有这些程序结束后，可以结合智慧饭店自身的特点，及其在管理岗位和工作岗位的工作状况，对其进行综合性的全方位考核。由于信息可以在智慧饭店内及时传递，工作过程的监管、工作成果的检测、工作状态等方面的评估可以更加及时和有效。在条件允许的情况下，还可以外聘富有经验或者较为成功的智慧饭店管理专家及智慧饭店高层管理者参与本店考核，以利于员工的实际工作效率的进一步提升。智慧饭店的人才培养机制还有待完善，只有将培养人才的工作做好了，才能为未来智慧饭店的健康发展打下坚实的基础。

第三节　智慧饭店发展前景展望

智慧饭店的出现给我国饭店业的发展带来了新的契机，智能化、信息化、品质化将成为饭店业发展的重大趋势，智慧饭店的建设将对饭店管理水平和服务质量的提升起到重大推动作用，实现传统饭店业管理模式以及赢利模式的优化升级。要重新整合饭店产品价值链，创新饭店服务业态，将一些饭店文化创意业态、服务业态引入，实现价值链的补足，形成与饭店业相关的文化创意产业以及 IT 服务支撑产业，实现整体意义上的产业融合发展，实现智慧饭店向融合、创新、高效、智能化的方向发展。

一、智慧饭店将实现工作效率的提升，创造翻倍的营业收入

智慧饭店智能化、信息化的优势可以实现相关设备的智能化服务，可以让顾客与饭店服务始终处于在线的服务模式，从而有效提升服务的效率。例如，在顾客提出远程服务需求时，饭店可以通过在线服务及时为顾客做好个性化服务准备，提升顾客对饭店服务的满意度。智慧饭店可以通过为顾客提供个性化、多元化的价值服务，提升智慧饭店的综合竞争力，以高效率、智能化服务模式为智慧饭店创造翻倍的营业收入。

二、智慧饭店将向低成本、高品质的趋势发展

饭店经营成本中最为重要的一点是饭店能耗。以智能化的模式来控制饭店的能耗可以最大限度地降低饭店的经营成本。例如，智慧饭店可以通过智能化设置实现简单快捷的清扫模式，在提升清扫工作效率的同时最大限度地降低经营成本；也可以减少智慧饭店在装潢方面的成本，以装饰的便捷性、品质性以及智能化取代奢华的装潢；还可以通过“饭店云”为饭店创造一个高效快捷的营销渠道，智慧饭店将在智能化服务氛围下为顾客提供高效率、低成本、高品质的智能服务体验。

三、智慧饭店将为消费者提供更为私密、安全的饭店管理服务

为顾客提供安全私密的饭店服务历来是饭店的核心关注点，智能化饭店管理可以使消费者通过智能终端获得各类资源信息，获得舒适、安全、私密的智能服务体验。智能理念的植入将成为智慧饭店的耀眼风景，为消费者提供耳目一新的体验之旅。

四、智慧饭店在未来饭店竞争领域中的价值特征

智慧饭店在未来饭店竞争领域中有以下几个方面的价值特征：

（一）智慧饭店可以实现科技创新价值

信息科技是不断推动我国智慧饭店发展的核心力量，因此智慧饭店将为我国的饭店科技创新带来新的发展机遇，推进饭店业产品的优化升级。智慧饭店对信息科技的多样化需求将对信息科技与饭店产业的融合发展产生巨大的推动作用，信息科技在饭店业中的融合运用也将实现科学技术跨领域的应用创新。由此可见，综合双方的发展趋势，智慧饭店在引入科学技术的同时也将创造一定的科技创新价值。

（二）智慧饭店可以创造产业支撑价值

实现多类产业之间的融合是当前我国产业发展的重要趋势。智慧饭店从一定程度上可以通过技术信息资源的有机整合，突破不同产业之间的分界线，实现饭店产业与相关产业之间的有机融合，这种不同产业之间的融合不仅使饭店与各类产业实现资源共享、经济利益共赢，而且可以为饭店与相关产业创造更多的潜在发展机会，创造跨越产业的横向价值，为整

个产业的发展提供产业融合创新的支撑价值体系。

（三）智慧饭店可以创造经济效益价值

智慧饭店可以利用其智能化、信息化的优势在激烈的饭店业竞争中获得优势地位，从而获得丰富的经济效益，因此智慧饭店可以为我国经济的发展创造一定的经济效益。与此同时，智慧饭店也可以通过产业融合对相关产业的发展起到重大的推动作用，在智慧饭店的拉动效应下促进信息技术产业、建筑行业以及新能源行业等相关产业的高效发展，为整个社会创造一定的经济效益价值。

（四）智慧饭店可以实现社会拉动价值

智慧饭店将以其智能化的服务模式改变人们的出行方式以及旅游理念，旅游者可以通过智慧饭店的优质信息化服务获得丰富的信息资源，高效率地利用时间，合理高效地安排好出行计划。在智慧饭店个性化服务模式下，消费者可以根据自己的消费习惯选择定制饭店服务，由此不断促进智慧饭店服务产品创新升级，不断创新饭店的服务模式和服务菜单，为消费者提供良好的出行环境，从社会角度创造价值。

总之，随着全球物联网、云计算、新一代移动服务终端等新型信息技术的快速发展及其在旅游业的逐步应用，“智慧旅游”这一新的概念开始走进人们的生活。旅游群体的不断扩大使旅游需求日渐多元化，智慧旅游将成为促进我国旅游业转型升级的重要模式。智慧旅游的发展，为旅游业三大产业之一的饭店业带来了新的机遇，不仅为饭店业带来了更广阔的市场，促成了饭店业的升级，也使旅游业对饭店业的宏观管理更加便利。

★案例分析

南京智慧饭店发展中存在的问题

1. 对智慧饭店缺乏认识并存在误区

笔者对南京现有的113家旅游星级饭店按各星级现有比例选取了30家进行了抽样调查。在调查的这30家饭店的150名中高层管理人员中，只有7%的饭店管理人员对智慧饭店的概念非常了解，并已开始着手智慧饭店的建设；17%的人对智慧饭店的概念还比较模糊，只有一些初步认识；而76%的人对智慧饭店完全不了解，或没有听说过。且在17%的饭店管理人员中，不少人认为智慧饭店的建设就是要对饭店进行全面的“二次开发”，是在对效果难以预计的情况下，从成本上对饭店的人力、物力和财力进行极大的消耗。还存在另一个极端的看法，即希望通过智慧饭店的建设来解决饭店的一切问题。这两者都是不符合实际的认识。

2. 智慧客房建设水平较低且参差不齐

目前智慧客房的建设主要围绕五项来进行，包括照明电器控制、能源控制、互动娱乐、饭店电子商务和可视对讲。就目前南京市饭店业的建设情况来看，总体水平较低，而且参差不齐。在调查的30家饭店中（其中五星级4家，四星级6家，三星级16家，二星级4家），已完成这些项目建设的饭店只占15%，而且多为四星级和五星级饭店，三星级和二星级饭店几乎没有投入相关智慧客房的建设。而五项均都已实现的饭店为零。虽然在调查中，不少高星级饭店管理层表示有对客房做智慧化改造的意向，但是仍停留在投资收益分析的阶段。

在调查的饭店中只有一家五星级饭店实现了这五项中的三项，且这三项中的子功能仍在调试中，并未完全投入使用。

3. 智慧饭店的建设缺乏统一标准

虽然各地对发展智慧城市、智慧旅游、智慧饭店的呼声不断，业界不少人士也跃跃欲试，但是就全国的发展情况来看，目前只有北京市已经出台了智慧饭店相关建设规范。2012年5月北京市旅游发展委员会出台了《北京智慧饭店建设规范（试行）》（见本书附录B）及其附件《北京智慧饭店评分细则》。虽然南京市政府对发展智慧饭店一直比较重视，但是相关部门并没有在分析自身条件的基础上，因地制宜，结合实际，实行行业认证管理，制定统一的智慧饭店标准规范和等级，统一对智慧饭店内涵的理解，规范智慧饭店中的技术开发和设计工作以及统筹规划和系统布局。

4. 智慧饭店与智慧旅游的对接未形成规模效应

在调查中笔者还了解到，南京饭店业在智慧化的过程中，并未和城市的智慧旅游总体建设形成良好的对接，多数情况下还是饭店单打独斗。饭店的信息系统和外部的信息交流不及时，特别是还没有彻底将饭店的营销管理纳入南京的智慧旅游统一营销平台，未与南京市的智慧旅游建设紧密结合。这样会阻碍饭店的电子商务系统、财务管理系统、房间管理系统的信息交流，对推进饭店智慧化建设不利。

案例讨论题

1. 根据案例谈谈智慧饭店的建设。
2. 根据案例谈谈对南京智慧饭店的发展建议。

思考与练习

1. 智慧饭店的概念侧重点是什么？
2. 智慧饭店的特点是什么？举例说明。
3. 未来的智慧饭店会朝向什么方向发展？
4. 简述新形势下对我国智慧饭店的发展建议。

第十一章

饭店业法规制度

★教学目标

1. 掌握饭店法规的概念与作用。
2. 熟悉饭店企业开办娱乐服务场所的管理规定。
3. 掌握饭店对顾客的义务。
4. 掌握饭店对顾客的权利。

★重要概念

饭店法　法律关系　饭店法律关系的主体　饭店法律关系的客体

第一节　我国饭店业法规制度概述

饭店业是旅游业发展的重要支柱产业之一。我国当前饭店业发展迅速但也面临着一些问题，我国饭店业法规制度还相对滞后，立法多是部门规章，尚未上升到法律层次，除了饭店星级评定标准、旅游饭店行业规范外，国家尚未制定专门针对饭店的法律法规。

一、饭店法的概念与作用

（一）饭店法的概念和调整对象

1. 饭店法的概念

饭店法有广义和狭义之分。广义的饭店法是指与饭店经营、管理活动有关的各种法律规范的总和，也就是调整饭店活动领域中各种社会关系的法律规范的总称。社会关系是人们在社会生产活动中彼此产生的联系，以饭店活动为主线而产生的各种社会关系，是饭店法的调整对象。

广义的饭店法所调整的是饭店活动关系的一系列法律规范的总和，而不是单一的法律或法规。这些法律规范包括国家有关部门制定的有关饭店方面的法律法规，及各省、自治区、直辖市制定的有关饭店方面的地方法规。此外，还包括我国参加和承认的有关国际公约或规章。

狭义的饭店法是指国家或地区所制定的饭店法律规范（如法国、日本、新加坡等国的《饭店法》以及1988年9月中国香港颁布的《饭店旅馆法》等）。

2. 饭店法的调整对象

（1）饭店与顾客之间的关系。这是饭店法所调整的最主要的社会关系。饭店同顾客之间的关系是一种横向的法律关系，也可以说是一种服务合同关系。不同的合同关系，双方将在一定范围内有不同的权利和义务。饭店向顾客提供住宿、餐饮、购物、文化娱乐及其他有关服务，收取相应的价款，顾客接受这种服务并支付相应的价款，于是饭店与顾客之间形成了提供服务与接受服务的合同关系。这种合同关系的表现形式目前在实际生活中主要有饭店住宿合同、饭店餐饮合同、饭店会议合同、饭店代理合同、饭店房间长期包租合同等。

（2）饭店与雇员之间的关系。饭店人力资源管理与劳动关系的处理也是饭店经营管理的重要内容之一，在法治社会环境下如何妥善处理和平衡好饭店与员工之间的利益关系，是饭店赢利的关键所在。法律有必要对饭店与雇员的权利义务及饭店营业中常见的劳资纠纷，如雇员工作中收到小费的归属问题，能否以服装费、培训费抵消部分工资等问题加以明确界定。

（3）饭店与相关部门之间的关系。现代饭店的经营已经不能仅仅依靠自身的力量运转和发展，实际饭店中的各种组织形式也日趋复杂，饭店需要同其他各种经营者紧密合作才能有效工作，饭店同这些企业和部门之间的关系既是横向的法律关系又有纵向的法律关系。例如，饭店与旅行社之间建立的客房推销合同，饭店与交通部门的订票合同等，这些合同具有一般合同的特点，但是它还具备的一个特点就是双方的合同履行状况往往关系到消费者的权益能否被有效地保护。因此，法律有必要对它们之间的关系以及纠纷发生时责任的承担做出界定，以保护消费者的合法权益。

（4）饭店与行政管理部门之间的关系。这是一种纵向的法律关系。国家行政管理部门对饭店的经营管理活动负有监督、管理的责任。例如，饭店设立的申请与审批、处罚与奖励、星级评定、年审等法律程序的操作细则。这种关系具体表现为领导与被领导、管理与被管理、监督与被监督的关系。前者主要表现为权力的行使，后者主要表现为义务的履行，双方的主体地位是不平等的。

（5）具有涉外因素的法律关系。这种法律关系包括外国旅游者和旅游组织在我国的法律地位，中外合资、合作饭店中的中外各方的合作关系等。这些关系一般由我国法律进行调整，但涉及我国参加的有关的国际公约、条约以及国际惯例除外。

（二）饭店法规的作用

1. 对饭店业的发展实行宏观调控

国家通过制定有关饭店方面的法律法规，对饭店同有关部门的关系实行有效的协调和控制，促进饭店业的健康发展。

2. 为饭店法律关系主体规定行为规范

饭店在经营和管理中会产生多种法律关系，在这些法律关系中会出现各种法律问题。例如，顾客由于某种原因不来使用已经预订的房间而给饭店造成经济损失；饭店因为自己的过错不能按时向顾客提供预订的客房；饭店因为过错而造成顾客的人身损害或者财物毁损或灭失；饭店的餐厅因为提供不符合卫生标准的饮食而造成顾客患有相关疾病；顾客将饭店的财物损坏等。

饭店和顾客以及饭店和其他法律关系主体之间的合同一经成立，便具有法律效力，在双方之间就会产生权利和义务的法律关系，合同双方必须按照合同的规定，向对方承担法律义务，并享有一定的权利。如果合同当事人一方或双方未按合同规定履行义务，就应承担相应的法律责任。

饭店法为饭店规定的行为规范包括：饭店应当保护顾客的人身和财物安全；饭店应当设置顾客贵重物品保险箱，保管顾客的贵重物品；饭店应当保护顾客的隐私权；饭店应当有完好的火灾报警和灭火设施设备等。饭店法为顾客规定的行为规范包括：禁止携带危险品进入饭店；入住时应当按规定项目如实登记；支付在饭店内消费的费用等。

3. 为饭店法律关系主体提供法律保护

饭店法除了明确饭店法律关系主体的权利和义务，保证这些权利义务真正得以实现，还要规定不履行或不适当履行义务的行为主体所应承担的法律责任，使受害的一方得到合理的赔偿和补偿。

1951 年 8 月 5 日，我国颁布了《城市旅栈业暂行管理规则》。20 世纪 80 年代以来，随着我国饭店业的发展，我国颁布了《旅馆业治安管理办法》《中华人民共和国消费者权益保护法》《中华人民共和国消防法》《中华人民共和国合同法》（以下简称《合同法》）、《最高人民法院关于确定民事侵权精神损害赔偿责任若干问题的解释》《机关、团体、企业、事业单位消防安全管理规定》《中华人民共和国安全生产法》《中华人民共和国食品安全法》《最高人民法院关于审理人身损害赔偿案件适用法律若干问题的解释》等一系列涉及饭店方面的法律法规，为饭店和其顾客及其他法律关系主体的正当权益提供了法律保障。

4. 促进经济发展

市场经济是法治经济。随着我国市场经济的逐步建立与完善，旅游业和饭店业有了较大的发展。饭店法的建立健全可以避免和制止不按科学办事、不规范经营等现象。原有的行政管理手段以及协调的方式已远远不能适应市场经济条件下饭店业建设和管理的需要。饭店法的制定是市场经济条件下发展饭店业，提高饭店服务质量，保障顾客合法权益的需要。从竞争和发展的关系看，饭店法的建立健全有利于加强饭店业的管理，使饭店业的管理纳入法制轨道，促进经济的发展。

二、我国饭店法的发展

饭店业的兴起与发展产生了饭店业主与顾客之间的关系，产生了饭店业主与其他相关部门之间的关系，从而逐步形成了调整这些关系和确定各当事方权利和义务的各种规范。

饭店业在我国虽然已经取得了长足的发展，但是目前有关饭店业的立法并不完善。由于缺乏专门的法律，在实践中只能适用《合同法》和《中华人民共和国民法通则》中“民事责任”的一般性规定。但是在饭店的责任范围和责任确定方面，没有专门的饭店法，这也对实际案件的处理造成困难。除了“民法通则”之外，对饭店规定较多的就是有关行政法，如《旅馆业治安管理办法》。国家旅游行政管理部门还出台了一系列技术标准，如《旅游饭店星级的划分与评定》，但此类标准的强制性有一定限制。《中国旅游饭店行业规范》是行业自律规范。

三、饭店法律关系

（一）饭店法律关系的概念

法律关系是指由法律规范所确认和调整的当事人之间的权利和义务关系。法律关系有三个要素：一是参与法律关系的主体；二是主体间权利和义务的共同指向对象——客体；三是构成法律关系内容的权利和义务。

饭店法律关系是指被饭店法所确认和调整的、当事人之间在饭店经营管理活动中形成的权利和义务关系。饭店法律关系具有以下特征：

（1）饭店法律关系是受饭店法调整的、具体的社会关系。饭店法律关系反映了当事人之间在饭店经营管理活动中所结成的一种社会关系。同其他法律关系一样，饭店法律关系以相应的法律规范为前提。由于规定和调整饭店关系的法律规范的存在，产生了饭店法律关系。

（2）饭店法律关系是以权利和义务为主要内容的社会关系。饭店社会关系同其他社会关系一样，之所以能成为法律关系，是因为法律规定了当事人之间的权利和义务关系。这种权利和义务关系的确认，体现了国家意志，是国家维护饭店经营管理活动秩序的重要保障。

（3）饭店法律关系的产生、发展和变更是依据饭店法律规范的规定进行的。由于法律体现统治阶级的意志，国家会依据饭店经营管理活动的发展和变化不断对饭店法律规范进行完善、修改、补充和废止，因此引起饭店法律关系的发展和变更。

（二）饭店法律关系的构成要素

饭店法律关系的构成要素是指构成饭店法律关系不可缺少的组成部分，包括主体、客体和内容三个要素，缺少其中一个要素，就不能构成饭店法。

1. 饭店法律关系的主体

饭店法律关系的主体是指在饭店活动中依照国家有关法律法规享受权利和承担义务的人，即法律关系的当事人。在我国饭店法律关系中，能够作为主体的当事人，主要有以下两类：

（1）饭店法律关系的管理、监督主体。其包括国家行政管理机关以及地方行政管理机关，它们在同级人民政府领导下，负责管理全国和地方的饭店工作；根据法律的规定，在饭店法律关系中实行监督权的各级行政、物价、审计、税务等机构。

（2）饭店法律关系的实施主体。其包括饭店、顾客、公司、企业以及国内外旅游组织等。由于许多旅游饭店直接同外国旅行社等组织发生业务联系，因此外国旅游组织同我国旅游饭店发生经济交往时，也会成为我国饭店法律关系的一方当事人。

2. 饭店法律关系的客体

饭店法律关系的客体是指饭店法律关系主体之间权利和义务所共同指向的对象。在通常情况下，法律关系主体都是围绕着一定的事物彼此才能形成一定的权利义务，从而建立法律关系的主体和内容，而无权利和义务所指向的事物——客体，这种权利和义务是无实际意义的，法律关系也难以成立。可以作为饭店法律关系客体的主要有物和行为两种类型。

物是指现实存在的可以为人们控制、支配的一切自然物和劳动创造的物。饭店法律关系的客体包括饭店客房、餐饮、娱乐场所、商品、物品等。货币作为饭店费用的支付手段，也是饭店法律关系的客体。

行为是指权利主体的活动，是饭店法律关系中重要的客体。饭店法律关系中的行为，可以分为饭店服务行为和饭店管理行为。

饭店服务行为是把顾客迎进来、送出去，以及做好顾客在店期间住、食、娱、购、行等各个环节的服务工作。

饭店管理行为是一种直接或间接地为顾客提供服务的活动，包括饭店总经理、部门经理、主管、领班等进行的管理活动。通过他们的管理工作，饭店服务行为形成一个统一的整体，为顾客提供各种方便。

3. 饭店法律关系的内容

饭店法律关系的内容是指饭店法律关系主体间的权利和义务。法律关系主体间的权利和义务，构成了法律关系的内容。由于权利和义务把饭店法律关系的主体联结起来，因此权利和义务在饭店法律关系中不可缺少。

（1）饭店法律关系主体的权利。饭店法律关系主体的权利是指饭店法律关系主体依法享有的作为或不作为，以及要求他人作为或不作为的一种资格。当饭店法律关系的主体一方因另一方或他人的行为而不能行使和实现其权利时，有权要求国家有关机关依据法律，运用强制手段帮助实现其权利。饭店法律关系主体的权利主要包括以下三方面的内容：

①饭店法律关系主体有权做出或不做出一定的行为。例如，饭店有权拒绝携带危险品的顾客进入饭店。

②饭店法律关系主体有权要求另一方按照相应规定做出或不做出一定的行为。例如，顾客入住饭店时，有权要求饭店提供符合其等级标准要求的服务；又如，顾客在饭店消费后，有权要求饭店出示票据。

③饭店法律关系主体的合法权益受到侵害时，有权要求国家有关机关依据法律，保护其合法权益。例如，由于饭店的原因，顾客的人身受到损害得不到赔偿，有权要求旅游投诉受理机关保护自己的合法权益。

（2）饭店法律关系主体的义务。饭店法律关系主体的义务是指饭店法律关系主体所承担的某种必须履行的责任。这种责任包括三方面的内容：

①饭店法律关系主体按照其权利享有人的要求做出一定的行为。例如，饭店在收取顾客支付的费用后，就有义务按照顾客的要求及时清扫房间。

②饭店法律关系主体按照其权利享有人的要求停止一定的行为。例如，顾客在房内休息时，要求饭店停止客房服务，服务员不得随意进入顾客的房间打扫卫生。

③饭店法律关系主体不履行或者不适当履行义务，将受到国家法律的制裁。例如，饭店发生重大事故、事件，使顾客在饭店内遭到人身损害或财产损失，不但要承担赔偿责任，还要受到法律的制裁。

第二节　旅游住宿业治安管理制度

我国十分重视旅游住宿业的治安管理。1987 年 11 月 10 日，经国务院批准，公安部发布了《旅馆业治安管理办法》（以下简称《办法》）。该《办法》是我国旅游住宿业治安管理的基本行政法规，对于保障我国旅馆企业的正常经营和旅客的人身财产安全、维护社会治安，起到了重要作用。

一、开办旅游住宿企业的治安管理

《办法》规定，开办旅馆，其房屋建筑、消防设备、出入口和通道等，必须符合消防治安法规的有关规定，并且要具备必要的防盗安全设施。这一规定在于保障旅馆企业的正常经营，同时也是为了保障旅客的生命财产安全。

申请开办旅馆，应经主管部门审查批准和当地公安机关签署意见，向工商行政管理部门申请登记，领取营业执照后，方准开业。经批准开业的旅馆，如有歇业、转业、合并、迁移、改变名称等情况，应当在工商行政管理部门办理变更登记后三日内，向当地的县、市公安局、公安分局备案。作这样的规定，是从治安管理的角度出发，便于掌握旅馆的有关情况，加强对旅馆的治安管理。

二、对旅馆经营中的治安管理

旅馆的经营必须遵守国家的法律，要建立各项安全管理制度，设置治安保卫组织或者指定安全人员。凡是经营旅游住宿业务的，按照《办法》都必须设置治安保卫部门，如保安部等。为了加强治安管理，《办法》规定旅馆接待旅客住宿必须登记；同时，旅客住店登记时，旅馆必须查验旅客的身份证件，并要求旅客按规定的项目如实登记。在接待境外旅客住宿时，除了要履行上述查验身份证件、如实登记规定项目外，旅馆还应当在 24 小时内向当地公安机关报送住宿登记表。

旅客住店时，往往都随身携带一些财物，为了保障旅客财物的安全，减少被盗等治安案件的发生，《办法》规定，旅馆必须设置旅客财物保管箱、保管柜或者保管室、保险柜，并指定专人负责保管工作。对旅客寄存的财物，要建立严格和完备的登记、领取和交接制度。

旅馆对旅客遗留的物品，应当加以妥善保管，并根据旅客登记时所留下的地址，设法将遗留物品归还物主；如果遗留物品物主不明，则应当揭示招领，经招领三个月后仍然无人认领的，则应当登记造册，并送当地公安机关按拾遗物品处理。这种处理方法，不仅是我国社会主义道德的要求，而且也是法规的规定。对于旅客遗留物品中的违禁品和可疑品，旅馆应当及时报告公安机关处理。同时，旅馆在经营中，如果发现旅客将违禁的易燃、易爆、剧毒、腐蚀性和放射性等危险物品带入旅馆，必须加以制止并及时报告公安机关处理，以避免安全事故的发生。公安机关对违禁将上述危险物品带入旅馆的旅客，可以依照《中华人民共和国治安管理处罚法》有关条款的规定，予以行政处罚。如果因此造成重大事故、造成严重后果并构成犯罪的，由司法机关依法追究刑事责任。

三、旅馆企业开办娱乐服务场所的管理规定

随着旅游业的发展，旅馆也从以往单纯提供住宿、餐饮服务，发展为提供住宿、餐饮、娱乐、健身等多项服务，特别是旅游星级饭店也规定必须提供上述服务项目。对此，《办法》规定，在旅馆内开办舞厅、音乐茶座等娱乐、服务场所的，除执行《办法》有关规定外，还应当按照国家和当地政府的有关规定管理。国务院1999年3月26日发布了《娱乐场所管理条例》（以下简称《条例》），2006年1月对该《条例》进行了修订，修订后的《条例》对娱乐场所的管理内容主要如下：

（一）实行娱乐经营许可

《条例》对娱乐场所投资者和从业人员有所限制。《条例》规定，有下列情形之一的人员，不得开办娱乐场所或者在娱乐场所内从业：

（1）曾犯有组织、强迫、引诱、容留、介绍卖淫罪，制作、贩卖、传播淫秽物品罪，走私、贩卖、运输、制造毒品罪；强奸罪，强制猥亵、侮辱妇女罪，赌博罪；洗钱罪，组织、领导、参加黑社会性质组织罪的。

（2）因犯罪曾被剥夺政治权利的。

（3）因吸食、注射毒品曾被强制戒毒的。

（4）因卖淫、嫖娼曾被处以行政拘留的。

《条例》规定，设立娱乐场所，应当向所在地县级人民政府文化主管部门提出申请；设立中外合资经营、中外合作经营的娱乐场所，应当向所在地省、自治区、直辖市人民政府文化主管部门提出申请，提交投资人员、拟任的法定代表人和其他负责人没有本条例所禁止情形的书面声明。

申请予以批准的，颁发娱乐经营许可证，并依规定核定娱乐场所容纳的消费者数量；不予批准的，申请人将收到说明理由的书面通知。娱乐场所改建、扩建或变更场地、主要设施设备、投资人员，或者变更娱乐经营许可证载明的事项的，应当向原发证机关申请重新核发娱乐经营许可证。

（二）国家机关及其人员不得经营娱乐场所

《条例》明确规定，县级以上人民政府文化主管部门负责对娱乐场所日常经营活动的监督管理；县级以上公安部门负责对娱乐场所消防、治安状况的监督管理。因此，国家机关及其工作人员，与文化主管部门和公安部门的工作人员有夫妻关系、直系血亲关系、三代以内旁系血亲以及近姻亲关系的亲属，不得开办娱乐场所，也不得参与或者变相参与娱乐场所的经营活动。

《条例》指出，国家机关及其工作人员开办娱乐场所、参与或者变相参与娱乐场所经营活动的，对直接负责的主管人员和其他直接责任人员依法给予撤职或者开除的行政处分。

文化主管部门、公安部门的工作人员明知其亲属开办娱乐场所或者发现其亲属参与、变相参与娱乐场所的经营活动，不予制止或者制止不力的，依法给予行政处分；情节严重的，依法给予撤职或开除的行政处分。

（三）禁止在娱乐场所从事的活动

《条例》规定，国家倡导弘扬民族优秀文化，禁止在娱乐场所内从事下列活动：

（1）违反宪法确定的基本原则的。

（2）危害国家统一、主权或者领土完整的。

（3）危害国家安全，或者损害国家荣誉、利益的。

（4）煽动民族仇恨、民族歧视，伤害民族感情或者侵害民族风俗、习惯，破坏民族团结的。

（5）违反国家宗教政策，宣扬邪教、迷信的。

（6）宣扬淫秽、赌博、暴力以及与毒品有关的违法犯罪活动，或者教唆犯罪的。

（7）违背社会公德或者民族优秀文化传统的。

（8）侮辱、诽谤他人，侵害他人合法权益的。

（9）法律、行政法规禁止的其他内容。

《条例》还明确指出，任何人不得非法携带枪支、弹药、管制器具或者携带爆炸性、易燃性、毒害性、放射性、腐蚀性等危险物品和传染病病原体进入娱乐场所。

（四）五种地点不得设立娱乐场所

《条例》规定，娱乐场所的边界噪声，应当符合国家规定的环境噪声标准。《条例》规定，娱乐场所不得设在下列五种地点：

（1）居民楼、博物馆、图书馆和被核定为文物保护单位的建筑物内。

（2）居民住宅区和学校、医院、机关周围。

（3）车站、机场等人群密集的场所。

（4）建筑物地下一层以下。

（5）与危险化学品仓库毗连的区域。

对营业时间，《条例》规定，每日凌晨2时至上午8时，娱乐场所不得营业。

（五）禁止娱乐场所经营单位及其从业人员从事的活动

《条例》规定，娱乐场所及其从业人员不得实施下列行为，不得为进入娱乐场所的人员实施下列行为提供条件：

（1）贩卖、提供毒品，或者组织、强迫、教唆、引诱、欺骗、容留他人吸食、注射毒品。

（2）组织、强迫、引诱、容留、介绍他人卖淫、嫖娼。

（3）制作、贩卖、传播淫秽物品。

（4）提供或者从事以营利为目的的陪侍。

（5）赌博。

（6）从事邪教、迷信活动。

（7）其他违法犯罪行为。

娱乐场所的从业人员不得吸食、注射毒品，不得卖淫、嫖娼；娱乐场所及其从业人员不得为进入娱乐场所的人员实施上述行为提供条件。

（六）不得接纳和招用未成年人

《条例》规定，歌舞娱乐场所不得接纳未成年人。除国际法定节假日外，游艺娱乐场所设置的电子游戏机不得向未成年人提供。娱乐场所也不得招用未成年人。

《条例》还规定，娱乐场所应该在营业场所的大厅、包厢、包间内的显著位置，悬挂含有禁毒、禁赌、禁止卖淫嫖娼等内容的警示标志、未成年人禁入或者限入标志。标志应当注明公安部门、文化主管部门的举报电话。

（七）娱乐场所不得宰客

《条例》规定，娱乐场所提供娱乐服务项目和出售商品，应当明码标价，并向消费者出示价目表；不得强迫、欺骗消费者接受服务、购买商品。

《条例》规定，营业期间，娱乐场所的从业人员应统一着工作服，佩戴工作标志并携带居民身份证或者外国人就业许可证。从业人员应遵守职业道德和卫生规范，诚实守信，礼貌待人，不得侵害消费者的人身和财产安全。

（八）必须安装透明门窗

《条例》规定，歌舞娱乐场所的包厢、包间内不得设置隔断，应当安装展现室内整体环境的透明门窗。包厢、包间门不得有内锁装置。营业期间，歌舞娱乐场所内亮度不得低于国家规定的标准。同时，《条例》对歌舞场所的建筑、实施安全等做出了一系列规定。

（九）安装闭路电视监控

《条例》规定，歌舞娱乐场所应当在营业场所的出入口、主要通道安装闭路电视监控设备，并保证闭路电视监控设备在营业期间正常运行，不得中断。闭路电视监控录像资料应当留存 30 日备查，不得删改或者挪作他用。

（十）违法记录将予曝光

为加强对娱乐场所的监督管理，《条例》规定，文化主管部门、公安部门和其他有关部门应当建立娱乐场所违法行为警示记录系统；对列入警示记录的娱乐场所，应当及时向社会公布，并加大监督检查力度。

《条例》指出，文化主管部门、公安部门和其他有关部门应当记录监督检查的情况和处理结果。监督检查记录由监督检查人员签字归档。公众有权查阅监督检查记录。

（十一）须用正版音像制品、电子游戏产品

《条例》指出，娱乐场所使用的音像制品或者电子游戏应当是依法出版、生产或者进口的产品。歌舞娱乐场所播放的曲目和屏幕画面以及游艺娱乐场所的电子游戏机内的游戏项目，不得含有危害国家安全、煽动民族仇恨等内容；歌舞娱乐场所使用的歌曲点播系统不得设置具有赌博功能的电子游戏机机型、机种、电路板等游戏设施设备，不得以现金或者有价证券作为奖品，不得回购奖品。

四、旅馆内严禁各种违法犯罪活动

任何人只要持有效证件即可在旅馆住宿、就餐以及娱乐，难免会有一些违法犯罪分子混迹其间，进行各种违法犯罪活动。为此，《办法》规定，旅馆内严禁从事卖淫、嫖娼、赌博、吸毒、传播淫秽物品等违法犯罪活动。对于上述违法犯罪活动，公安机关可以依照《中华人民共和国治安管理处罚法》有关条款的规定，处罚有关人员，对于情节严重，构成犯罪的，由司法机关依照《中华人民共和国刑法》追究刑事责任。

旅馆工作人员在工作中，如果发现违法犯罪分子、形迹可疑的人员和被公安机关通缉的罪犯，应立即向公安机关报告，不得知情不报或者隐瞒包庇。如果旅馆工作人员发现犯罪分子知情不报或者隐瞒包庇，公安机关可以酌情予以处罚。如果旅馆负责人参与违法犯罪活动，其所经营的旅馆已成为犯罪活动场所，公安机关除依法追究其刑事责任外，还应当会同工商行政管理部门对该旅馆依法处理。

五、公安机关对旅馆治安的管理职责

公安机关是旅游住宿业治安的主管部门，依法负有以下职责：

（1）指导、监督旅馆建立各项安全管理制度和落实安全防范措施。

（2）协助旅馆对工作人员进行安全义务知识的培训。

（3）依法惩办侵犯旅馆和旅客合法权益的违法犯罪分子。

公安人员到旅馆执行公务时，应当出示证件，严格依法办事，要文明礼貌待人，维护旅馆的正常经营和旅客的合法权益。旅馆工作人员和旅客应当予以协助，同心协力，共同维护和搞好旅游住宿业的治安管理工作。

第三节　食品安全管理规范

食品安全是指食品无毒、无害，符合应有的营养要求，对人体健康不造成任何急性、亚急性或者慢性危害。饭店是向旅游者提供食宿的场所，因此，学习和了解食品安全方面的法规制度对饭店业是十分重要的。

一、食品安全风险监测和评估

《中华人民共和国食品安全法》（以下简称《食品安全法》）规定，国家建立食品安全监测制度和评估制度。这一规定对食品安全起到了积极的促进作用。通过检测和风险评估，对食品安全做出的判断更具有科学性，将使食品安全标准更科学、更准确。

（一）食品安全风险监测

《食品安全法》规定，国家建立食品安全风险监督制度，对食源性疾病、食品污染以及食品中的有害因素进行检测。

国务院卫生行政部门会同国务院有关部门制订、实施国家食品安全风险监测计划。省、自治区、直辖市人民政府卫生行政部门根据国家食品安全风险监测计划，结合本行政区域的具体情况，组织制定、实施本行政区域的食品安全风险监测方案。

国务院质量监督、工商行政管理和国家食品药品监督管理等有关部门获知有关食品安全风险信息后，应当立即向国务院卫生行政部门通报。国务院卫生行政部门会同有关部门对信息核实后，应当及时调整食品安全风险监测计划。

（二）食品安全风险评估

《食品安全法》规定，国家建立食品安全风险评估制度，对食品、食品添加剂中化学

物、化学性和物理性危害进行风险评估。

国务院卫生行政部门负责组织食品安全风险评估工作，成立由医学、农业、食品、营养等方面的专家组成的食品安全风险评估专家委员会进行食品安全风险评估。

国务院卫生行政部门通过食品安全风险监测或者接到举报发现食品可能存在安全隐患的，应当立即组织进行检验和食品安全风险评估。

国务院农业行政、质量监督、工商行政管理和国家食品药品监督管理等有关部门应当向国务院卫生行政部门提出食品安全风险评估的建议，并提供有关信息和资料。

国务院卫生行政部门应当及时向国务院有关部门通报食品安全风险评估的结果。这个结果是制定、修订食品安全标准和对食品安全实施监督管理的科学依据。

国务院卫生行政部门应当会同国务院有关部门，根据食品安全风险评估结果、食品安全监督管理信息，对食品安全状况进行综合分析。对经综合分析表明可能具有较高程度安全风险的食品，国务院卫生行政部门应当及时提出食品安全风险警示，并予以公布。

二、食品安全标准

制定食品安全标准，应当以保障公众身体健康为宗旨，做到科学合理、安全可靠。食品安全标准是强制执行的标准。《食品安全法》规定，除食品安全标准外，不得制定其他的食品强制性标准。食品安全标准应当包括下列内容：

（1）食品、食品相关产品中的致病性微生物、农药残留、兽药残留、重金属、污染物质以及其他危害人体健康物质的限量规定。

（2）食品添加剂的品种、使用范围、用量。

（3）专供婴幼儿和其他特定人群的主辅食品的营养成分要求。

（4）对与食品安全、营养有关的标签、标识、说明书的要求。

（5）食品生产经营过程的卫生要求。

（6）与食品安全有关的质量要求。

（7）食品检验方法与规程。

（8）其他需要制定为食品安全标准的内容。

《食品安全法》规定，国务院卫生行政部门应当对现行的食用农产品质量安全标准、食品卫生标准、食品质量标准和有关食品的行业标准中强制的标准予以整合，统一公布为食品安全国家标准。在食品安全国家标准公布前，食品生产经营者应当按照现行食用农产品质量安全标准、食品卫生标准、食品质量标准和有关食品的行业标准生产经营食品。

没有食品安全国家标准的，可以制定食品安全地方标准。企业生产的食品没有食品安全国家标准或者地方标准的，应当制定企业标准，作为组织生产的依据。国家鼓励食品安全生产企业制定严于食品安全国家标准或地方标准的企业标准。

三、食品生产经营

（一）对食品生产经营安全性的要求

《食品安全法》规定，食品生产经营应当符合食品安全标准，并符合下列要求：

（1）具有与生产经营的食品品种、数量相适应的食品原料处理和食品加工、包装、储存等场所，保持该场所环境整洁，并与有毒、有害场所以及其他污染源保持规定的距离。

（2）具有与生产经营的食品品种、数量相适应的设备或者设施，有相应的消毒、更衣、盥洗、采光、照明、通风、防腐、防尘、防蝇、防鼠、防虫、洗涤以及处理废水、存放垃圾和废弃物的设备或者设施。

（3）有食品安全专业技术人员、管理人员和保证食品安全的规章制度。

（4）具有合理的设备布局和工艺流程，防止待加工食品与直接入口食品、原料与成品交叉污染，避免食品接触有毒物、不洁物。

（5）餐具、饮具和盛放直接入口食品的容器，使用前应当洗净、消毒，炊具、用具使用后应当洗净，保持清洁。

（6）储存、运输和装卸食品的容器、工具和设备应当安全、无害，保持清洁，防止食品污染，并符合保证食品安全所需的温度等特殊要求，不得将食品与有毒、有害物品一同运输。

（7）直接入口的食品应当有小包装或者使用无毒、清洁的包装材料、餐具。

（8）食品生产经营人员应当保持个人卫生，生产经营食品时，应当将手洗净，穿戴清洁的工作衣、帽；销售无包装的直接入口食品时，应当使用无毒、清洁的售货工具。

（9）用水应当符合国家规定的生活饮用水卫生标准。

（10）使用的洗涤剂、消毒剂应当对人体安全、无害。

（11）法律法规规定的其他要求。

（二）禁止生产经营的食品

《食品安全法》规定，禁止生产经营下列食品：

（1）用非食品原料生产的食品或者添加食品添加剂以外的化学物质和其他可能危害人体健康物质的食品，或者用回收食品作为原料生产的食品。

（2）致病性微生物、农药残留、兽药残留、重金属、污染物质以及其他危害人体健康的物质含量超过食品安全标准限量的食品。

（3）营养成分不符合食品安全标准的专供婴幼儿和其他特定人群的主辅食品。

（4）腐败变质、油脂酸败、霉变生虫、污秽不洁、混有异物、掺假掺杂或者感官性状异常的食品。

（5）病死、毒死或者死因不明的禽、兽、水产动物肉类及其制品。

（6）未经动物卫生监督机构检疫或者检疫不合格的肉类，未经检验或者检验不合格的肉类制品。

（7）被包装材料、容器、运输工具等污染的食品。

（8）超过保质期的食品。

（9）无标签的预包装食品。

（10）国家为防病等特殊需要明令禁止生产经营的食品。

（11）其他不符合食品安全标准或者要求的食品。

（三）食品生产经营的许可制度

《食品安全法》规定，国家对食品生产经营实行许可制度。从事食品生产、食品流通、餐饮服务，应当依法取得食品生产许可、食品流通许可、餐饮服务许可。取得餐饮服务许可的餐饮服务提供者在其餐饮服务场所出售其制作加工的食品，不需要取得食品生产和流通的许可。

（四）从业人员健康管理制度

《食品安全法》规定，食品生产经营者应当建立并执行从业人员健康管理制度。患有痢疾、伤寒、病毒性肝炎等消化道传染病的人员，以及患有活动性肺结核、化脓性或者渗出性皮肤病等有碍食品安全的疾病人员，不得从事接触直接入口食品的工作。

（五）对食品原料、食品添加剂和食品相关产品的安全要求

《食品安全法》规定，食品生产者采购食品原料、食品添加剂、食品相关产品，应当查验供货者的许可证和产品合格证明文件；对无法提供合格证明文件的食品原料，应当依照食品安全标准进行检验；不得采购或者使用不符合食品安全标准的食品原料、食品添加剂、食品相关产品。

食品生产企业应当建立食品原料、食品添加剂、食品相关产品进货查验记录制度，如实记录食品原料、食品添加剂、食品相关产品的名称、规格、数量、供货者名称及联系方式、进货日期等内容。食品经营者应当按照保证食品安全的要求储存食品，定期检查库存食品，及时清理变质或者超过保质期的食品。

《食品安全法》还规定，食品生产者应当依照食品安全标准关于食品添加剂的品种、使用范围、用量的规定使用食品添加剂；不得在食品生产中使用食品添加剂以外的化学物质和其他可能危害人体健康的物质。

生产经营的食品中不得添加药品，但是可以添加按照传统既是食品又是中药材的物质。按照传统既是食品又是中药材的物质的目录由国务院卫生行政部门制定、公布。

声称具有特定保健功能的食品不得对人体产生急性、亚急性或者慢性危害，其标签、说明书不得涉及疾病预防、治疗功能，其内容必须真实，应当载明适宜人群、不适宜人群、功效成分或者标志性成分及其含量等；产品的功能和成分必须与标签、说明书相一致。

（六）食品召回制度

《食品安全法》规定，国家建立食品召回制度。食品生产者发现其生产的食品不符合食品安全标准，应当立即停止生产，召回已经上市销售的食品，通知相关生产经营者和消费者，并记录召回和通知情况。

食品经营者发现其经营的食品不符合食品安全标准，应当立即停止经营，通知相关生产经营者和消费者，并记录停止经营和通知情况。食品生产者认为应当召回的，应立即召回。

食品生产者应当对召回的食品采取补救、无害化处理、销毁等措施，并将食品召回和处理情况向县级以上质量监督部门报告。

四、食品检验

《食品安全法》规定，食品检验机构按照国家有关认证认可的规定取得资质认定后，方可从事食品检验活动。但是，法律另有规定的除外。

食品安全监督管理部门对食品不得实施免检。食品生产经营企业可以自行对所生产的食品进行检验，也可以委托符合本法规定的食品检验机构进行检验。

五、食品安全事故处理

《食品安全法》规定，食品生产经营企业应当制定食品安全事故处置方案，定期检查本企业各项食品安全防范措施的落实情况，及时消除食品安全事故隐患。

发现食品安全事故的单位应当立即予以处置，防止事故扩大。事故发生单位和接受病人进行治疗的单位应当及时向事故发生地县级卫生行政部门报告。任何单位或者个人不得对食品安全事故隐瞒、谎报、缓报，不得毁灭有关证据。

县级以上卫生行政部门接到食品安全事故的报告后，有关部门进行调查处理，并采取下列措施，防止或减轻社会危害：

（1）开展应急救援工作，对因食品安全事故导致人身伤害的人员，卫生行政部门应当立即组织救治。

（2）封存可能导致食品安全事故的食品及其原料，并立即进行检验；对确认属于被污染的食品及原料，责令食品生产经营者依照本法的规定予以召回、停止经营并销毁。

（3）封存被污染的食品工具及用具，并责令进行清洗消毒。

（4）做好信息发布工作，依法对食品安全事故及其处理情况进行发布，并对可能产生的危害加以解释、说明。

调查食品安全事故，除了查明事故单位的责任，还应当查明负有监督管理和认证职责的监督管理部门、认证机构的工作人员失职、渎职情况。

六、监督管理

《食品安全法》规定，县级以上质量监督、工商行政管理、食品药品监督管理部门履行各自食品安全监督管理职责，有权采取下列措施：

（1）进入生产经营场所实施现场检查。

（2）对生产经营的食品进行抽样检验。

（3）查阅、复制有关合同、票据、账簿以及其他有关资料。

（4）查封、扣押有证据证明不符合食品安全标准的食品，违法使用的食品原料、食品添加剂、食品相关产品，以及用于违法生产经营或者被污染的工具、设备。

（5）查封违法从事食品生产经营活动的场所。

《食品安全法》还规定，国家建立食品安全信息统一公布制度。下列信息由国务院卫生行政部门统一公布：

（1）国家食品安全总体情况。

（2）食品安全风险评估信息和食品安全风险警示信息。

（3）重大食品安全事故及其处理信息。

（4）其他重要的食品安全信息和国务院确定的需要统一公布的信息。

七、法律责任

对违反本法规定的，《食品安全法》规定了法律责任和处罚办法。在处罚力度上，《食品安全法》充分体现了既要保护消费者利益，又能对企业产生一定的威慑力的原则。

（一）各种违法生产经营活动

各种违法生产经营活动包括以下内容：

（1）未经允许从事食品或食品添加剂生产经营活动。《食品安全法》规定，未经许可从事食品生产经营活动，或者未经许可生产食品添加剂的，由有关主管部门按照各自职责分工，没收违法所得、违法生产经营的食品、食品添加剂和用于违法生产经营的工具、设备、原料等物品；违法生产经营的食品、食品添加剂货值金额不足一万元的，并处两千元以上五万元以下罚款；货值金额一万元以上的，并处货值金额五倍以上十倍以下罚款。

（2）食品生产经营者的违法行为。《食品安全法》规定，违反本法规定，有下列情形之一的，由有关主管部门按照各自职责分工，没收违法所得、违法生产经营的食品和用于违法生产经营的工具、设备、原料等物品；违法生产经营的食品货值金额不足一万元的，并处两千元以上五万元以下罚款；货值金额一万元以上的，并处货值金额五倍以上十倍以下罚款；情节严重的，吊销许可证：

①用非食品原料生产食品或者在食品中添加食品添加剂以外的化学物质和其他可能危害人体健康的物质，或者用回收食品作为原料生产食品。

②生产经营致病性微生物、农药残留、兽药残留、重金属、污染物质以及其他危害人体健康的物质含量超过食品安全标准限量的食品。

③生产经营营养成分不符合食品安全标准的专供婴幼儿和其他特定人群的主辅食品。

④经营腐败变质、油脂酸败、霉变生虫、污秽不洁、混有异物、掺假掺杂或者感官性状异常的食品。

⑤经营病死、毒死或者死因不明的禽、兽、水产动物肉类，或者生产经营病死、毒死或者死因不明的禽、兽、水产动物肉类的制品。

⑥经营未经动物卫生监督机构检疫或者检疫不合格的肉类，或者生产经营未经检验或者检验不合格的肉类制品。

⑦经营超过保质期的食品。

⑧生产经营国家为防病等特殊需要明令禁止生产经营的食品。

⑨利用新的食品原料从事食品生产或者从事食品添加剂新品种、食品相关产品新品种生产，未经过安全性评估。

⑩食品生产经营者在有关主管部门责令其召回或者停止经营不符合食品安全标准的食品后，仍拒不召回或者停止经营。

《食品安全法》还规定，违反本法规定，有下列情形之一的，由有关主管部门按照各自职责分工，没收违法所得、违法生产经营的食品和用于违法生产经营的工具、设备、原料等物品；违法生产经营的食品货值金额不足一万元的，并处两千元以上五万元以下罚款；货值金额一万元以上的，并处货值金额两倍以上五倍以下罚款；情节严重的，责令停产停业，直至吊销许可证：

①经营被包装材料、容器、运输工具等污染的食品。

②生产经营无标签的预包装食品、食品添加剂或者标签、说明书不符合本法规定的食品、食品添加剂。

③食品生产者采购、使用不符合食品安全标准的食品原料、食品添加剂、食品相关产品。

④食品生产经营者在食品中添加药品。

（二）一般食品安全问题的法律责任

《食品安全法》规定，违反本法规定，有下列情形之一的，由有关主管部门按照各自职责分工，责令改正，给予警告；拒不改正的，处两千元以上两万元以下罚款；情节严重的，责令停产停业，直至吊销许可证：

（1）未对采购的食品原料和生产的食品、食品添加剂、食品相关产品进行检验。

（2）未建立并遵守查验记录制度、出厂检验记录制度。

（3）制定食品安全企业标准未依照本法规定备案。

（4）未按规定要求储存、销售食品或者清理库存食品。

（5）进货时未检查许可证和相关证明文件。

（6）生产的食品、食品添加剂的标签、说明书及疾病预防、治疗功能。

（7）安排患有本法第三十四条所列疾病的人员从事接触直接入口食品的工作。

《食品安全法》还规定，违反本法规定，事故单位在发生食品安全事故后未进行处置、报告的，由有关主管部门按照各自职责分工，责令改正，给予警告；毁灭有关证据的，责令停产停业，并处两千元以上十万元以下罚款；造成严重后果的，由原发证部门吊销许可证。

同时，《食品安全法》还规定，违反本法规定，造成人身、财产或者其他损害的，依法承担赔偿责任。生产不符合食品安全标准的食品或者销售明知是不符合食品安全标准的食品，消费者要求赔偿损失外，还可以向生产者或者销售者要求支付价款十倍的赔偿金。违反本法规定，应当承担民事赔偿责任和缴纳罚款、罚金，其财产不足以同时支付时，先承担民事赔偿责任，构成犯罪的，依法追究刑事责任。

★知识链接

销售食品的法律责任

即使是高级餐厅，食品中偶尔落入异物的情况也是在所难免的，但要是就餐顾客因异物而发生窒息或其他人身伤害，就有充分理由对餐厅提起诉讼，要求赔偿。同样，只要顾客能证明食物有毒或被污染，照样可以起诉。

传统上，存在着两种关于因提供不卫生食品而必须承担责任的观点。比较早期的观点是：把饭店提供食品称为服务，而把食物本身作为服务的一部分，根据这一观点，饭店只对因疏忽而未能提供谨慎服务负有责任，但不担保食物本身的质量。因此，原告必须在能够证实饭店犯有渎职过失的情况下才能获得赔偿。较为近期的观点则认为饭店实际上提供了一种默许的保证，即出售的食品应符合顾客的意愿，必须安全卫生和适合顾客消费。所谓默许，即虽然未作明确公开表述，但是客主双方都理解认可。这意味着食品是作为一种为获得报酬的产品而出售的，当产品本身被出售时就有一种默许的质量上的保证，也就是说，这种食品是符合安全卫生要求的。因此，一家饭店或餐厅在出售食品时，就自然而然地对食品的安全卫生负有责任。

当然，问题的关键在于适合食用的标准是什么。以鱼羹为例，一位顾客因食用鱼羹被鱼刺卡住喉咙而动了几次手术，这并不能说是鱼羹中出现了异物，鱼刺与食物中的玻璃碎片不同，后者可构成控告，但前者只是食用鱼羹的合理风险。因而食物中出现异物或其他物品是否成为起诉的证据，取决于它们的自然性质，即是否属于食物本身的一部分，鱼刺、鱼骨自然是鱼类菜肴的一部分，而碎玻璃片、石块则不然。然而，如果饭店曾有鱼羹中没有鱼刺的明确表示，情况则不同。

第四节　我国旅游饭店行业规范

《中国旅游饭店行业规范》（以下简称《规范》），是旅游饭店自律的行为规范，不具国家法律的地位。但《规范》中所体现的旅游饭店行业的惯例，即在商业交往的过程中所形成的习惯性规则，符合商业交往的需求，因此，秉着尊重惯例的原则，在司法实践中行业惯例可能得到适用。而且，饭店在经营过程中也会依照行业规范来提供服务。

一、颁布实施《中国旅游饭店行业规范》的意义

《规范》由中国旅游饭店业协会于2002年5月1日起颁布实施。该规范是依据《中国消费者权益保护法》《合同法》《国务院关于计算外宾住房天数的规定》《国际饭店新规程》及有关国际惯例制定的。《规范》总共十一章四十三条，涉及饭店预订、登记、入住，饭店消费，保护顾客的人身和财产安全；保护顾客的贵重物品，保护顾客的一般物品；洗衣服务，停车场管理等内容，明确规定了饭店的权利和义务。

第一，《规范》是我国消费行业的第一部规范，也是我国饭店业发展几十年来的第一部规范，是指导和规范饭店自律行为的准则，标志着我国旅游饭店业逐步走向成熟。我国旅游饭店业是目前国内市场化程度较高，并与国际接轨较为顺畅的行业。虽然星级评定制度为我国饭店业从整体上较快达到国际水准奠定了基础，但是由于没有统一的行业规范，在一定程度上影响了饭店经营。因此，尽快建立起符合国际饭店的运营规范，成为我国旅游饭店业发展的必由之路。

第二，《规范》在一定程度上弥补了国家现行法律规范不健全的缺陷，是完善旅游饭店业法规建设的重要步骤。在饭店业快速发展的同时，饭店与顾客之间的纠纷也随之增多。由于我国目前旅游饭店业法规建设相对滞后，饭店与顾客一旦出现纠纷，往往各执一词，处理无据可依，顾客的权益得不到保障，一定程度上也影响了饭店经营者的合法权益。饭店业呼唤饭店法等相应的行业法律规范早日出台，从而明确饭店的权利和义务。《规范》的实施既弥补了国家现有法律规范的不足，也为行业主管部门制定饭店法等相应法律法规摸索出了经验，为我国饭店业法规体系的建立奠定了良好的基础。

第三，《规范》是引导饭店顾客消费行为、保障顾客合法权益的有效手段。为了充分保障消费者的合法权益，根据国家有关法律法规，《规范》规定了旅游饭店在接受顾客、保护顾客人身和财物安全方面的责任和义务，同时对顾客在饭店消费的权利和义务进行细化界定，让顾客能明明白白地消费，让顾客享有更多的知情权。

第四，《规范》的实施是主动应对我国入世、全球经济一体化竞争和挑战的重要举措。随着我国入世和全球经济一体化的推动，我国旅游饭店业尽管开放较早，但是同样面临竞争与挑战。为应对这种竞争和挑战，各国都在创造良好的市场环境和法律环境，我国饭店业要在国际市场竞争中生存和发展，就必须苦练内功，通过规范经营、诚信服务，树立我国饭店业在国际

上的良好形象。而规范的经营和服务，需要一个客观、公正、公平的标志，采用符合国际惯例、规则的规范去评价。《规范》的实施改变了过去的一家饭店一种规范，行业没有统一规范的局面，采用了与国际规则接轨的方法，对我国旅游饭店业融入国际饭店业的竞争，起到了积极的作用。

二、《中国旅游饭店行业规范》所规定的饭店的义务

（一）履行住宿合同约定的义务

饭店与顾客签订住宿合同的，应当按照合同的规定履行约定的义务。《规范》第四条、第五条均作了规定："饭店应当与顾客共同履行住宿合同""由于饭店出现超额预订而使顾客不能入住的，饭店应当主动替顾客安排本地同档次或高于本饭店档次的饭店入住，所产生的有关费用由饭店承担"。饭店违反合同的约定或不履行义务，是对顾客合法权益的侵犯，顾客可追究饭店的违法责任，造成损失的，可以要求饭店支付赔偿金。这不仅是《规范》的要求，也是《合同法》的规定。

（二）保护顾客人身安全的义务

保护顾客人身安全是饭店对顾客的一项基本义务，很多国家的饭店法或有关法律都明确规定，饭店有保护顾客人身安全的义务。《规范》根据《旅游业治安管理办法》规定："为了保护顾客的人身和财产安全，饭店客房门应当装置防盗链、门锁、应急疏散图，卫生间内应当放置服务指南、住宿须知和防火指南。有条件的饭店应当安装客房电子门锁和公共区域安全监控系统。"只要按照规定建立健全了一套安装管理制度，并有证据证明为防止事件的发生已采取了一切可能的措施，或者证明损害的发生不是或不完全是饭店的过错，就可以免除或减轻饭店的责任。

（三）保护顾客财物安全的责任

1. 保护顾客财物安全的一般责任

饭店对住店顾客携带的财物负有保护的责任。顾客在饭店住宿期间财物被盗或被损坏的事件时有发生，其中固然有顾客自己的行为造成的，但饭店没有保护好顾客的财物，也是一个重要因素。饭店对顾客财物安全的责任，在一些国家法律中有明确的规定。《规范》中也明确规定："饭店应当采取措施，防止顾客放置在客房内的财物灭失、毁损。由于饭店的原因造成顾客财物灭失、毁损的，饭店应承担责任。"

2. 保管寄存物品的责任

饭店应当保管好顾客寄存在饭店的行李等物品。《规范》规定："饭店保管顾客寄存在行李寄存处的行李物品时，应当检查其包装是否完好、安全，询问有无违禁物品，并经双方确认后签发给顾客行李寄存牌。"只要顾客将行李等物品交给饭店，经双方确认后，顾客拿到了行李寄存牌，双方的保管合同即告成立。对顾客寄存的一切物品，饭店不得挪用或者让第三者使用。《规范》同时规定，顾客寄存的行李中如有贵重物品，应向饭店声明，由饭店员工验收并交饭店的贵重物品保管处免费保管。顾客事先未声明或不同意核实，在该物品灭失、毁损后，如果责任在饭店一方，饭店可以按照一般物品予以赔偿。

3. 保管顾客贵重物品的责任

妥善保管好顾客的贵重物品是饭店的一项重要责任，为避免贵重物品的灭失而给饭店带

来高额赔偿，一些国家规定饭店须设置贵重物品保险柜，要求顾客将随身携带的贵重物品存放在贵重物品保险柜内。《规范》根据《旅馆业治安管理办法》做出规定：“饭店应当在前厅处设置有双锁的顾客贵重物品保险箱。贵重物品保险箱的位置应当安全、方便、隐蔽，能够保护顾客的隐私。饭店应当按照规定的时限免费提供住店顾客贵重物品的保管服务。”饭店应将顾客交存的贵重物品保存好，如果寄存在饭店贵重物品保险箱内的财物被盗或损坏，饭店应承担赔偿责任。《规范》规定：“对没有按规定存放在饭店前厅贵重物品保险箱内而在客房里灭失、毁损的顾客的贵重物品，如果责任在饭店一方，可视为一般物品予以赔偿。”

（四）保护顾客车辆的责任

饭店和顾客之间经常会因饭店停车场内的车辆损坏或丢失而发生纠纷，有的是车辆被盗，有的是车辆的零部件丢失，有的是车内的物品丢失，诸如此类情况，顾客能否要求饭店赔偿呢?《规范》明确规定：“饭店应当保护停车场内饭店顾客的车辆安全。由于保管不善，造成车辆灭失或者损毁的，饭店承担相应责任。但因为顾客自身的原因造成车辆灭失或者损毁的除外。双方均有过错的，应当各自承担相应的责任。”“饭店应当提示顾客保管好放置在车内的物品。对车内放置的物品的灭失，饭店不承担责任。”

（五）保护顾客隐私权的义务

隐私是指个人生活方面不愿意让他人知道的正当的秘密。公民的隐私权受法律保护，任何组织和个人未经法定程序不得公开公民的秘密，饭店当然也不得随意将顾客的隐私透露给他人。饭店工作人员除履行职责、保护顾客安全外，未经许可不得进入客房。为此，《规范》规定：“饭店应当保护顾客的隐私权。饭店工作人员未经顾客许可不得随意进入顾客下榻的房间，日常清扫卫生、维修保养设施设备或者发生火灾等紧急情况除外。”

（六）警示顾客注意安全的义务

《中华人民共和国消费者权益保护法》第十八条规定：“经营者应当保证其提供的商品或者服务符合保障人身、财产安全的要求。对可能危及人身、财产安全的商品和服务，应当向消费者做出真实的说明和明确的警示，并说明和标明正确使用商品或者接受服务的方法以及防止危害发生的方法。”据此，《规范》规定：“对可能危害顾客人身和财产安全的场所，饭店应当做出明确接受服务项目的说明。”这些警示说明应当简洁明了，不致产生歧义。例如，饭店在除尘打蜡时，应在地面各个通道放置诸如“小心地滑，以防摔跤”的指示牌。如果饭店没有履行提供明确的警示和正确作出说明的义务，造成顾客人身、财物损害的，饭店应依法承担责任。饭店如果履行了上述义务，并尽可能地为防止事件的发生采取了措施，可免除或减轻责任。

（七）提供真实信息的义务

饭店对自己的产品或服务，应当向顾客提供真实的信息，不得作令人误解的虚假宣传。为此，《规范》第九条、第十一条明确规定：“饭店应当将房价表置于总服务台显著位置，供顾客参考。饭店如给顾客房价折扣，应当面约定。”“饭店可以对客房、餐饮、洗衣、电话等服务项目加以收费，但应在房价表及有关服务价目单上注明。”在饭店业竞争日趋激烈的情况下，各饭店更应诚信经营，树立良好形象，切不可以不正当的手段欺骗顾客，欺骗顾客既是一种短视行为，也是一种违法行为。

（八）提供符合等级标准的产品与服务

饭店为顾客提供的产品与服务必须与饭店的等级和收费标准相符，如果饭店提供的服务存在问题，《规范》规定："饭店应当采取措施及时加以改进。"由于饭店所提供的产品和服务与饭店的等级和收费标准不相符而给顾客造成损失的，饭店应当根据损失程度大小向顾客赔礼道歉，或给予相应的赔偿。

《规范》第三条规定："饭店应当遵守国家的有关法律法规和规章，遵守社会道德规范，诚信经营，维护中国旅游饭店行业的声誉。"因此，饭店在为顾客提供服务或产品的过程中，除履行上述责任外，还应当履行国家法律法规的其他义务。这些法律法规主要包括《食品安全法》《中华人民共和国消防法》《中华人民共和国产品质量法》《中华人民共和国消费者权益保护法》《合同法》《旅馆业治安管理办法》等。

三、《中国旅游饭店行业规范》所规定的饭店的权利

（一）对有些顾客不予接待的权利

饭店虽是一个为住店顾客与社会公众提供住宿和服务的公共场所，但为保障饭店正常经营，饭店可以对有些情况说"不"。《规范》规定以下情况可以不予接待：

（1）携带危害饭店安全的物品入店者。饭店对携带易燃、易爆、剧毒、腐蚀性和放射性等危险物品住店的顾客，可以进行劝阻，如顾客不听劝阻，饭店有权拒绝其入店，并及时报告公安机关处理，以避免安全事故的发生。

（2）从事违法活动者。为保障顾客的安全，维护饭店的声誉，饭店有权拒绝试图在饭店从事违法犯罪活动的顾客；对于有违法行为的顾客入店，饭店有权阻止，劝阻无效的，可以要求其离店。同时，饭店工作人员如果发现违法犯罪分子、形迹可疑人员，应及时向公安机关报告。

（3）影响饭店形象者。曾经有些旅游饭店特别是豪华饭店为了维护其自身的形象，对衣冠不整的顾客不予接纳，经媒体报道引起广泛讨论，甚至在北京、南京等地还发生过顾客衣冠不整被饭店拒之门外而将饭店告上法庭的事情，因此《规范》赋予饭店恕不接待影响饭店形象者的权利。"衣冠不整者"是指其穿着不符合当今文化习俗和行为规范，还包括酗酒滋事者、携带动物入店者，饭店有权拒绝有这些行为者入住，并有权要求他们离店。

（4）无支付能力或曾有过逃账记录者。如果顾客无力或拒绝偿付饭店的服务费用，或有过逃账记录，饭店有权不予接待。已经住进店的，饭店可以要求其离店并有追回欠账的权利。

（5）饭店客满。客房已满自然无法接纳新来的顾客和接受新的预订。无论饭店是实际住满还是订满，都可以向新来者说明情况而不予接待。

（二）谢绝顾客自带酒水进入餐厅等场所享用的权利

《规范》第二十九条规定："饭店可以谢绝顾客自带酒水和食品进入餐厅、酒吧、舞厅等场所享用，但应当将谢绝的告示设置于有关场所的显著位置。"《规范》在充分征求中国

消费者协会意见和法律专家意见的基础上做出这样的规定，其理由一是“谢绝顾客自带酒水”，是国际饭店业通行的惯例，无论是饭店业发达的欧美国家，还是我国周边国家，均是如此，而且饭店依法行使自主经营权，理应受到保护；二是饭店业是一个综合成本较高的行业，顾客在饭店用餐，不仅是品尝可口的菜肴，而且还享受舒适空调、柔和的灯光、悦耳的背景音乐、热情周到的服务，饭店作为企业，以营利为目的，要考虑这些综合营业成本；此外，饭店还要对用餐顾客的食品安全负责，如果饭店允许顾客自带酒水，餐后出现问题，责任很难判定。当然，饭店的酒水价格应定得合情合理，不能超出正常的利润形成暴利。

（三）收取顾客合理费用的权利

饭店有要求顾客支付饭店合理费用的权利。如《规范》就饭店计算顾客住宿时间收费问题进行了界定，采用国际旅游业通行的惯例将“间/夜”的变更时间规定为中午12时，“饭店客房收费以间/夜为计算单位（钟点房除外）。按顾客住一间/夜，计收一天房费；次日12时以后、18时以前办理退房手续者，饭店可以加收半天房费；次日18时以后退房者，饭店可以加收一天房费”。

此外，为使目前旅游饭店唯一享受的优惠政策落实，《规范》规定：“根据国家规定饭店可以对客房、餐饮、洗衣服、电话等服务项目加收服务费，但应当在房价表及有关服务价目表中注明。”

（四）要求顾客赔偿饭店损失的权利

如果顾客故意或过失损坏饭店的物品，饭店有权要求顾客赔偿。《规范》规定：“饭店有义务提示顾客爱护饭店的财物。由于顾客的原因造成损坏的，饭店可以要求顾客承担赔偿责任。由于顾客原因维修受损设施设备期间导致客房不能出租、场所不能开放而发生的营业损失，饭店可视情况要求顾客承担责任。”

★案例分析11-1

发生火灾就可以不赔偿吗？

2007年“十一”前夕，北京某旅行社与某风景区旅游饭店签订了一份订房协议，约定该旅游饭店在10月1日至3日为该旅行社提供客房20间，但9月24日该饭店不幸发生火灾，部分客房被烧毁，导致饭店无法正常营业，灾难的意外降临使饭店内部十分慌乱，旅游饭店管理人员由于疏忽没有将此情况通知该旅行社。10月1日导游按原计划率团前去住宿时才发现该饭店已处于停止营业的状态，导游虽然想尽办法就近解决，但因是旅游旺季，景点附近的饭店都已客满，最终只能在离景区40千米的某旅游饭店入住，因距离较远，旅行社每天需用车辆接送游客，不但引起了游客的不满，也增加了车辆支出费用和住宿费共计7 000余元。事后旅行社向该旅游饭店索赔，但被其以火灾为不可抗力为由拒绝。

案例讨论题

1. 案例中，旅行社要求饭店赔偿经济损失是否有法律依据？为什么？
2. 该饭店事后应该做哪些积极的补救措施？

★案例分析11-2

顾客被打劫

许先生入住某饭店1101客房，当他开门进房时旁边突然冲出两名男子，各用一把尖刀顶住其腹部、颈部并将其推入房间，随后两名男子用胶带捆住了他的手脚，并封住其嘴巴，劫走他随身携带的5 000元现金、一只欧米茄手表、两部手机和公文包。两名男子逃离房间后，许先生挣脱捆绑通过前台求救，报警后警方在回放录像时发现两名行踪可疑的男子在抢劫前已在饭店逗留多时且跟踪过另两名顾客。

事后，许先生将饭店告上法庭，认为该饭店未尽到安全保护义务，致使其遭受财物损失和精神损失，饭店应承担相应的赔偿责任。饭店有关负责人称，饭店本身是人流量较大的地方，所谓两名行踪可疑的男子是在发生劫案后才被警方发现的，在这之前饭店已尽到了安全保护义务。

案例讨论题

1. 结合案例，谈谈《中国旅游饭店行业规范》规定饭店应该履行哪些责任和义务？
2. 在发生劫案后，该饭店应该做哪些积极的补救措施？

思考与练习

1. 什么是饭店法？饭店法的调整对象是什么？
2. 简述饭店法的作用。
3. 饭店法是怎样形成的？谈谈制定我国饭店法的必要性。
4. 什么是饭店法律关系？饭店法律关系的构成要素有哪些？
5. 简述旅游住宿治安管理的主要内容。
6. 颁布实施《中国旅游饭店行业规范》的意义有哪些？
7. 简述《中国旅游饭店行业规范》规定的饭店对顾客的义务和权利。
8. 简述食品卫生管理法规的主要内容。

第十二章

饭店产业链发展态势

★教学目标

1. 了解饭店产业链概况。
2. 掌握我国饭店产业链发展态势。
3. 掌握主要饭店产业的发展状况。

★重要概念

饭店产业链　饭店咨询机构　饭店服务外包

第一节　饭店产业链

一、饭店产业链的概况

按照经济学理论的定义，所谓产业，是指提供可相互替代的产品或服务的经济组织的集合体，如工业、农业、商业、服务业等。饭店产业是以提供住宿接待服务为主的综合性服务企业的集合体。产业链是以分工作为基础、以产业联系为纽带、以企业为主体的链网状产业组织系统。饭店业是旅游产业的核心组成部分，具有综合价值高、就业吸纳能力强、产业关联度大的特点，有大批饭店用品供应商、服务供应商、饭店分销商等相关企业支撑饭店业的日常运营，饭店业的发展对与之相关联的许多行业都能起到直接或间接的带动作用。因此，饭店产业在发展过程中，逐步形成了以饭店产业为纽带，与上下游企业具有保值增值功能和产品供销功能的链网产业链条，其中包括支撑饭店企业日常运营的饭店用品供应商、服务供应商、饭店分销商以及直接或间接为饭店产业发展提供产品、设备、服务的相关产业，如建筑、交通、餐饮、娱乐、商贸、金融、展会、工艺美术以及其他行业等。

随着整个饭店产业的价值链分工越来越细化，饭店运营和投资服务的供应商发展越来越迅速，饭店供应商也在逐渐细分，饭店所需的电话、电视、保险箱、洗衣机、洗涤用品、节能降耗产品、安全保障产品等有专门的供应商在进行设计与生产。近年来，在北京、华东和华南等地兴起了一批饭店用品一站式采购平台，这里聚集着上千家饭店用品供应商，产品类型非常齐全。例如，深圳雁盟饭店文化产业园作为一个饭店用品产业聚集区，集饭店用品的创意、研发、设计、生产和销售于一体，带动了一大批饭店用品相关企业的蓬勃发展。

在饭店服务供应商领域，与饭店相关的衍生业态成为新品牌的快速成长领域。在饭店在线分销商领域，除了已经取得一定市场地位的携程、艺龙、去哪儿、同程以外，基于3G、4G移动网络的饭店咨询与预订平台也成长迅速。随着未来网络技术和数字电视的广泛运用，网络银行和手机银行等支付手段为广大民众所接受，饭店预订渠道将更为多元、便捷，预订成本更低廉，竞争也将更激烈。此外，饭店咨询公司、饭店投资机构、饭店设计公司（如建筑设计、室内设计、软件设计）、饭店建筑行业、饭店媒体和培训机构等也都依托饭店产业而迅速发展。

二、我国饭店产业链发展的未来走向

2015年4月10日，“2015中国饭店产业链资源整合高峰论坛”在无锡华美达广场温泉饭店举办，饭店业高管及旅游业高管逾300人与会。高峰论坛旨在为饭店业提供一个“界内和界外”相互交融的交流环境，一个“跨界资源整合”的营销机遇，一个“近距离接触与合作”移动互联网前沿技术的机会，一个全旅游产业链“整合变现”的推力。可见，我国的饭店产业正在稳步发展并走向世界，饭店产业链的转型和创新必然促进饭店行业的发展。

（一）从投资驱动向消费驱动转型

从经济发展的大背景看，国家开始从投资驱动向消费驱动的经济模式转型。商品消费和服务消费，特别是服务消费将成为经济转型的主要驱动力。旅游消费在国家层面受到重视，《中华人民共和国旅游法》（以下简称《旅游法》）及《国民旅游休闲纲要（2013—2020年）》提出，将逐步提升国民消费力，保障休闲时间和满足休闲意愿，创造国民有钱、有闲和有意愿去休闲度假的必要条件，有利于休闲旅游和度假饭店的未来发展。为进一步落实《国民旅游休闲纲要（2013—2020年）》和《旅游法》，国务院还发布了《国务院关于促进旅游业改革发展的若干意见》（以下简称《意见》）。《意见》提出，应加快转变发展方式，推动旅游产品向观光、休闲、度假并重转变，满足多样化、多层次的旅游消费需求；推动旅游服务向优质服务转变，实现标准化和个性化服务的有机统一。

（二）产业结构升级与消费观念升级

中国经济转型很重要的一方面是推进产业结构的调整和升级。在饭店业，产业结构升级需要与消费理念升级相匹配。消费理念升级包含两方面：一方面是消费者的消费理念要升级；另一方面是企业和政府对消费的认识理念要升级。从消费端看，随着国民收入的增加，消费者的经济基础更为坚实，生活方式和消费理念发生了变化，在个人及家庭生命周期的演进过程中，人们对旅游产品和住宿产品的服务品质诉求也在不断提升。这就需要供给端创新思路与产品，为顾客提供物有所值甚至物超所值的服务。企业创新首先需要有发自内心的冲动和激情，其次是要创造价值。企业是否创造了价值，可从两个角度判断：第一，是否为客户提供了新的产品和服务，即创造了新的需求；第二，在提供现有产品和服务的基础上是否降低了成本，从而使价格更低，也就是说，为客户省钱，也就为他们创造了价值。

（三）实施跨界融合的创新驱动发展战略

前几年还是传统产业、很少有大资本关注的旅游业，这两年突然受到各界追捧，BAT（百度、阿里巴巴和腾讯）竞相介入旅游业，加大了对旅游业的投资和改造力度，也加快了产业融合的速度。饭店业正在与餐饮业、游轮业、免税业、在线旅游、金融，甚至寻求与博彩等相关产业的融合发展。当前的一个发展趋势是饭店将成为旅游综合体（包括度假饭店型、主题公园型、景点依托型和文化旅游小镇型旅游综合体）必不可少的配套设施，甚至成为旅游综合体的主体。未来的竞争将是产业链对产业链的竞争，融合发展是必然选择。

第二节　饭店用品行业

饭店用品行业（包括餐饮行业）是一个非常广泛的行业，它的产品覆盖了人们日常生活中衣、食、住、行等领域。从产业链的上下游来看，饭店用品行业处于饭店、餐饮行业的上游。因此，饭店、餐饮行业的发展直接影响中国饭店用品行业的发展与前景。

一、我国饭店用品行业的概况

目前，我国饭店用品业主要集中于一次性日常用品和饭店餐具类、饭店清洁设备类、饭店餐饮设备类、饭店大堂类、饭店客房用品类、饭店家具类、饭店专用电器类、饭店及餐饮智能类、饭店服饰类、饭店配套类。其中，餐厨设备智能化用品受关注程度高。有关统计数据显示，2007 年中国饭店对饭店用品的采购规模达 5 500 亿元，2010 年，全国饭店用品总产值突破 11 000 亿元。根据慧聪网的统计，2012 年 7—9 月，饭店买家搜索的热门产品包括餐饮用品、陶瓷用品、厨房设备、不锈钢餐具、饭店布草、大堂用品、客房小电器、一次性用品、家具。其中，餐饮用品、厨房设备等产品备受关注，属于买家热搜产品，餐厅用品类产品、厨房用品类产品、客房用品类产品在 2012 年 7—9 月成交笔数与 2011 年同期相比均明显增多，呈上升趋势。我国饭店用品的分类及代表产品见表 12-1。

表 12-1　我国饭店用品的分类及代表产品

序号	类　别	代表产品
1	饭店餐具类	陶瓷餐具、骨质瓷餐具、镀金（银）餐具、不锈钢餐具
2	饭店清洁设备类	各种清洁设备、洗衣房设备、整烫设备、清洁剂、空气清新剂
3	饭店餐饮设备类	厨房炊事机械、洗碗机、金属制品、自助餐饮设备

续表

序号	类　别	代表产品
4	饭店大堂类	酒水车、行李车、雨伞架、自动擦鞋机
5	饭店客房用品类	客房一次性用品、床上用品
6	饭店家具类	宴会家具、餐厅家具、客房家具
7	饭店专用电器类	专用彩电、冰箱、宾馆饮水系统、大屏幕显示屏
8	饭店及餐饮智能类	收银系统、饭店智能化管理系统、电子防盗系统、磁卡门锁
9	饭店服饰类	饭店制服、礼服、职业装
10	饭店配套类	旋转门、感应门、草坪灯、停车库系统、旗杆、室外休闲用品

二、我国饭店用品行业的交易渠道

饭店用品旺盛的市场需求促成了饭店用品交易市场。目前，从全国饭店用品交易市场的交易渠道及市场形态来看，主要存在三种饭店用品交易市场：第一种是在全国各地形成的专业饭店批发市场；第二种是在全国举办的饭店用品行业的会展；第三种是电子商务交易 B2B 市场，其中以阿里巴巴、慧聪等为代表，另外也有不少饭店用品生产厂家、经销商自己建立的一些独立的 B2B 电子商务交易平台。部分饭店用品交易网站简介见表 12-2。

表 12-2　部分饭店用品交易网站简介

网　站	简　介
阿里巴巴饭店采购网	阿里巴巴中国饭店用品采购基地是阿里巴巴全新创建的全国最大的线上饭店用品采购市场。饭店采购市场汇集了从饭店开业到日常运营所需要的所有种类产品
慧聪饭店用品网	慧聪饭店用品网隶属慧聪集团，是国内饭店用品行业的开创者和始终领先的商务资讯服务机构，在规模、收入、用户量、服务方式等方面被公认为中国首席商务资讯服务商。慧聪饭店用品网在商务服务领域拥有多年的丰富经验，目前已经将其服务范围扩展至全国上百个城市，在十几个城市拥有分公司
圣托饭店用品网	圣托饭店用品网是为全球的饭店提供饭店用品一站式采购，实现“从厂家到饭店”的购物理想的 B2C 平台。圣托饭店用品网作为中国饭店与餐饮行业的采购电子商务服务平台，提供一站式的饭店用品采购服务。通过互联网，缩短了供应商与终端客户之间的距离，为各饭店用品厂家提供了一个网络超级商城的销售渠道，为饭店用品采购工作提供了强有力的支持
V5 饭店用品网	V5 饭店用品网成立于 2011 年，是中国蓝翔旗下一大品牌，本着服务至上、诚信为本、质优价廉、信誉第一的原则，致力于打造全国一流的一站式饭店用品采购基地
绿菱饭店用品网	绿菱饭店用品网致力于让饭店采购更简单，引领中国饭店业低碳环保生活。首创绿菱 EDE 服务，即“电子商务（E－commerce）＋线下经销商（Dealer）＋饭店厨房工程设计（Engineering）”，为饭店、餐馆、咖啡厅、食堂等餐饮行业提供线上一站式饭店用品采购及饭店厨房工程实际方案
全球饭店用品网	全球饭店用品网由杭州最大的饭店用品实体市场——大世界饭店用品市场孕育而生，是国内比较有影响力的饭店餐饮用品行业 B2B 电子商务平台，是饭店用品行业网上交易平台。全球饭店用品网以网络商铺辅助专业市场的形式运营，是一个基于 B2B、B2C，以 B2B 为主的网络运营平台

三、我国饭店用品行业的发展创新

随着我国经济的继续稳步增长和我国饭店餐饮业的迅猛发展，在未来几年我国饭店用品市场将继续保持稳步发展。饭店用品市场规模庞大，已经显示出广阔的前景，未来将会吸引更多商家进入，这个市场上的竞争将会更加激烈。随着科学技术水平的进一步提高以及用户对饭店产品认识和要求的不断提高，饭店用品的专业化程度将越来越高，科技含量也会越来越高。饭店用品和饭店设备开始重视安全、环保、绿色，行业信息化、智能化、网络化成为饭店用品行业的新趋势。倡导发展绿色低碳，是饭店用品行业不可抗拒的趋势，与环保、节能、绿色理念相背离的一次性用品，因易造成资源浪费和环境污染，未来必将退出饭店业市场。

在重视绿色、环保的同时，随着科技的发展和人们生活水平的提高，顾客对饭店的要求也会越来越高，这就要求饭店在系统设备上要紧跟顾客的需要，采用饭店智能化系统。饭店用品行业创新体现在以下几方面。

（一）提供更多具有创意的饭店用品

饭店用品行业需要持续进行创新设计，引领时尚。在饭店用品创意设计上，既要围绕顾客的核心需求，提供满足顾客的关键功能性体验，也要挖掘和融入地方文化、民族文化、传统文化、时尚文化、现代文化等文化创意元素，甚至可以就地取材，打造出融合现代、时尚和传统文化元素的饭店用品。例如，法门寺饭店主要展示佛教文化，曲阜东方儒家展示的是以孔子为代表的儒家文化。

目前，多数饭店已经开始对饭店用品进行创意设计，如威斯汀饭店的“天梦之床”、喜来登饭店的“甜梦之床”、维也纳大饭店的“圆梦之床”和希尔顿饭店专门设计的“水龙拖鞋”，既有文化创意，本身又有营销载体。在饭店用品的创意方面，可以借鉴其他国家的成功经验，如日本鸿西诺雅温泉度假饭店的床是改良过的榻榻米，顾客在饭店穿和服、木屐。京都饭店在每间客房放一盆对空气质量非常敏感的苔藓植物，空气清新的时候植物是绿色的，空气不好时植物就变黄变黑，这种植物既是装饰，又是检验空气质量的工具。

此外，在饭店用品的创意方面，可充分利用民间的创造力，如设立网上饭店用品创意社区征求创意，一旦用户提出的创意设计被饭店采纳便可获得奖励。消费者也可通过网络参与设计饭店用品，饭店则可生产定制产品。企业甚至可以利用大数据，研究消费者偏好，研发饭店创意产品。

（二）拓展新的饭店用品市场

随着国家新型城镇化的推进，国家将重点建设 20 个城市群，其中包括 10 个比较成熟的城市群，饭店业可以关注其郊区和新区所带来的机会；其他 10 个新兴城市群，可重点关注其核心城市和重点城市的机会。抓住这些市场机会，饭店用品的发展空间将是巨大的。

（三）创新饭店用品营销模式

有了好的产品并确定了目标销售对象，要让饭店客户和消费者来购买好的产品，就需要别出心裁的营销模式。恒安兴集团提出了“把奢华饭店的感觉带回家”的理念，并提出了饭店用品销售的O2O模式，即线下展示和体验，结合线上销售的模式，具有创新性：一方面，恒安兴集团通过打造饭店文化产业园区，建设高端饭店用品体验中心，为客户提供365天360度全方位展示和体验；另一方面，恒安兴集团和饭店合作，在饭店的客房放置具有纪念意义的宣传品或纪念品，鼓励顾客通过扫描二维码进入网上商店选购产品。这种把饭店既当作销售对象又视为展示和体验店的思维模式，是一种全新的O2O模式。

自称为“睡眠领域新兴公司”的Casper公司将互联网思维引进床垫设计中，其创意受到顾客的追捧。饭店用品的网络展销方式，除了平面展示、文字描述等，还可以考虑采用三维可视化地理信息系统技术，把饭店文化用品体验中心、饭店或客房搬到网上、手机上，让用户不到实地也能较为充分地感受产品的特色，从而大幅度提高产品的接触面，增加销售量。

（四）培养具有创新思维的饭店用品人才

饭店用品设计创新以及提供饭店用品整体解决方案需要各类人才，包括设计人才、营销人才、IT人才、企业运营管理人才等，特别是对综合性人才的需求更为迫切。这除了需要企业自己培养外，也可以考虑跨界合作培养，还可签约一些文学家、历史学家、画家甚至数学家等各类人才为己所用。

（五）积极参与国家饭店用品标准的制定

参与国家标准的制定，在一定程度上可提升行业影响力和话语权，同时对整个行业的发展也会有促进作用，而且这本身也是一种思维碰撞、智慧共享，可以激发更多的创新思维。

第三节　饭店设计行业

饭店产业的快速发展带动了饭店建筑业的发展，围绕饭店建筑，形成了饭店设计、饭店建设、饭店内部装饰等直接关联产业，以及建材、五金、布草、家具、餐饮用品等间接关联产业。饭店市场的庞大规模带动整个饭店建筑行业发展的同时，也推动了饭店的翻新建设、装修等产业的发展。

饭店设计行业是饭店产业日益专业化和细分化的结果。我国饭店设计业起步较晚，近年来涌现出大批新锐设计师，他们利用现代元素，将我国饭店设计提高到国际与现代艺术的多种层面。优秀的设计师可以通过科学和艺术的结合赋予建筑空间灵魂与生命，引导和提高人们对美的认识和追求。饭店设计是美学思维与品牌定位的理性整合，也是理性设计与感性设计的高度统一，并对饭店建设及营运成本高低、投资与经营能否成功影响很大。

饭店建筑不仅是饭店运营的载体，某些极具特色的饭店建筑本身也可成为一种旅游吸引物，是一个地方的地标性建筑，可以为饭店企业带来更多的附加价值和无形的品牌魅力。例如，迪拜的帆船饭店已成为迪拜最具吸引力的旅游景点。国内的上海博悦饭店是一座精致的摩登中国式住宅饭店，位于有垂直型综合城区之称的上海环球金融中心79～93楼。住客在饭店可以俯瞰上海市貌。天津瑞吉金融街饭店外观由国际知名的SOM公司进行设计，这幢由钢筋水泥与玻璃幕墙构成的摩天大厦，以其独特的中空立方体设计巧妙呼应“津门”概念，成为天津全新的地标性建筑。

一、专业饭店建筑设计公司

专业饭店建筑设计公司重点承担饭店的建筑整体设计，如美国WATG（Wimberly Allison Tong & Goo）饭店和度假休闲建筑设计集团。WATG公司是经验丰富、创意层出不穷的资深设计机构，被誉为建筑界的“造梦工厂”，擅长在各种旅游胜地创造出独特、自成一格的生态小环境，把人造建筑物与自然风景完美融合，营造出奇幻的自然和人文景观，并充分调动各种感官刺激，带给游客梦境式的体验。WATG公司并不满足于仅仅建造饭店，还要建造太空宾馆、海底宾馆、海上城市和飞艇宾馆。

昆明官房建筑设计有限公司成立于1992年12月，公司设计业务以房地产开发项目、星级饭店项目为主，特别是对星级饭店项目设计有较为深入的研究。公司自1996年开始设计云南省第一个五星级饭店（丽江官房大饭店），至今已设计了包括红河官房大饭店、丽江滇西明珠花园饭店、大理悦榕庄五星饭店等饭店精品设计项目。目前，官房设计与LEED（Leadership in Energy and Environmental Design）认证的美国戴维斯建筑事务所结为长期合作伙伴，并与美国生特瑞公司组建了奕柯（上海）建筑设计有限公司，成为亚太饭店设计协会常务理事单位，被中外饭店论坛授予“十大品牌设计机构（单位）”，被亚洲饭店论坛授予“2012年度亚洲最佳饭店设计机构”，目前正向国际饭店设计市场迈进。

二、专业饭店室内设计公司

室内设计是建筑项目中极其重要的一部分，室内设计的所有元素应与建筑的整个设计相融。室内设计公司在全方位考虑业主的要求、饭店运营商的标准和当地的人文、地理、文化等因素的基础上，进行各因素整合，制定设计方案，创造出极具艺术性又满足运营商要求的设计作品。专业的饭店室内设计有助于饭店功能布局、个性展示、品牌塑造、文化融合等的实现，同时也是饭店展示自身独特风格的重要体现。例如，HBA（Hirsch Bedner Associates）于1964年开创了充满革命色彩的饭店室内设计服务，突破了当时的审美观念和准则。现在HBA在饭店设计类世界排名第一，在全球白金及超白金奢华饭店以及度假村等室内设计领域享有盛誉，成立至今作品遍及80个国家和地区，共完成超过1 000个国内国际著名饭店项目。其设计概念由以功能为主发展到艺术主义设计，发挥无限创意。例如，在金茂深圳JW万豪饭店的设计中，HBA汲取中国传统庭院中广为使用的“层层延伸、移步易景”理念的精髓，并采用大胆而现代的手法对传统元素进行演绎。设计师摒弃了常见的宽敞的饭店大堂和奢华的吊灯。饭店采用大量的流畅线条和几何对称，极具视觉冲击力，营造出“空间里的空间”，为顾客提供了能够独享优雅私密、现代舒适的灵动空间。

苏州金螳螂建筑装饰股份有限公司于2012年11月19日晚公告披露，该公司拟出资8 000万美元在新加坡设立全资子公司，并由新加坡子公司以7 500万美元收购美国HBA公司70%的股权。该公司拟将新加坡子公司打造成金螳螂未来引进国际高端设计人才和开拓装饰设计与施工国际市场的综合性平台。至2012年7月31日，HBA总资产为9 896.7万美元，净资产为4 220.5万美元；2011年10月至2012年7月实现营收7 485.5万美元，净利润为3 073.5万美元。金螳螂称收购HBA控股权后，公司可以充分利用HBA和众多国际著名饭店管理集团建立的良好合作关系，充分发挥设计龙头作用，将公司的整体设计水平由国内顶级推升到国际顶级，进一步提升和巩固公司在高端饭店设计、装饰施工上的领先优势。同时，公司将充分利用HBA在全球范围内24个子公司和6个代表处的布局优势，发挥HBA全球化平台作用，开拓国际业务。

三、饭店设计界的新趋势——设计饭店

设计饭店，也称为“设计师饭店”，由设计师根据饭店的建筑外观与室内设计来充分发挥艺术灵感，将实用主义与时尚主义、想象主义完美结合，故名。设计师“跨界”大流行，工业设计师、服装设计师、建筑设计师用新的眼光赋予饭店新的含义，从另一种角度来突破饭店的传统设计风格，更多地解构生活、解构时尚、解构人类非常规性的居住体验需求。高科技在饭店产品中得到进一步运用，光、影、声效果的整合，给顾客在视觉、听觉乃至嗅觉上带来巨大冲击。设计语言“混搭”，中外古今、天南海北多种艺术与文化语言碰撞。饭店设计奉行“返璞归真”生态理念，讲求回归自然本性，与地球更贴近，与生活更贴近。

四、我国饭店设计行业的发展趋势

随着饭店设计的多元化和地域化，我国饭店设计呈现出精品化和主体化的特点，精品饭店的设计一般定位较高，饭店规模不大，但要求精致和奢华，如匈牙利建筑大师邬达克设计的上海壹号码头，以现代的装修风格和艺术氛围展现饭店的精致与特色。上海首席公馆则追求摆设的杰出和真迹，这家建于1932年的建筑物由法国建筑师拉法尔设计，是中国首家城市文化遗产古典饭店，其室内摆设堪比小型博物馆。

随着饭店消费的日益大众化，部分饭店设计向家居化、时尚化方向发展。一些中低档饭店的装潢设计倾向于适度张扬个性，并运用多种形式和手段营造独具魅力、令顾客愉悦的客房作品。在简约化设计的同时，通过色彩、线条、材质、光线、装饰品等来凸显设计的前卫理念，凸显饭店的时尚气息。布丁酒店是平民时尚饭店的代表，整体设计突出个性和时尚的气息，每家店均通过不同的装饰物、色彩、材质构建不同的个性和特色，把时尚、品质和平民价格完美地结合在一起。

★知识链接

饭店设计界新趋势代表饭店

富春山居度假村

富春山居度假村位于杭州山水秀丽的富阳市富春江畔，包括富春别墅、度假饭店及SPA、高尔夫球场、富春阁和上海T8餐厅，设计以中国历史文化为元素，用西方现代设计观念呈现出我国建筑艺术的精美风格。

上海壹号码头精品饭店

Pier One Hotel（上海壹号码头精品饭店）位于上海中心区的宜昌路，是百年保护建筑，其前身为老上海的纳维亚啤酒厂，是匈牙利建筑大师邬达克的作品。该饭店拥有不同情趣、风格的客房，以现代简约为基调，艺术天花、大面积落地窗、情趣光影廊道、大胆的卫浴设计，极具现代装修风格和艺术氛围。

北京颐和安缦饭店

北京颐和安缦饭店地处颐和园东门，犹如世外桃源，毗邻着这座北京标志性的皇家园林。饭店由一系列院舍集结而成，当中有些是逾百年历史的建筑。颐和安缦的客舍及套房汲取了传统中国建筑的美学特征及颐和园一脉相承的庭院风格，为整座饭店带来了经典高贵的气氛。

第四节 饭店投资行业

根据《2014 年第四季度全国星级饭店统计公报》中的数据，我国共有 11 600 家星级饭店（如表 12-3 所示）。2014 年第四季度，星级饭店统计管理系统中的 13 226 家星级饭店有 12 461 家经营情况数据通过省级旅游主管部门审核，完成率为 94. 22%。而对比《2013 年第四季度全国星级饭店统计公报》中的数据（如表 12-4 所示）可以发现，除四星级和五星级饭店外，其他星级饭店数量均呈上升趋势。旅游产业的快速发展，以及资本对中国宏观经济长期高速增长的预期，引发饭店投资热潮。饭店投资机构在整个饭店业的快速发展中发挥了重要作用。

表 12-3 2014 年第四季度全国星级饭店数量总汇

星 级	饭店数量
一星级	118
二星级	2 683
三星级	5 585
四星级	2 431
五星级	783

表 12-4 2013 年第四季度全国星级饭店数量总汇

星 级	饭店数量
一星级	146
二星级	2 922
三星级	5 735
四星级	2 370
五星级	722

一、饭店投资机构

从饭店投资主体看，饭店投资主要有三类机构：社会投资机构；专业饭店投资管理公司和私募基金（Private Equity，PE）；风险投资（Venture Capital，VC）机构。

伴随着过去十几年的中国房地产热，社会投资机构介入饭店产业发展。由于地价不断上涨，饭店作为不动产，价值不断上涨，而且饭店的档次越高，升值空间就越大。因此即使一个五星级饭店开房率达不到盈亏的平均线（如 60%），从总体投资回报来讲，作为业主的投资商依然有利可图。地产升值的巨大空间可以极大地弥补饭店经营方面的损失。对于很多经营不善的饭店而言，地产增值效应远超其经营利润。金茂集团、万达集团就是以旅游地产投资为切入点进入饭店产业的代表。

专业饭店投资管理公司是饭店投资市场的重要力量。中国经济的快速发展以及饭店产业所蕴含的巨大市场机会吸引了国际投资公司的进入。例如，国内首家具有海外饭店投资管理基金房地产信托投资基金（Real Estate Investment Trust，REITs）背景和经验的国际饭店投资管理公司——奥赛国际饭店投资管理（上海）公司，依托其合作伙伴——美国富顿发展集团（F&T International Group）和美国奥赛控股（Ozholding）雄厚的资金实力和海外融资能力，在中国开发和收购各类饭店物业（旅游星级饭店、服务式公寓、度假村、经济型饭店等）。奥赛国际严格执行房地产信托投资基金（REITs）的标准，对所开发、收购和管理的饭店物业实施专业的资产管理，保证饭店物业良好的经营效益和物业增值，并借助于其海外合作伙伴强大的资本运作能力，将所管理的饭店物业推向全球资本市场，保证投资者实现利益最大化。

PE 机构和 VC 机构也是饭店投资的引领者。从 2007 年饭店产业获得的 3.11 亿美元，到 2010 年获得的 2.88 亿美元，PE 和 VC 始终是饭店投资的中坚力量。但随着市场需求的变化，PE 和 VC 投资机构也由过去的以投资高星级饭店为主逐步转向投资中档饭店和经济型饭店。2012 年，PE 机构重新掀起投资饭店行业高潮。据 ChinaVenture 投中集团统计：2012 年，国内共有 5 家饭店获得融资，累计融资规模达 2.88 亿美元，在近十年饭店行业融资规模中位列第二，仅次于 2007 年的 3.11 亿美元。在本轮风投潮中，各大 PE 转向中档饭店。获得融资的桔子酒店、玖玖旅馆等，均是定位于中档饭店的特色品牌。2012 年 7 月 5 日，凯雷集团对外宣布已正式投资桔子酒店所属的饭店集团 Mandarin Hotel Holding Limited，并且凯雷以 49% 的股份取得该公司的控股权。本次投资是凯雷集团继 2007 年投资开元饭店后，在中国饭店行业所进行的第二个投资项目。而桔子酒店此前就完成了两次融资：2006 年获得 DT 基金以及天使投资人融资，涉资 3 000 万美元；2008 年 10 月，DT 基金追加投资，同时引入中信国际资产管理公司，涉资 2 000 万美元。

除了上述三类主要的商业性投资机构外，政府及企业的非商业化投资也是饭店投资市场的一个重要组成部分。各地在城市的建设中，出于改善投资环境、提升城市形象而进行的政府主导下的饭店投资，以及部分大型企业自建的接待基地，通过地产项目搭建一个资源整合平台，解决公关问题，并不以营利为目的。此外，还存在大量国有资本投资的饭店，如各地驻京办接待机构、国家各部委下辖招待机构、各行业企业自办饭店等。这类非商业化投资的饭店并不完全以营利为导向，不存在经营压力，而是通过政府财政补贴等方式运营。

二、我国饭店投资行业的现状

（一）非经济性动因的投资

中国社会科学院旅游研究中心学术委员会主任魏小安曾指出：“用一般的经济规律无法解释中国的饭店投资现象。”中国饭店投资热的现状是在城市化、工业化和国际化三大背景下产生的。而饭店投资具有三种不同的动机：非经济性动因——在政府主导或引导下，为改善投资环境、提升城市品位而进行的饭店投资；半经济动机——一些大型企业建接待基地，通过地产项目搭建一个资源整合平台，解决公关问题，并不以营利为目的；纯经济动机——包括追求饭店地产所带来的直接价值、衍生价值和集群价值。

改革开放初期，我国高端饭店的建设并不以获取经济回报为目的。我国第一批合资企业中的 3 家合资饭店的建设，是为了改善国际客源的接待条件，提升我国整体形象。现在地方政府往往将高星级饭店数量作为考量自身投资环境优劣的一个重要因素，因此导致大量非经济性动因投资。

（二）地产集团纷纷投资高星级饭店

中国金茂（集团）有限公司（以下简称金茂集团）成立于 1995 年 6 月，2009 年 1 月公司进行了股权转变，正式成为香港上市企业——方兴地产（中国）有限公司的成员企业。金茂集团作为方兴地产的项目运营中心，主要从事高档商业不动产的持有、运营，致力于在精选地段运营地标性和精品特色的高级饭店、写字楼和商业项目。金茂集团在我国一线城市及著名旅游风景区经营豪华优质饭店。截至 2011 年年底，金茂集团旗下共拥有 5 家豪华五星级饭店，客房数量达 2 500 间，均位于城市精选区域及旅游胜地。

大连万达集团创立于 1988 年，形成了商业地产、高级饭店、文化旅游、连锁百货四大产业。万达饭店建设有限公司成立于 2007 年，是中国五星级饭店投资规模最大的企业，能独立完成五星级饭店的设计、建造、装饰、机电等工程。截至 2015 年年末，已开业 78 家五星或超五星级饭店，营业面积超过 300 万平方米，成为全球最大的五星级饭店业主，是我国旅游业社会投资大潮中的领军品牌。

（三）隐性饭店的投资

我国的饭店业存在大量的政府非商业化投资。目前，统计在册的全国星级饭店共 1.1 万多家，但实际上，大量的各地驻京办接待机构、国家各部委下辖招待机构、各行业企业自办饭店等非星级饭店并不在统计之列。据业内人士保守估计，目前我国住宿机构已超过 30 万家，其中有近 95% 属于隐性饭店投资，而国有资本占饭店投资总额的六成。许多由政府投资的饭店并不完全以营利为导向，不具有经营压力，而是通过财政补贴等方式运营。这些饭店的经营无法实现真正的市场化，且存在各自为政、无从监管等问题。

三、我国饭店投资行业的发展趋势

（一）政府相关部门鼓励中小连锁饭店发展

2010 年 3 月，商务部出台的《关于加快住宿业发展的指导意见》指出，从平均房价和入住率来看，高端连锁饭店有供大于求的趋势；政府鼓励发展中小连锁饭店，力争在数年内将经济型饭店比重从目前的 10% 左右提高到 20%。2010 年 12 月，国家旅游局《关于促进旅游饭店业持续健康发展的意见》强调，饭店建设要突出区域特色，鼓励差异化经营，旅游行政部门要加强对中低星级饭店的支持和指导，避免盲目建设高星级、高档品牌饭店。

（二）各大 PE 转向中档饭店

自 2010 年起，饭店行业投资热逐渐退却，投资机构纷纷降低了对饭店业利润的预期，并开始大范围缩减在该行业的投资。2012 年，PE 机构重新掀起投资饭店行业高潮。而在本轮风险投资热潮中，各大 PE 转向中档饭店。2012 年 4 月，Gaw Capital Partners 及资本策略地产所管理的基金以 23.68 亿元的高价从领盛投资管理手中夺得香港诺富特饭店 100% 的股权，成为香港十一年来单一饭店物业最大型的成交；6 月底，富达投资、君联资本、KTB、摩根凯瑞资本以及建信资本向布丁酒店连锁联合投资 5 000 万美元；7 月，桔子酒店引进了全球 PE 巨头凯雷投资集团的巨额投资。

（三）高端、经济型连锁饭店积极发力中档饭店市场

高端饭店品牌和经济型连锁饭店也在积极发力中档饭店市场。雅高、洲际、戴斯等外资品牌以及开元饭店、首旅集团等国内高档饭店均看准中档市场。经济型饭店品牌也纷纷转移市场，加快中档饭店的布局。截至 2012 年，汉庭的全季饭店已落户 11 个城市，共开设 27 家门店，星程饭店也已经发展至 110 家，如家旗下的和颐饭店和莫泰 168 则分别在全国拥有 4 家和 316 家门店。2012 年 5 月，汉庭收编星程，对公司的发展做出调整，大力发展中档饭店品牌。7 天也正式进入中高端饭店市场，推出迷你五星级饭店。

第五节　饭店咨询行业

美国咨询管理工程师协会（Association of Capital Market Elites，ACME）对管理咨询的定义："管理咨询是由训练有素和经验丰富的人员所提供的一种专业服务，帮助管理者辨识和解决社会中各类单位的管理和作业问题，对这些问题提供和推荐切实可行的解决方案并在必要时帮助其实施，这一专业服务聚焦于改进这些单位的管理、作业和绩效。"饭店咨询行业专门从事针对饭店业的管理咨询工作。饭店咨询公司的出现是饭店产业专业化分工的必然结果。

从国内饭店咨询行业发展的总体情况看，国际咨询公司仍然是市场的主体。其中优尼华盛国际、浩华管理等国际咨询公司依然占据国内饭店咨询市场较大份额，华美饭店顾问、华瑞易德饭店管理、派雷斯饭店顾问、龙藏天下、合纵饭店管理等中国本土饭店咨询公司正在崛起。其中，华盛国际（HVS）是全球最大的饭店咨询和投资服务公司，为全球各大业主、开发商、投资者、金融机构以及政府机构分布在全球 60 个国家、超过 1.5 万家饭店及度假村提供战略咨询、评估和投资销售服务。

一、饭店咨询公司服务内容

饭店咨询公司的主要业务既包括各类饭店咨询、管理类项目，也包括各类饭店资讯类服务。随着管理咨询产业的快速发展，咨询与管理的分离已成为全球管理咨询行业发展的一大趋势，同时也是饭店咨询行业发展的重要特点。

（一）项目类型

（1）新建或改建饭店（商务饭店、会议饭店、旅游度假饭店、休闲度假饭店、温泉度假饭店、娱乐康体饭店、精品客房饭店、有限服务连锁饭店）；

（2）资产销售饭店（产权饭店、私人饭店、分时度假饭店、公寓式饭店）；

（3）战略咨询项目（集团饭店板块发展战略规划、综合地产项目开发、战略咨询、城市新区饭店项目开发战略咨询）；

（4）饭店＋地产项目；

（5）融资招商项目（建设融资、资产转让、租赁承包）。

（二）服务产品

服务产品见表12-5。

表12-5　服务产品

饭店投资顾问	市场调查、市场定位及分析、饭店定位及功能规划、可行性研究、经营模式定位及分析、经营管理策略策划、经营业绩预测及财务分析、投资回报分析、风险分析及防范措施
饭店设计顾问	饭店功能定义、饭店布局规划、饭店建筑设计要求及设计概念、饭店园林设计要求及设计概念、饭店室内装饰设计要求及设计概念、饭店设备系统设计要求及设计概念、饭店Ⅵ系统设计要求及设计概念、饭店评星设计要求、饭店投资概算、饭店设计管理
饭店建设顾问	建设计划编排及进程管理、设计方案调整及实施监管、设备选型及采购顾问、节能方案设计及优化、工程现场管理、工程质量监管和验收把关、工程档案建立及管理
饭店融资顾问	饭店投资回报分析、建设期现金流分析、建设期资金使用计划、饭店开业前融资方案设计、优惠政策利用及避税方案设计、饭店开业后融资及资产退出方案设计
饭店经营管理顾问	饭店开业筹备及开业活动策划、饭店管理系统建立及优化、饭店服务规范建立及优化、饭店人力资源系统建立及优化、饭店营销系统建立及优化、饭店评星方案设计及实施、本地干部及员工培训、国际品牌饭店管理公司引进及谈判、优秀品牌餐饮娱乐公司引进、长期饭店业主顾问
产权饭店策划及操作顾问	产权饭店开发环境调查、产权饭店销售市场调查、产权饭店模式可行性研究、产权饭店操作方案策划、产权饭店销售代理、产权饭店剩余资产退出方案策划
旅游房地产策划顾问	旅游房地产项目资源分析及整合、旅游房地产项目规划方案策划、旅游房地产项目销售方案策划、旅游房地产项目投资回报分析
温泉度假村策划顾问	市场调查、功能规划、温泉设计主题策划、温泉布局规划、温泉建筑景观装饰设计指导及优化、温泉设备系统方案设计及优化、建设期温泉技术顾问、温泉经营管理策略策划、温泉市场营销策略策划
有限服务连锁饭店策划及操作顾问	国内外有限服务连锁饭店发展现状及发展趋势调查分析、有限服务连锁饭店发展战略规划、有限服务连锁饭店投资可行性研究、有限服务连锁饭店项目操作方案策划、有限服务连锁饭店旗舰店设计指导、有限服务连锁饭店融资方案策划及战略投资者推荐、温泉设备系统方案设计及优化、有限服务连锁饭店合作经营
大型企业饭店板块发展战略规划顾问	大型企业集团饭店板块发展战略咨询、大型企业集团饭店资产运营战略咨询、大型房地产公司城市中心综合地产项目饭店部分开发战略咨询、大型房地产公司城市郊区综合地产项目饭店部分开发战略咨询、大型房地产公司景区旅游房地产开发战略咨询
综合地产开发战略及可行性研究	综合地产开发战略及可行性研究、综合地产项目资源分析及整合、综合地产项目开发战略策划、综合地产项目产品定位规划、综合地产项目产品市场调查及可行性论证、综合地产项目销售方案策划、综合地产项目投资回报分析及财务可行性论证

二、饭店咨询行业的发展趋势

我国的饭店咨询产业正处于快速增长阶段。2003 年 1 月 1 日起正式施行的《中华人民共和国中小企业促进法》第四十条中明确规定，国家鼓励各类社会中介机构为中小企业提供创业辅导、企业诊断、信息咨询等内容，饭店咨询产业的发展也因此受益。目前，我国的饭店咨询公司都很重视基础研究和专业报告，以此引领业务的发展。同时，饭店咨询公司的组织形式将更加适应咨询公司的特点，向合伙人和合伙人公司发展。

（一）有实力的本土企业出现

目前，饭店咨询公司作为在开发商和管理公司之外发挥作用的第三方，其作用已经得到开发商和管理公司的共同认可。在进入中国市场的国际咨询公司中，华盛国际（HVS）是全球最大的饭店咨询和投资服务公司，已为全球各大业主、开发商、投资者、金融机构以及政府机构分布在全球 60 个国家的超过 15 000 家饭店及度假村提供战略咨询、评估和投资销售服务。浩华管理顾问集团公司（Horwath HTL）是全球最大的专业饭店顾问公司浩华国际（总部位于纽约）的成员之一，在亚太区专门从事饭店及旅游业的管理顾问服务。此外，像华美饭店顾问有限公司等一批有实力的中国本土饭店咨询公司正在崛起。

深圳市华美饭店管理顾问有限公司于 2001 年成立（前身为华美在线），是饭店及相关地产领域的专业咨询顾问公司。经过十余年的积累和发展，华美公司已经在顾问团队、专业技术、项目管理、案例积累、产品创新、品牌形象和市场覆盖等方面具备了国内领先的竞争优势。2011 年华美公司全年签约项目数量达 115 个，创历史新高。

（二）咨询与管理分离

咨询公司是社会专业化分工的必然产物，顾问和管理的分离是现代化咨询公司发展的必然趋势。1886 年，世界上第一家管理咨询公司 Arthur D. Little 成立。20 世纪 70 年代下半期，美国管理咨询业提供的咨询服务就已经包含 11 个大类，共计 115 个小类。华美公司从 2003 年起成为中国第一家只做顾问不做管理的专业饭店顾问公司，为饭店开发商提供咨询、策划和操作指导服务，重点向饭店前期可行性研究及饭店策划倾斜，逐步从饭店管理公司向饭店咨询公司转变。咨询与管理分离是整个饭店咨询行业发展的一大趋势。

（三）从经验型顾问向知识型顾问发展

从全球饭店咨询行业看，华盛国际（HVS）和浩华管理顾问公司（HTL）都重视基础研究和专业报告，以此引领业务的发展。从本土企业看，华美公司早期主要依靠其创始人和核心领军人物丰富的经验，之后逐渐进行从经验型顾问向知识型顾问转型。目前，饭店咨询行业的从业人员学历水平逐步提升，饭店广泛吸纳本土精英以及具备国际视野的海归人才，加强饭店咨询行业的知识含量。

（四）组织形式更加适应咨询公司的特点

饭店咨询公司组织形式将向合伙人和合伙人公司发展。合伙人是指投资组成合伙企业，参与合伙经营的组织和个人是合伙企业的主体。合伙人通常是指以其资产进行合伙投资，参与合伙经营，依协议享受权利，承担义务，并对企业债务承担无限（或有限）责任的自然人或法人。我国实行合伙人的企业以会计事务所、律师事务所和咨询公司为主。为更好地适应咨询公司的特点，饭店咨询公司的组织形式也将向合伙人和合伙人公司发展。

第六节　饭店业务外包

饭店业务外包是饭店专业化运营的趋势，在降低运营成本和提升服务质量方面起着良好作用。

一、饭店业务外包概述

业务外包是指一家企业与第三方签订合同并由该企业为委托企业提供产品或服务，而这些产品或服务委托企业本来是可以自己生产的。这一概念最早由普拉哈拉德与哈默尔（C. K. Prahalad & Gary Hamel）在1990年正式提出，其英文为“outsourcing”，意为企业将一些非核心的、次要的或辅助性的功能或业务外包给外部专业服务机构，利用它们的专长和优势来提高整体效率和竞争力，利用外部资源来完成组织自身的再设计和发展，而自身仅专注于具有核心竞争力的功能和业务。

饭店业务外包最初是由于星级评定标准的要求以及社会服务的不足，饭店在为顾客提供客房、餐饮等核心产品的同时，为了方便顾客而设立的商场、票务代理、鲜花店、美容美发等辅助产品。但随着社会专业化分工的发展，饭店用品成本的增加，以及饭店星级评定标准的变化，饭店从先前的大而全逐步出现了“瘦身”的迹象。有些饭店将一些服务项目和工作内容外包，利用社会资源，降低运营费用，分摊饭店的经营风险。这符合社会化分工的趋势，也是还原饭店作为经营主体集中精力做好核心产品的需要。

二、饭店业务外包的分类

第一，服务项目外包。饭店有些服务项目由于缺乏专业人员或者相关资源，采取对外租赁的形式，把场地、设施、设备，甚至连带人员租赁给饭店内部或者饭店外部的合作方，饭店只收取部分租金或者承包费。这种项目外包的好处是专业化程度较高，饭店的资源更能得到充分、有效的利用。服务项目外包最早从饭店的配套设施或者非核心产品开始，如花店、茶社、票务，以及桑拿、康乐设施等，随着外包业务的深入，饭店的餐饮甚至厨房都实行了外包。

第二，工作内容外包。除服务项目外包之外，饭店部分辅助功能的工作内容也走出饭店，充分利用社会资源，如工程维修、公共区域灭害杀虫、外围玻璃清洗、人力资源外包、花草的租摆，以及饭店消防设备、电梯等设备的维保服务等。

三、饭店业务外包存在的问题

近年来，饭店业务外包凸显了一些问题：一是安全问题，如外包餐厅食物中毒，美容美发涉黄被查封，外包出的厨房发生重大火灾等；二是卫生问题，如毛巾污染等；三是产品质量问题，如勾兑添加剂的鲜榨果汁和贴牌月饼价高、质量难保证等；四是用工纠纷、维修纠纷等。此外，由于承包到期后，外包方要撤离，外包方的一些受到好评的服务、菜品，甚至员工随着承包的结束而撤离，饭店出现断档的现象，这就需要饭店在承包后期花费大量财力和人力去消除影响，重新树立品牌。

四、饭店业务外包的注意事项

饭店将业务外包后，由于外包方的企业文化、经济实力、经营方式、经营战略等与饭店存在差异，造成了服务的脱节。外包单位看重的是承包期内的收益，而饭店看重的是长远利益和综合效益。由于两者利益重点的偏差，在经营管理上就会存在很大偏差。要实现业务外包目标，饭店需要明确外包业务是否有助于饭店目标的实现，要通过投资预测及成本核算来确定需要外包的业务领域，选好合作伙伴，签好合作协议，并持续监管，以确保服务外包的质量。

（一）选好合作伙伴，签好合作协议

饭店某些项目的外包并非为了取得最大化的利润，有的饭店尤其是国有独资饭店外包的原因可能是为了照顾关系，甚至是为了某种个人目的。因此，在选择合作方时，不是根据饭店的需要，也没有评估当地合作方的水平，而是指定合作方。基于此原因，合作方只想自身赚取利益而不会考虑饭店的亏损。如果有利可图，服务质量和管理会好些；一旦亏钱，受损的是饭店。

选择合作伙伴时可以遵循以下几个步骤：

（1）明确外包服务是否有助于饭店目标的实现。外包服务的目的是饭店取得最大化的收益，应权衡利弊，确定是否采取外包的形式。

（2）要通过投资预测及成本核算来确定需要外包的业务领域。

（3）选择合作伙伴。饭店可初步物色几个候选单位，并对其企业文化和理念、可持续发展战略、商业信誉、已有的服务业绩、业务强项和弱项、员工的技术水平、人员流动率等因素进行综合分析比较。

（4）招标或谈判。为了找到最优的外包合作方，饭店可以根据项目的性质、外包服务供应商的多寡，采用招标或者谈判的方式，就费用、服务质量、外包条件等进行谈判或者竞标。

（5）签署协议。选择好外包服务商，最后一步就是签署合作协议，明确各自的权利和义务。

（二）不能以租代管，要强化监管，形成整体

在顾客的眼里，饭店不管是自己经营，还是外包，都是饭店为其提供的服务，因而顾客评价服务时，包含所有的服务。因此，当外包方的服务达不到饭店要求，给顾客留下不好印象时，最后“埋单”的是饭店。在一些饭店管理人员和外包方人员看来，外包后就不需要饭店来管理了，饭店不愿意“多管闲事”，外包单位追求经营自由，也不愿意让饭店过多干涉。事实上，列举的外包服务中的问题，很多都是缺乏监管造成的。因此，不管外包还是自主经营，只是经营权的转变，质量标准、安全措施、顾客的评价标准并没有降低，只会要求更高。如果饭店的外包项目多，可以设置专门的部门，强化管理；也可以采取业务相近的原则，划入相关部门管理。

（三）因势而为，不可脱离实际

由于地域和经济发展水平的差异，外包供应商的水平各不相同。应从实际出发——一味追求形式或者片面追求眼前利益，可能会导致与外包供应商的合作不成功，甚至损害饭店的长远利益。

（四）做足准备，提前预防

饭店为了减少事后的损失，除了注意以上几个方面，还要做足功课，以防万一。例如，要求外包方缴纳一定数额的保证金。一旦发生顾客投诉、设备损坏、安全事故以及违反饭店规章制度的现象，可对外包方进行经济处罚。

第七节 旅游电子商务

一、旅游电子商务概述

旅游电子商务是电子商务在旅游业上的应用与发展。随着信息技术的不断进步，电子商务也日益向旅游业渗透，并取得了快速发展。

（一）旅游电子商务的概念

目前，国际上较为权威的关于旅游电子商务的定义是世界旅游组织在其官方出版物 *E-Bussiness for Tourism* 中的定义：“旅游电子商务是指通过现代电子商务技术和手段对传统旅游业务进行流程再造的新的商务活动，它主要侧重于利用信息技术和国际互联网技术加强旅游相关企业之间以及旅游服务企业和消费者之间甚至包括旅游从业企业和政府机关之间的联系和沟通，从而提升旅游业的服务质量和经济效益。”旅游电子商务的概念要在内涵上揭示这一新型商务模式的本质属性，并且在外延上给出其应用范围。因此，这一概念应包含以下两方面的内容：

（1）旅游电子商务的本质属性。无论是早期的电子数据交换（Electronic Data Interchange，EDI），还是新兴的移动网络、多媒体终端等技术，它们都是旅游电子商务所凭借的技术手段，最终目的是服务旅游商务活动，简言之，电子是手段，商务是核心。

（2）旅游电子商务的应用层次。旅游企业应用电子商务可分为两个层次：一是促成包括旅游交易实现的各种商业行为；二是再造和整合旅游企业内部流程，因此它既是面向市场，也是面向企业的。

综上所述，可以采用我国学者杨路明、巫宁的定义：“旅游电子商务是指通过先进的网络信息技术手段实现旅游商务活动各环节的电子化，包括通过网络发布、交流旅游基本信息和商务信息，以电子手段进行旅游宣传营销、开展旅游售前售后服务；通过网络查询、预订旅游产品并进行支付；也包括旅游企业内部流程的电子化及管理信息系统的应用等。”

（二）旅游电子商务的交易模式与实现方式

旅游电子商务的交易模式是指旅游电子商务中诸多从业机构之间的联系与沟通模式，它是在电子商务交易模式的基础上发展起来的。按照电子商务的交易模式以及旅游电子商务的从业机构，目前国际上主要将其划分为旅游服务企业之间的交易模式（Business to Business，

B2B）、旅游服务企业与旅游消费者之间的交易模式（Business to Customer，B2C）、政府管理机构与旅游服务企业之间的交易模式（Government to Business，G2B）以及政府管理机构与旅游消费者之间的交易模式（Government to Customer，G2C）等。在实践当中，较为重要和流行的旅游电子商务交易模式主要有 B2B 和 B2C 两种交易模式。

其实，无论哪一种交易模式，都是以现代信息技术为基础来实现的。目前旅游电子商务的实现方式主要有三种基本形式，它们分别是电子数据交换形式（EDI）、国际互联网形式（Internet）以及旅游企业内部网形式（Intranet）。电子数据交换形式（EDI）是指旅游电子商务活动中的各种数据、资料和报文均按国际标准进行传输和交流，并通过相关程序和软件进行自动翻译、传输、接收和反馈，目前电子数据交换的国际版本主要有美国范式和联合国范式两种基本形式。国际互联网形式（Internet）的旅游电子商务是指旅游相关从业机构及旅游消费者主要通过 Internet 进行旅游信息发布和查阅、旅游景点以及宾馆和饭店的预订等商务活动，不过相对于 EDI 来讲这种商务形式在各从业机构之间的联系程度不是特别紧密。近年来，随着企业信息化程度的不断提高，旅游企业内部网形式（Intranet）的旅游电子商务逐步兴起，它是在 Internet 的技术基础上发展起来的一种局域网技术，并与 Internet 连接，从而可以为旅游消费者提供各种个性化的旅游服务尤其是虚拟旅游服务。

（三）旅游电子商务的主要功能

现代旅游电子商务提供的服务包括以下方面。

第一，旅游信息查询服务。这里的信息查询主要是指旅游从业机构，如旅游景点、宾馆饭店、旅行社以及民航班次的信息查询，当然也有具体的旅游线路的信息查询，可以说，这是旅游电子商务的基础工作与服务。

第二，在线旅游预订服务。这里的在线预订服务主要包括旅游景区门票预订、民航机票预订以及宾馆、餐厅的预订，这一功能是旅游电子商务的重要内容，因为它进入了实操部分，特别是有关的在线支付问题需要切实解决。

第三，旅游客户咨询与服务。相对于前面的两个环节与功能，旅游客户服务的及时性和有效性如何是决定旅游电子商务成败的关键，这种服务是全方位的，既包括游前，也包括游中和游后的服务，它是进行旅游电子商务营销的关键。

第四，旅游电子商务的代理服务。随着现代生活节奏的逐步加快，各种与旅游有关的代理服务发展日新月异，尤其是旅行社、饭店以及旅游景点的基于旅游消费需求与供给的各种代理服务发展极为迅猛。可以说，正是基于上述旅游电子商务的各项功能，广大旅游消费者才能在家轻松获取“一站式”的旅游服务。

（四）旅游电子商务涉及的主体

一是旅游营销机构。我们知道，五湖四海的旅游者之所以来到旅游目的地，主要是受到旅游目的地名气、资源、设施、环境以及旅游项目与服务的吸引。随着旅游这一重要的经济发展引擎被世界各国普遍重视，各国各地区的旅游竞争日益加剧。正是在这种形势下，旅游营销机构便从一国或者地方当局的行政管理部门分离出来，专门从事当地旅游资源的开发以及营销工作。

二是旅游服务企业。旅游服务企业是旅游电子商务的重要当事人和主体，其电子商务水平直接决定旅游电子商务的运营质量和水平。整体而言，旅游服务企业的电子商务主要由其内部局域网系统、信息管理系统及其门户网站组成。其中，旅游服务企业的内部局域网的主要作用是实现企业内部信息的沟通和交流，而其信息管理系统的主要作用是促成信息的生成、存储、加工和传输等工作，与此同时，其门户网站主要是实现旅游服务企业与旅游消费者的交互式交流及沟通。由于种种原因，目前我国的许多旅游服务企业尤其是中小型旅游服务企业尚未给予电子商务应有的重视。其实，旅游电子商务不是大企业的专利，中小型旅游服务企业也可以大胆涉足。通过电子商务这一平台，可以促进我国广大旅游景点、旅游宾馆及饭店、旅行社的旅游服务的升级换代。

三是旅游消费者。从某种意义上来讲，旅游消费者是促成旅游电子商务大力发展的外部动力。由于广大旅游消费者，尤其是年轻的旅游消费者喜欢新鲜事物，为了提高旅游效率，他们会上网查阅旅游信息并及时进行网上旅游交易，如购买旅游景点门票、预订机票等。与此同时，广大上班族也可通过旅游服务企业的电子商务门户网站从潜在的旅游消费者变成现实的旅游消费者。

二、旅游电子商务的竞争格局

按照电商的思路，每个经销的方式、每一种用户、经销商、供应商之间的垂直关系都可以看成一类渠道，会不断有新渠道出现，来锁定一些差异化的用户群。如媒体层，像去哪儿网和淘宝，做信息的聚合；中间层，有非常垂直的渠道，有一些细分，有一些货品，存在地域差异、价位差异，每一个都会给用户留下比较明显的渠道品牌的印象；供应商有自己的分销、经销渠道。按照三层的行业结构来看，现在互联网上比较活跃的模式中，媒体包括去哪儿、蚂蜂窝、“OTA”携程、艺龙，订单执行方携程、艺龙饭店等，它们都在不同的层次之间有不同的划分。从第三层媒体来讲，现在互联网上创业的公司，如航班管家、“HOTEL”管家，特性是把订单给订单执行方，产品和 OTA（在线旅游代理商）卖的都是一样的没有特点的产品。

在中间层面上，创新很快，竞争也很激烈。首先，2009 年年初，芒果网成功收购易休网，并推出全新品牌——青芒果旅行网。目前，加盟该网的各类经济类饭店超过 3 万家，覆盖国内主要大中城市和景区，80% 以上均为特色客栈、家庭旅馆、青年旅舍、经济型饭店或度假村，价格在每间客房每晚 30 ~ 200 元，以大学生、年轻白领和“背包客”为主要用户群。其次，在国际上，也有与青芒果旅行网类似的商业模式，如“Hostelworld”“Hostelbooker”等公司。其中，“Hostelworld”是国际最大的青年旅舍预订网站，2011 年间夜量超过 4 000 万，而其员工只有 140 人。与此相比，国内的携程 2012 年饭店间夜量为 2 200 万，而员工却超过了 10 000 人。

青芒果旅行网的纯网络和预订模式大大降低了运营成本，并减少了与饭店结算的环节和风险，杜绝面付模式下存在的到店无房、无效订单等问题，对游客、饭店和订房网站都更有保障，从而促进了三方的信任关系。另外，携程于 2012 年 2 月宣布投资松果网，与青芒果旅行网短兵相接，开始涉足经济类饭店预订领域。松果网采用跟青芒果旅行网类似的商业模式，主推纯在线和预付相结合的模式。携程网的加入更加有利于行业的快速发展，因为这个领域的市场增量非常快，但行业还处于相对空白的阶段，消费者认知度也不高，携程的加入，可以起到共同培育市场的作用。经济类饭店预订平台面向自助游群体，第三方代理商需要满足消费者多样化、个性化的需求，才能持续为消费者提供有品质的服务。OTA 在产品供应差异化和服务能力多样化方面能满足市场瞬息万变的需求并及时调整，使客户驱动市场，真正占领市场。

三、旅游电子商务的价格战

随着旅游业的升温，越来越多的从业者和资本流入旅游市场，以往十年难得一见的投融资举措，如今就好像每天都在发生的常规的事情一样，甚至作为竞争对手的 OTA 都参股投资，如携程和艺龙成为“一家人”，携程又同时投资了途牛和同程。然而，正当在线旅游商一片资本升温让人眼花缭乱时，很多人都忽视了一点：旅游电子商务价格战并不能使每一个 OTA 都笑着走到最后。

（一）价格战发起的原因

首先，各大旅游电商要抢滩旅游旺季，抢夺消费者。传统的旅游旺季多在 7 月中旬伴着暑假到来，一般旅游电商都是在 7 月打价格战，意图明显。

其次，在线旅游备受欢迎，致使老牌网站备感压力。随着艺龙获腾讯注资，同程获腾讯注资，去哪儿网被百度入股，淘宝、京东商城、苏宁易购涉足在线旅游，以及比价平台、传统电商、移动软件，甚至酒店及旅行社自建网站的步步紧逼，在线旅游成了各家争相抢食的蛋糕，携程、同程等面临营收季节市场占有率的压力。

最后，价格战是最有效的手段。饭店类产品的同质性高，消费者对价格的敏感度也高。低价促销是吸引用户、增加交易额、扩大行业市场占有率、战胜竞争对手的最直接最有效措施。

（二）价格战的影响

（1）电商价格战导致旅游服务品质下降。以旅游团为主的度假产品是典型的非标准化旅游产品，价格背后不仅仅是“机票 + 饭店”，还包含了更多行中的服务，OTA 通过价格赢得用户的行前购买，但真正的服务机构（批发商或者地接社）可以通过后续服务品质的调控和新的增值点来弥补，表面上看似完全一样的线路，但背后的价值千差万别。例如，原本价值 7 000 元的旅游产品，因价格战降到 6 000 元，对于这部分价格损失，在旅游过程中完全可以通过降低服务标准（如行程中可能写的是五星级导游，但旅游实际过程中是四星级导游，这就是服务的价值问题）或者通过增加自费项目找回来，所以价格战降的不仅是价格，同时降的也是服务品质。

（2）给传统旅行商的发展带来压力。在线旅游网站日渐受到消费者尤其是以“90 后”为代表的年轻消费者的青睐，成为其查询饭店、旅游等资讯的入口，价格战的推进吸引消费者从线下转为在线消费，使传统旅游商市场再被挤压，旅游产品的价格体系也将被颠覆。

（3）对在线旅游网站而言，不能从根本上有效增加用户黏性。价格战或许能在短期内聚集大量用户，有利于实现企业的短期营收目标。但从长期来看，价格战一旦恶化，企业一味以利润换市场，也会为行业发展埋下隐患。在线旅游网站在价格战的效应下，将加剧对饭店、门票等线下旅游产品资源的争夺，对价格的控制力也会不断下降。

此外，过度价格战也将导致行业寡头垄断。行业竞争对手的减少，相互间的牵制减弱，消费者的选择空间反而被压缩，议价空间被限制，实则对消费者和行业发展不利。

四、旅游电子商务的发展趋势

自1997年首个旅游网站上线以来，我国旅游电子商务已走过二十年的历程，并保持了持续快速发展的势头。2013年我国旅游电子商务市场交易规模达到2 205亿元，同比增长29%。随着新一代信息技术的蓬勃发展和大众旅游时代的来临，我国旅游电子商务将加快变革，呈现以下五大发展趋势。

（一）从预订产品角度，饭店是OTA当前的竞争焦点，景区门票和租车成为战略增长点

自20世纪90年代末以来，“机票+饭店”一直是我国OTA的两大预订产品，它们占据了绝大部分的旅行预订份额。随着航空公司不断加大直销力度、降低佣金率，机票预订在OTA业务中的比例呈不断下降趋势。以携程为例，其机票预订收入占总营收的比例由2008年的42%逐步下降至当前的不足38%。与民航市场不同，我国饭店的市场集中度非常低，全国住宿网点仅有28.2万家。饭店行业面临着较大的客房空置压力，而数量众多的单体饭店缺乏网络直销的条件，大量零散的线下资源亟须整合。目前各大OTA正在加大对饭店市场的争夺，饭店预订成为当前的竞争焦点，其市场占有率成为衡量市场地位的最重要指标之一。例如，艺龙在2007年年底就确定了在线饭店战略，2013年其饭店预订业务营收占总营收的比例提高到85%。由于市场机制等多方面的原因，我国景区门票在线预订比例只有2%，在线预订处于起步阶段。旅游景区迫切需要加快转型升级，加大在线预订系统建设。与此同时，OTA也开始加快市场布局，门票预订成为旅游电子商务市场的战略增长点。2013年12月，携程正式成立以门票为核心的地面服务事业部，全面推进与国内景区的合作，并计划投入2亿元扩张门票市场，争取两年内成为国内销量最大的景区门票电商平台。随着人们生活水平的提高和自驾游的普及，近几年租车市场快速发展。O2O模式的兴起和打车软件的应用，使人们对在线租车的认知度日益提升，在线租车成为新的“蓝海”。2013年12月，携程先后领投易到用车和一嗨租车，在线租车将成为旅游电子商务的战略增长点。

（二）从预订方式角度，全程电子商务将加快实现

相对于欧美国家，我国旅游电商尚不能称为真正意义上的电子商务，这突出体现在预订平台、支付方式和信息实时性三方面。随着市场的成熟和技术的进步，全程电子商务将加快实现。

1. 从预订平台角度，由呼叫中心加速向互联网平台和移动互联网平台转移

随着人力成本的提高和互联网的普及应用，呼叫中心正加速向互联网平台和移动互联网平台转移。特别是移动互联网，它与旅游有天然的契合性。作为新一轮信息技术革命的核心应用，移动互联网正在重构旅游业，成为旅游电子商务发展的大事件。目前，各大公司已把移动互联网作为当前的核心战略。移动互联网已成为最重要的预订渠道。在高峰期，有50%以上的饭店、30%以上的机票交易来自智能终端。同时，LBS（Location Based Service，基于位置的服务）兴起，本地生活服务走向互联网化，它们与旅游移动应用相互促进、加速融合。移动互联网将引领旅游业新的变革。

2. 从支付方式角度，在线预付成为必然趋势

在电子商务发展早期，我国饭店行业的信息化水平普遍不高，OTA创新推出了“前台

现付”的方式，大大推动了电子商务的发展，“前台现付”也成为我国主流的支付方式。随着用户在线支付方式的普及，特别是团购、模糊预订、逆向拍卖和Last Minute等“预付制”的出现，前台现付的模式已出现弊端，在线预付成为必然趋势。在预付模式下，入住成功率可得到很大提升，饭店可以合理安排房源，旅游电商可以拿到更高的价格折扣和佣金，同时也提高了效率，节省了成本，实现了饭店、旅游电商和用户的三方共赢。

3. 从信息实时性角度，实时库存信息和即时确认成为迫切要求

目前，我国OTA与上游供应商的信息协同主要采用E-Booking模式，人工留房、电话确认等方式比较普遍，信息不同步的现象时有发生。随着移动互联网时代的来临，人们的预订行为发生了很大变化，目前有30%的用户预订3 000米内的饭店，60%的用户当天入住。这对旅游电商的响应速度提出了更高的要求，信息交互速度要提高到实时库存信息和即时确认水平。系统直连（Switch）应运而生。系统直连是信息协同的新阶段。简言之，就是在饭店PMS（Property Management System，财产管理系统）、CRS（Central Reservation System，中心站预订系统）系统与旅游电商预订系统（GDS、ADS/IDS、TMC等）的中间架设一条通道，使双方的数据能通过这条通道实现实时直连，从而实现业务流程的自动化和实时性，如饭店的自动变价、实时房态、订单实时确认等。系统直连的出现将打通饭店预订的“最后1 000米”。目前，系统直连技术在国外已经十分成熟，我国系统直连技术还处于起步阶段，仅有乐宿客等少数电商实现了系统直连。移动互联网将促进系统直连技术普及应用。

（三）从商业模式角度，Merchant成为提升竞争力的有效途径

从全球来看，Agency（代理）模式和Merchant（商人）模式是旅游电商的两种基本模式。在Agency模式下，旅游电商为旅游供应商销售产品。交易成功后，按事先约定的比例，旅游电商向供应商收取一定的佣金（Commission）。旅游电商不承担库存风险，对旅游产品不具定价权。在Merchant模式下，旅游电商向供应商承诺每月销售一定数量的产品，并按事先约定的价格向供应商做预付。旅游电商承担一定的库存风险和资金风险，但是对产品拥有定价权，可以将不同的产品任意打包、组装。在该模式下，旅游电商通过低买高卖赚取中间差价。通常来说，Merchant模式的佣金率要远高于Agency模式。以Priceline Inc. 为例，2013年Agency模式和Merchant模式创造的佣金率分别为13.5%和34.0%。因此，Merchant模式成为旅游电商提升竞争力的有效途径。在我国，由于航空公司、酒店、景区等旅游供应商的信息化水平较低，旅游电商与上游供应商的协同水平还不够，多采用Agency模式。Switch开始走向普及，为Merchant模式提供了技术条件；市场竞争的日趋激烈，客观上推动了Merchant模式的发展。未来，我国旅游电子商务必将迎来Merchant和Agency两种模式齐头并进的市场格局。

（四）从市场竞争角度，并购整合频起，初步形成了寡头竞争格局

经过十几年的发展，我国旅游电子商务市场竞争日益激烈，互联网巨头纷纷涉足在线预订领域，并购事件频起。2014年4月，携程战略投资同程网，成为其第二大股东，占股30%；同月，携程以1 500万美元入股途牛。中国OTA市场已形成携程系、百度系、阿里系和腾讯系四大派系，中国OTA进入“CBAT”时代。除此之外，京东、奇虎360、苏宁云商、美团网等大型互联网公司也纷纷进军在线旅游领域，成为未来产业发展的重要变量。中国OTA已初步形成寡头竞争格局，且有愈演愈烈之势。

（五）从市场范围角度，渠道下沉和国际化将齐头并进

我国诞生了携程、去哪儿等全球知名旅游电商，它们的营收规模居全球前列，但是其产品形态有限，市场覆盖范围不足，在国内三线以下城市和国际化方面有待突破。在国内，我国旅游电子商务的发展很不平衡，渗透率较低，用户覆盖面不广。旅游电商的绝大多数用户分布在一线和二线城市，这些城市的市场竞争已十分激烈。而三线以下城市的用户保有量偏少，为我国旅游电商提供了新的市场空间，成为决定企业未来市场地位的重要因素。未来，旅游电商将加快渠道下沉步伐，着力布局三线以下城市，使电子商务发展成果惠及广大群众。在国际上，欧美国家的旅游电子商务呈集团化发展势态，海外战略成效显著，已形成全球化市场，国际收入占半壁江山。2013 年，Priceline 和 Expedia 分别有 85% 和 44% 的预订量来自国际业务；2013 年第四季度，TripAdvisor 有 51% 的收入来自国际市场。我国龙头企业在国际化方面已开始布局，中青旅于 2007 年年底上线英文版网站；国旅总社于 2009 年成立入境游总部电子商务区；携程网于 2008 年上线英文版网站，并开始收购国外网站；艺龙 2010 年收购入境旅游网站远方旅行网。但是，总体来说，我国旅游电子商务还主要面向国内市场，国际收入的规模仍然较小，国际化战略尚未有所突破，迫切需要进一步加快国际化步伐。

★案例分析

用工纠纷——不是饭店员工，起诉饭店获胜

济南一家四星级饭店将餐饮外包给一家餐饮公司，合同期为五年。双方协商，饭店的现有员工在本人同意的前提下，可以继续在餐饮部工作，工资福利由承包方承担。2003 年由于“非典”的影响，加上经营不善，效益不好，双方于 2004 年 12 月协商结束承包合同，员工再一次转回饭店，继续在餐饮部工作。2005 年年初，一名刘姓员工向饭店投诉，原承包方未给本人以及其他员工缴纳保险，要求饭店补缴。饭店以承包为由，让员工找承包方缴纳。员工与承包方协调未果，遂将饭店告上法庭。经法庭调查，认定饭店与承包人之间的承包关系不能改变员工与饭店的劳动关系，承租与被承租双方不得损害第三方劳动者的权益，判定由饭店在 30 日内为原告补缴保险。饭店认为外包了，就不应该承担责任，事实上是对《中华人民共和国劳动法》的误读。

案例讨论题

1. 案例中饭店在外包业务中存在哪些问题？
2. 根据案例谈谈饭店服务外包的注意事项。

思考与练习

1. 饭店用品行业创新体现在哪些方面？
2. 结合饭店行业的发展趋势，谈谈什么是设计饭店，设计饭店有什么特点。
3. 结合实际，谈谈我国饭店投资行业的未来发展趋势。
4. 旅游电子商务的主要功能有哪些？

附　　录

附录 A《绿色饭店评定标准》（摘录）

1　节约用水

1.1　积极引入新型节水设备，采取多种节水措施，加强水资源的回收利用。

1.2　饭店用水总量每月至少登记一次，厕所水厢每次冲水量、水龙头每分钟水的流量、浴池水龙头的水流量、小便池的用水量、洗碗机的用水量等有明确的标准并执行。

1.3　饭店的水消耗主要是客房、厨房清洁和餐具清洗。各主要部门要有用水的定额标准和责任制。

1.4　饭店用水消耗每月至少监测一次，建立水计量系统，并对用水状况进行记录、分析。

1.5　严禁水龙头漏水。

2　能源管理

2.1　饭店要有能源管理体系报告，每年至少做一次电平衡监测，各主要部门有电、煤（油）能耗定额和责任制。

2.2　通风、制冷和供暖设备应强化日常维护及清洁管理，并配有监控系统，对冷柜、窗户的密封情况每年都要检查，并写出检查报告。

2.3　健全饭店的能源使用计量系统。

2.4　积极采用节能新技术，有条件的企业应使用可再利用的能源（太阳能供热装置、地热等）系统。

3　环境保护

3.1　饭店污水排放、锅炉烟尘排放、废热气排放、厨房大气污染物排放、噪声控制符合国家有关标准。

3.2 洗浴与洗涤用品不能含磷，使用和用量正确，对于环境的污染降到最低。

3.3 冰箱、空调、冷水机组等积极采用环保型设备用品。

3.4 室内绿化与环境相协调，无装饰装修污染，空气质量符合国家标准。

3.5 室外可绿化地的绿化覆盖率达到100%。

4 垃圾管理

4.1 饭店要通过垃圾分类、回收利用和减少垃圾数量等方式进行控制和管理。

4.2 饭店建立垃圾分类收集设备以便回收利用，员工能将垃圾按照细化的标准分类。

4.3 对顾客做好分类处理垃圾的宣传。

4.4 对废电池等危险废弃物有专用存放点。

5 绿色客房

5.1 有无烟客房楼层（无烟小楼）。

5.2 房间的牙刷、梳子、小香皂、拖鞋等一次性客用品和毛巾、枕套、床单、浴衣等客用棉织品按顾客意愿更换，减少洗涤次数。

5.3 改变（使用可降解的材料）、简化或取消客房内生活、卫浴用品用的包装。

5.4 放置对人体有益的绿色植物。

5.5 供应洁净的饮用水。

5.6 客房采光充足，有良好的通风系统，封闭状态下室内无异味、无噪声，各项污染物及有害气体检测均符合国家标准。

6 绿色餐饮

6.1 餐厅有无烟区，设有无烟标志。

6.2 餐厅内有良好的通风系统，无油烟味。

6.3 保证出售检疫合格的肉制品，严格监管蔬菜、果品等原材料的进货渠道，确保食品安全。在大厅显著位置设置外购原料告示牌，标明主要原料的品名、供应商、电话、质检状态、进货时间、保质期、原产地等内容。

6.4 积极采用绿色食品、有机食品和无害蔬菜。

6.5 不出售国家禁止销售的野生保护动物。

6.6 制定绿色服务规范，倡导绿色消费，提供剩余食品打包服务、存酒等服务。

6.7 不使用一次性发泡塑料餐具、一次性木制筷子，积极减少使用一次性毛巾。

6.8 餐厅内有男女分用卫生间，洁净无异味，卫生间面积及厕位与餐厅面积成恰当比例，卫生间各项用品齐全并符合环保要求。

7 绿色管理

7.1 饭店应建立有效的环境管理体系。

7.2 饭店应建立积极有效的公共安全和食品安全的预防、管理体系。

7.3 饭店应建立采购人员和供应商监控体系，尽量选用绿色食品和环保产品。

7.4　饭店积极采用绿色设计。

7.5　饭店的绿色行动受到社会的积极赞同，顾客对饭店的综合满意率达到80%以上。

附录B　《北京智慧饭店建设规范（试行）》

本规范由北京市旅游发展委员会提出、归纳并负责解释。

本规范起草单位：北京市旅游发展委员会、中国电子器材总公司。

1　范围

本规范规定了北京智慧饭店的条件及评定的要求。

本规范适用于北京市的各星级饭店。

2　规范性引用文件

下列文件中的条款通过本规范的引用而成为本规范的条款。凡是注明日期的引用文件，其随后所有的修改单（不包括勘误的内容）或修订版均不适用于本规范。凡是不注明日期的引用文件，其最新版本适用于本规范。

GB/T 14308—2010 旅游饭店星级的划分与评定

3　术语和定义

下面术语和定义适用于本规范。

3.1　智慧饭店

智慧饭店是利用物联网、云计算、移动互联网、信息智能终端等新一代信息技术，通过饭店内各类旅游信息的自动感知、及时传送和数据挖掘分析，实现饭店“食、住、行、游、购、娱”旅游六大要素的电子化、信息化和智能化，最终为旅客提供舒适便捷的体验和服务。

3.2　物联网

物联网（IOT）是通信网和互联网的拓展应用和网络延伸，它利用感知技术与智能装置对物理世界进行感知识别，通过网络传输互联，进行计算、处理和知识挖掘，实现人与物、物与物信息交互和无缝链接，达到对物理世界实时控制、精确管理和科学决策目的。

3.3　云计算

云计算是一种通过网络统一组织和灵活调用各种信息通信资源，实现大规模计算的信息处理方式。云计算利用分布式计算和虚拟资源管理等技术，通过网络将分散的信息通信资源（包括计算与存储、应用运行平台、软件等）集中起来形成共享的资源池，并以动态按需和可度量的方式向用户提供服务。用户可以使用各种形式的终端（如PC、平板电脑、智能手机甚至智能电视等）通过网络获取信息通信资源服务。

4　建设内容及要求

4.1　供电、网络与通信

供电应采用多路冗余方式供电，能为旅客提供多种物理接口和电源，并提供不间断电源。

固定电话应提供叫醒服务，权限可区分市话、长途、国际长途，详单可在前台打印，固定电话交换机可接入 SIP 终端，可从电脑、平板电脑上发起呼叫，固定电话机应提供一键式接入服务。

客房应配有有线和无线网，互联网出口应具有链路冗余，互联网具有带宽管理的技术手段和多种计费方式，为保证旅客上网安全应具有防病毒和木马的手段，具有上网行为监控功能，上网日志记录功能，能分析主流协议，对于敏感信息能报警。

移动运营商信号能覆盖饭店的所有公共区域和客房，手机能进行顺畅的语音和数据通信。

4.2 饭店管理

应有 ERP 系统，包括物资管理、人力资源管理、财务管理。

应有 PMS 系统，包括预订、查询客房状态、留言、出账管理、报表、夜审等功能，并方便与其他系统对接。

应有 CRM 系统，包括顾客回访、建立顾客档案、满意度调查、投诉处理等功能，并能对各类数据进行挖掘分析，应能通过多种方式进行在线预订。

4.3 会议设施

灯光能分区控制，亮度可调节，隔音效果好，有同声传译功能，有会议投票、表决、主席控制系统，有电视电话会议功能，有多媒体演讲系统，会议室内任何角落都能听到清晰的语音，无杂音，会议室应提供无线网，有远程会议系统，能通过网络或者智能终端设备进行预订。

4.4 广播电视系统

能收看适宜数量的中文节目和外文节目，具有视频点播功能，配备有线和卫星电视。饭店公共区域能播放背景音乐。

4.5 智能停车、电梯与监控系统

智能停车系统应提供智能卡计时、计费或者视频车牌识别计时计费，车库入口显示空闲车位数量，提供电子化寻车定位导引。

电梯应给顾客配备身份识别卡，进入电梯识别顾客楼层可自动点亮该楼层，无卡者进入电梯，可拒绝其任何按键操作，电梯应配备盲文，可供盲人操作。

监控系统应具有防盗功能、防破坏功能，视频清晰度高，能在黑夜环境中识别车牌号码，可设置电子围栏，对超过围栏的，可进行提醒，图像信息可供其他系统调用，能识别火灾并与消防系统联动。

4.6 网站服务

应有品牌集团网站或者单体饭店网站，应支持多种语言。

4.7 智能信息终端

客房信息终端应支持多种形式（电视、电话和移动终端），支持多种功能（包括音视频播放、全球定位功能、带有便携式操作系统、能进行 3G 无线通信、能进行触摸控制、支持无线网、支持视频通话、具有较高的分辨率），支持多种语言。

4.8 智能控制

客房智能控制应设置控制单元，网络通信方式支持TCP/IP方式传输数据，可扩展性好。智能终端可控制空调、灯光、电视、窗帘等，并具有模式（睡眠、舒适等）设定功能。客房内应有行之有效的节能措施。

4.9 智能云服务

智能云服务应提供丰富的信息呈现：能显示北京市天气、温度，能显示房间温度，能显示房间湿度，能显示房间空气质量，能显示饭店介绍，能显示饭店公告，能显示饭店特色餐饮，能显示会议设施介绍，能显示特色服务介绍，能显示服务指南，能进行客房展示，能显示航班信息，能显示火车信息，能显示周边信息，即顾客周边三千米“食、住、行、娱、游、购”信息，能进行地图查询，能显示景区信息，能显示北京地铁线路图，能显示旅客消费明细，能在各个界面以明显方式发布广告及公告，能显示北京市PM2.5，能运用三维全景实景混杂现实系统技术使顾客实现以第一人称视角虚拟漫游饭店，向顾客展示完全真实的三维的饭店景象。

智能云服务应提供丰富的功能：借物品服务，客房服务，点餐服务，查看前台留言，通知退房，提供用户投诉窗口，提供满意度调查。

智能云服务可根据对游客评价，形成上报信息形成报表；后台能采集饭店已入住客房内温度、湿度等数据，对饭店客房舒适度数据进行集中收集和管理；后台能进行商业智能分析，客户行为分析，饭店经营数据分析，并生成报表。

智能云服务应提供丰富的电子商务服务：可为饭店内的餐饮、商店提供菜品、商品预览，连接饭店收费系统，直接将消费账合并到客房计费，可预订周围餐厅，可预订旅行线路，提供叫车服务，提供饭店预订功能。餐厅应提供平板电脑智能点餐服务。

4.10 公益文化

网站或者智能终端中应设置公益募捐宣传栏目，可进行电子化募捐，设置节能环保、中华文化、城市文化、政策法规等宣传栏目。

4.11 创新项目

本规范鼓励饭店在管理、客户服务、节能减排等方面创新，并在本规范中设置评定项目。

参考文献

［1］孟庆杰．饭店业导论［M］．北京：中国旅游出版社，2009.
［2］吕建中．现代旅游饭店管理［M］．北京：中国旅游出版社，2004.
［3］郑向敏．现代饭店管理［M］．大连：东北财经大学出版社，2008.
［4］张广瑞．世界旅馆旅馆世界［M］．北京：中国经济出版社，1991.
［5］中国旅游研究院．中国饭店产业发展报告（2013—2014）［M］．北京：旅游教育出版社，2014.
［6］谷慧敏．饭店新型业态理论与实践［M］．北京：中国旅游出版社，2011.
［7］国家旅游局．旅游饭店星级的划分与评定释义［M］．北京：中国旅游出版社，2010.
［8］张波．饭店管理概论［M］．上海：上海财经大学出版社，2012.
［9］邹益民，周亚庆．饭店管理战略［M］．北京：旅游教育出版社，2006.
［10］中国饭店产业发展报告——发展与创新篇（2012—2013）［R］．北京：旅游教育出版社，2013.
［11］中国饭店产业发展报告——品牌创设与业态拓展（2013—2014）［R］．北京：旅游教育出版社，2014.
［12］邓峻枫．国际饭店集团管理［M］．广州：广东旅游出版社，2006.
［13］孙静．我国经济型饭店发展问题研究［M］．北京：旅游教育出版社，2012.
［14］胡平，俞萌．经济型饭店管理［M］．上海：立信会计出版社，2005.
［15］钱三毛．特色酒店案例精选［M］．合肥：黄山书社，2015.
［16］杨朝飞，［瑞典］里杰兰德．中国绿色经济发展机制和政策创新研究（上）［M］．北京：中国环境科学出版社，2012.
［17］［美］Robert H Woods，Judy Z king. 饭店业质量管理［M］．李昕，译．北京：中国旅游出版社，2003.
［18］徐文苑，贺湘辉．饭店管理概论［M］．北京：北京师范大学出版社，2012.
［19］袁义．饭店法规与法律实务［M］．南京：东南大学出版社，2011.
［20］辛树雄．旅游法规与实务［M］．北京：北京交通大学出版社，2011.
［21］芮明杰．管理学［M］．北京：高等教育出版社，2009.
［22］李原．现代饭店管理原理［M］．成都：四川大学出版社，2001.
［23］奚晏平．饭店业理论与前沿问题［M］．北京：中国旅游出版社，2007.
［24］赵嘉骏．饭店业营销与管理［M］．北京：化学工业出版社，2011.

[25] [美] 苑赞姆．饭店业战略管理 [M]．王琳，等译．天津：南开大学出版社，2011.
[26] 王文君．饭店业服务质量影响因素研究 [M]．北京：中国旅游出版社，2012.
[27] 杨荫稚，陈为新．饭店业概述 [M]．天津：南开大学出版社，2009.
[28] 杜文才．旅游电子商务 [M]．2 版．北京：清华大学出版社，2015.
[29] 林璧属．世界知名饭店集团发展模式：从案例分析入手 [M]．北京：旅游教育出版社，2014.
[30] 梁瑜，牟昆，李明宇，等．饭店管理概论 [M]．北京：清华大学出版社，2014.